Dr. med. Irmgard Niestroj

Gesund in allen Lebensphasen

Natürliche Medizin speziell für Frauen

Die häufigsten Krankheiten der Frau und die besten Gegenmittel

BLV

BLV Verlagsgesellschaft mbH,
München Wien Zürich
80797 München

Lektorat: Inken Kloppenburg Verlags-Service, München
Herstellung: Sylvia Hoffmann
Grafik: Manuela Hutschenreiter, München
Einbandgestaltung: Julius Negele
Einbandfoto: Bavaria Bildagentur GmbH, Gauting
Gesamtherstellung: F. Pustet, Regensburg

Printed in Germany
ISBN 3-405-14721-2

Die Deutsche Bibliothek –
CIP-Einheitsaufnahme

Niestroj, Irmgard:
Natürliche Medizin speziell für Frauen : gesund in allen Lebensphasen ; die häufigsten Krankheiten der Frau und die besten Gegenmittel / Irmgard Niestroj. – München ; Wien ; Zürich : BLV, 1994
ISBN 3-405-14721-2

Wichtiger Hinweis zur Benutzung des Buches

Die in diesem Buch genannten medizinischen Ratschläge und Behandlungsmethoden sollen keineswegs ein Ersatz für ärztliche Beratung sein. Die richtige Diagnose und Therapie müssen immer Sache des Arztes bleiben. Die Medizin entwickelt sich ständig weiter; neue Erkenntnisse der Forschung werden deshalb hinzukommen.

Inhalt

Vorwort

Dieses Buch ist eigentlich überfällig. Es sind vor allem Frauen, die sich für Naturheilkunde interessieren und die sich im Krankheitsfall dafür entscheiden. Jede zweite von ihnen, jedoch nicht einmal jeder dritte Mann, hat sich bereits mit mindestens einer Methode der natürlichen Medizin behandeln lassen; diese jüngsten Zahlen sind einer Studie der Universität Bremen entnommen. Und dennoch fehlt es ihnen an verläßlichen Informationen über Grundlagen und Anwendung, über Erfolge und auch Grenzen der Naturheilkunde bei Frauenkrankheiten.

Dieses Buch soll deshalb eine Lücke schließen: Natürliche Medizin – speziell für Frauen; die häufigsten Krankheiten bei Frauen, wie sie entstehen und verlaufen; die besten Gegenmittel der Naturheilkunde, wie sie wirken und was sie vermögen; Möglichkeiten der Selbsthilfe, wie Frauen Krankheiten vorbeugen, deren Behandlung unterstützen und Rückfälle verhindern können.

Dieses Buch stützt sich auf Erfahrungen, die meine Kollegen und ich am Schwarzwald Sanatorium Obertal gewonnen haben. In unserer Privatklinik für Innere Medizin und Naturheilverfahren werden die besten Möglichkeiten beider Richtungen miteinander kombiniert – die klassischen Methoden der Inneren Medizin mit der modernen Immun-Therapie und mit den bewährten Verfahren der Naturheilkunde. Grundlage einer jeden Behandlung ist ein individuelles Konzept für eine ganzheitliche Therapie, mit der nicht allein Organe behandelt werden, sondern in die stets die Psyche und auch das Umfeld einbezogen sind. Das ist gerade bei vielen Frauenkrankheiten für den Erfolg von großer Wichtigkeit – wie ich am Beispiel von Fällen aus dem Schwarzwald Sanatorium Obertal beweisen werde.

Diese guten Erfahrungen bestätigen uns in dem Vorsatz, auch weiterhin Krankheiten von Frauen mit Mitteln und Methoden der natürlichen Medizin zu behandeln; zu ihnen gehören die Immun-Therapie mit Thymosand® und die Orthomolekulare Medizin mit der Vital-Plus-Therapie, die von unseren Ärzten eingeführt bzw. entwickelt worden sind. Eine rein gynäkologische Therapie wird nicht praktiziert; gegebenenfalls wird eine Frauenärztin/ein Frauenarzt zu Rate gezogen oder Patientinnen an diese zur gezielten gynäkologischen Behandlung überwiesen.

Dieses Buch soll und kann die ärztliche Behandlung nicht ersetzen; bei allen unklaren oder schmerzhaften oder andauernden Beschwerden ist diese unverzichtbar. Allerdings soll es Mut dazu machen, die Ärztin/den Arzt nach Alternativen in der Therapie zu fragen – nach einer natürlichen Medizin, speziell für Frauen.

Dr. med. Irmgard Niestroj

Frauengesundheit: Es gibt sehr viele Unterschiede

Ein flüchtiger Blick in die Statistik bestätigt scheinbar alle Vorurteile über das »schwache Geschlecht«: Frauen haben häufiger Beschwerden, gehen öfter zum Arzt, nehmen mehr Medikamente ein als Männer. Bei genauerem Hinsehen ergibt sich jedoch ein ganz anderes Bild: Frauen fehlen weniger oft wegen Krankheit am Arbeitsplatz, gehen seltener wegen Berufs- oder Erwerbsunfähigkeit vorzeitig in Rente, leben durchschnittlich 79 Jahre – und damit sechs Jahre länger als Männer.
Ob Frauen deswegen das stärkere Geschlecht sind, ist umstritten. Der Unterschied zwischen den Geschlechtern in bezug auf Gesundheit und Krankheit ist in seiner ganzen Bedeutung längst nicht geklärt. Die Medizin ist noch immer weitgehend auf Männer ausgerichtet, die sogenannte Frauengesundheitsforschung hat gerade erst begonnen.
Von Natur aus ist es ganz sicher von Vorteil, eine Frau zu sein. Genetisch, weil im Zellkern zwei X-förmige Geschlechtschromosomen vorhanden sind (während der Mann nur ein X-Chromosom hat sowie ein Y-Chromosom, dem einer der vier Schenkel fehlt); Frauen haben deshalb weniger Erbkrankheiten. Hormonell, weil das Geschlechtshormon Östrogen sie vor Krankheiten schützt (zumindest in der Lebenszeit vor den Wechseljahren); Frauen bekommen deshalb seltener einen Herzinfarkt und leiden weniger häufig an Schizophrenie, um nur zwei Beispiele zu nennen. Immunologisch, weil die sogenannten B-Lymphozyten mehr Antikörper gegen Erreger produzieren (was sehr wahrscheinlich ebenfalls dem Östrogen zu verdanken ist); Frauen sind deshalb widerstandsfähiger gegen Infektionskrankheiten. Diese natürlichen Vorteile haben ihre guten Gründe. Der Organismus der Frau ist mit besserer Gesundheit ausgestattet, weil er größeren Belastungen über längere Zeit standhalten muß, insbesondere während der neun Monate der Schwangerschaft und unter der Geburt. Die Konstitution ihres Körpers ist derart beschaffen, daß sie zehn Kinder und noch mehr zur Welt bringen kann. Weil jedoch heutzutage eine Frau nur noch ein- oder zweimal Mutter wird, verfügt sie über einen zusätzlichen Überschuß an Lebenskraft – und das sei der wichtigste Grund für ihre längere Lebensdauer, besagt eine der vielen Theorien darüber.
Allein mit der Physiologie, also mit der normalen Funktion der Organe, ist dieser Unterschied zwischen den Geschlechtern nicht zu erklären. Es kommen weitere Vorteile für die Frau hinzu, etwa ihr Gesundheitsverhalten, das ganz anders ist als das des Mannes. Frauen pflegen ihren Körper nicht nur sorgfältiger, sondern beobachten ihn auch genauer und nehmen

Veränderungen ernster. So kommt es, daß sie sich häufiger nicht ganz gesund fühlen, ohne bereits körperlich krank zu sein. Diese Befindensstörungen (mehr darüber ab S. 19) sind der Grund dafür, warum Frauen häufiger zur Ärztin/zum Arzt gehen als Männer. Diese angebliche Schwäche ist tatsächlich eine große Stärke: Werden Befindensstörungen rechtzeitig erkannt und bestmöglich behandelt, kann das Entstehen von ernsthaften, lebensbedrohenden Erkrankungen verhindert werden – wobei gerade die natürliche Medizin von sehr großem Nutzen ist. Es erscheint zwar paradox, ist aber wahr: Gerade weil Frauen sich häufiger nicht ganz gesund fühlen, müssen sie nicht so oft krank geschrieben werden wie Männer.

Zudem besteht noch ein weiterer, gewichtiger Unterschied im Gesundheitsverhalten: Frauen realisieren deutlicher die Gefahr, von Krankheiten bedroht zu sein, und sie sind aktiver in deren Vorbeugung. Mehr von ihnen nutzen deshalb regelmäßig die Chance der kostenlosen Untersuchungen zur Früherkennung von Krebs und anderen Krankheiten, während noch immer viel zu viele Männer erst dann zum Arzt gehen, wenn die Symptome allzu deutlich, die Schmerzen stärker, die Aussichten auf Heilung verringert sind. Für diesbezügliche Unterschiede zwischen den Geschlechtern gibt es den plastischen Vergleich mit der Federung eines Autos: Das Gesundheitsverhalten der Frau entspricht einer weichen Federung, die sich den Unebenheiten eines Weges anpaßt und deshalb selbst über schlechte Strecken besser fährt, also gesund bleibt; die vergleichsweise harte Federung, die sich aus der Einstellung des Mannes zur Gesundheit ableitet, kann dazu führen, daß er schon im nächsten Schlagloch steckenbleibt, also krank wird.

Der natürliche Vorteil, eine Frau zu sein, und ihr vorteilhaftes Gesundheitsverhalten sind nur die eine Seite dieser Problematik. Auf der anderen gibt es Fakten und Tatsachen, die es einer Frau schwermachen, gesund zu bleiben. Dazu gehört der Umstand, daß sie nicht nur für die eigene Gesundheit zuständig ist, sondern ihr von der Gesellschaft mehr Hilfsverpflichtungen auferlegt sind, als von einem Mann verlangt werden.

Mit den weiblichen Eigenschaften im positiven Sinne des Umsorgens, Behütens, Bewahrens werden die erhöhten Anforderungen an Leistungsbereitschaft und Pflichterfüllung anderen Menschen gegenüber begründet; Aufopferung für die Familie bis hin zur Selbstaufgabe gilt als eine Selbstverständlichkeit. Fühlt der Ehemann sich nicht wohl, erwartet er, von seiner Frau umhegt und gepflegt zu werden; für sie ist in derselben Situation meist niemand da – außer Ärztin bzw. Arzt. Kommen Kinder auf die Welt, sind ihre Erziehung und auch ihre Gesundheit überwiegend Sache der Frau. Diese traditionelle Mutterrolle bringt weitere Nachteile: Muß sie deswegen ihre Arbeit aufgeben, betrachtet man sie als Nur-Hausfrau; bleibt sie im Beruf, ergibt das eine Doppelbelastung (worauf noch eingegangen wird). Sind die Kinder außer Haus, ist häufig die ältere Generation der Eltern bzw. Schwiegereltern zu versorgen – die weitaus meisten Pflegebedürftigen werden zu Hause betreut, in erster Linie von der Tochter bzw. Schwiegertochter.

Der gesellschaftliche Zwang, für andere Menschen dazusein, bedingt in der Regel, daß eine Frau weniger ihren eigenen Neigungen folgen, ihre eigenen Wünsche erfüllen, ihr eigenes Leben verwirklichen kann. Das mindert nicht nur ihre Lebensqualität, das schadet auf Dauer ihrer Gesundheit. Psychisches Unwohlsein führt zu einer Umwandlung (Somatisierung) in körperliche Symptome, und so können die Befindensstörungen entstehen, die mit negativem Unterton als Frauenleiden abgetan werden. Um deren Ursache zu beseitigen, müßte endlich das verwirklicht werden, was seit langem gefordert wird: die Gleichberechtigung der Frau in der Wirklichkeit des Alltags, nicht nur in Artikel 3 des Grundgesetzes. Davon sind die meisten Frauen noch weit entfernt. Sie leben heute in Strukturen, die von gestern sind und die ihnen eine althergebrachte Rolle aufzwingen. Sie sind damit nicht nur in der Gesellschaft benachteiligt, sie sind dadurch auch in ihrer Gesundheit gefährdet, und zwar von Kindheit an.

Mädchen werden früher, strenger, anders erzogen. Es wird bei ihnen mehr Wert gelegt auf Ordnung, Sauberkeit, Reinlichkeit – und damit bereits eine Grundlage geschaffen für spätere Störungen der Gesundheit. Während beispielsweise die kleinen Jungen dazu angehalten werden, regelmäßig auf die Toilette zu gehen, und dafür auch noch offen belobigt werden, wird von den gleichaltrigen Mädchen erwartet, dasselbe möglichst rasch und unauffällig zu erledigen. Aus dieser falschen Erziehung resultiert falsches Verhalten, und das wiederum kann zu geschlechtsspezifischen Gesundheitsstörungen führen. Teenager unterdrücken lieber den natürlichen Drang, als vor aller Augen aufzustehen und auf die Toilette zu gehen, und junge Frauen verschieben nur allzuoft diese Notwendigkeit, weil sie ihnen nicht wichtig genug erscheint und sie meinen, keine Zeit dafür zu haben. Das macht sie anfälliger für Infektionen der Harnwege (siehe S. 71), und das endet häufig mit einer Verstopfung (siehe S. 163).

Mädchen werden viel mehr zu Rücksichtnahme, zur Hilfe und zur Übernahme von Verantwortung anderen Menschen gegenüber erzogen. Selbst das Spielen mit Puppen ist, so gesehen, eine Vorbereitung auf spätere Hilfsverpflichtungen. Unterstützt wird diese Tendenz noch durch das Verhalten der Mutter, die nur dann sichtlich glücklich ist, wenn sie erreicht hat, daß die anderen glücklich sind.

Mädchen werden dahingehend erzogen, einmal so zu sein, wie es die Mutter ist. Dazu gehört es, sich anzupassen, passiv zu sein, sich an anderen zu orientieren, nicht Aktivität und Unabhängigkeit anzustreben, nicht Gefühle auszudrücken und nicht Aggressionen abzureagieren; daraus können sich nicht erst im späteren Leben psychosomatische Störungen entwickeln. Fehler in der Erziehung können Mädchen schon in der Pubertät krank machen: Magersucht (Anorexia nervosa) ist häufig der unbewußte Versuch, durch Verweigerung der Nahrungsaufnahme eine Weiterentwicklung des Körpers zu verhindern und das Auftreten weiblicher Merkmale zu vermeiden – um nicht ebenfalls eine erwachsene Frau zu werden wie die Mutter.

Mädchen werden dazu angehalten, einem propagierten Schönheitsideal zu entsprechen. Schlank zu sein wird ihnen als Norm vorgegeben. Zwei von drei Mädchen (jedoch nicht einmal jeder zweite Junge) sind mit ihrem Körpergewicht unzufrieden, und manche haben schon versucht abzunehmen. Das ist der Beginn eines lebenslangen, zumeist erfolglosen Kampfes gegen die Pfunde, der durch das Einhalten von Diäten die Lebensfreude mindert und durch Mangelversorgung an Nährstoffen das Entstehen von Krankheiten begünstigt.

Erwachsene Frauen sind das Produkt ihrer Erziehung in der Kindheit. Sie haben nicht gelernt, sich selbst so wichtig zu nehmen, wie es ihnen zusteht, sondern viel mehr für andere Menschen dazusein. Diese Stimmung kann zur Verstimmung und darüber zu den Befindensstörungen führen. Sie lernen es nun, diese Beschwerden zu äußern, um dadurch etwas mehr Aufmerksamkeit und Zuwendung zu erlangen – was ihnen wiederum als Wehleidigkeit und Kränklichsein angekreidet wird und sie in den Verruf gebracht hat, das schwächere Geschlecht zu sein.

Erwachsene Frauen sind in der Ehe stärker als ihre Männer. Sie leben für die Familie, halten diese zusammen und intakt, haben deshalb eine größere Belastung zu ertragen als Ehemänner, die nach wie vor mehr für sich leben und für die ihre Familie eher ein Schutz ist. Dieser Unterschied zwischen den Geschlechtern wird noch bedeutsamer, wenn Kinder hinzukommen. Was auch immer eine Mutter tut, ihre Gesundheit ist mehr gefährdet als die des Mannes.

Als Nur-Hausfrau belastet sie vor allem die Verpflichtung, ständig für die Familie verfügbar und meistens mit dem Kind allein sein zu müssen, darüber hinaus in wirtschaftlicher Abhängigkeit zu leben und wenig gesellschaftliche Anerkennung zu finden. Was ihr fehlt, so lautet ein Schlagwort, seien Selbstbewußtsein, Freunde und eigenes Geld. Was sie derart belastet, kann krank machen: Keine andere gesellschaftliche Gruppe hat so unter Befindensstörungen zu leiden wie Nur-Hausfrauen.

Als berufstätige Mutter nimmt die Frau eine Doppelbelastung durch Arbeit und Familie auf sich. Die Familie wird dabei als die größere Belastung empfunden, und das ist zum großen Teil die Schuld des Mannes. Auch wenn es um Kinder, Küche, Keller geht, gibt es keine Gleichberechtigung: Während berufstätige Mütter nach der Arbeit noch drei Stunden Hausarbeit leisten und 50 Minuten mit dem Kind verbringen, macht sich ihr Mann ganze 17 Minuten im Haushalt nützlich und kümmert sich gerade zwölf Minuten um den Nachwuchs. Das hat eine Studie der Weltgesundheitsorganisation WHO in Industrieländern ergeben.

Wenn die Doppelbelastung zu Gesundheitsstörungen führt, dann haben sie eher in dieser Ungerechtigkeit ihre Ursache als in der Berufstätigkeit. Diese allein ist für die meisten Frauen kein derart großer Risikofaktor, wie sie eventuell selbst befürchten. Berufstätige Frauen sind in der Regel körperlich und psychisch widerstandsfähiger und gesünder als Nur-Hausfrauen; das hat eine andere Untersuchung gezeigt. Denn sie haben nicht nur das, was den anderen fehlt: etwas mehr Gleichberechtigung und ein größeres Selbstbewußtsein, mehr soziale Kontakte und finanzielle Selbständigkeit. Sie haben sogar gegenüber Männern einen physiologischen Vorteil: Frauen reagieren auf Streß weniger empfindlich und ertragen ihn deshalb besser; bei übermäßiger Belastung steigt ihr Spiegel an den Hormonen Adrenalin und Cortisol nicht so hoch an und geht auch schneller wieder zurück auf das Ausgangsniveau.

Ältere Frauen sind in ihrer Gesundheit am stärksten gefährdet. Die jahrzehntelangen Belastungen haben bei ihnen zwangsläufig zu Verschleiß geführt, der sie anfälliger macht für Erkrankungen. Die einschneidenden Veränderungen während der Wechseljahre (siehe S. 170) bedingen neue, zusätzliche psychische und körperliche Beeinträchtigungen, die Wohlbefinden und Leistungsfähigkeit weiter vermindern, und sie können darüber hinaus zum Entstehen von altersspezifischen Krankheiten führen, insbesondere zu Osteoporose (siehe S. 123) und auch zur Arteriosklerose (siehe S. 172) samt ihren Folgen wie dem Herzinfarkt und dem Schlaganfall.

Frauen haben es viel schwerer, älter zu werden, als Männer. Mit den Wechseljahren glauben viele, daß bei ihnen das sichtbare Altern beginnt; sie fürchten, mehr nach ihrem äußeren Erscheinungsbild beurteilt zu werden, während die sogenannten inneren Werte noch immer den Männern vorbehalten sind. Eine gute partnerschaftliche Beziehung und ein neuer Lebensinhalt könnten ihnen das Älterwerden zwar erleichtern, aber diese Hilfen sind leider nicht immer gegeben. In den Wechseljahren haben die mittlerweile erwachsenen Kinder das Haus verlassen und nicht nur ein leeres Nest, sondern auch eine Leere im Leben der Mutter hinterlassen. Das Dasein für andere ist nun beendet, ein Ersatz dafür jedoch nicht leicht zu finden – obgleich dieser eine wichtige Voraussetzung für die psychische und auch körperliche Gesundheit der Frau ist. Zurück in den Beruf zu gehen ist selten möglich; jüngere und besser ausgebildete Kräfte werden bevorzugt. Ein neues Leben zu zweit zu führen ist häufig schwierig; ändert die Frau ihre jahrzehntelange Einstellung und damit auch ihre Position in der Ehe, ändert sich das alte Rollenverhältnis der Eheleute, und es kann zu Krisen in der Beziehung kommen, bis hin zur Scheidung – was wiederum eine extrem starke Belastung bedeuten würde und unter anderem schwere Depressionen nach sich ziehen könnte.

Frauen leben zwar durchschnittlich länger als Männer, aber vielen von ihnen ergeht es im Alter schlechter als diesen. Die meisten von ihnen sind allein, weil ihre Männer bereits gestorben sind und ihre Kinder einen eigenen Hausstand führen. Sie sind zudem arm dran, weil sie nicht nur weniger verdient haben, sondern auch eine geringere Rente beziehen als Männer. Im Alter gehen Frauen zwar unverändert häufiger zur Ärztin/zum Arzt, aber das bedeutet ebenfalls nicht unbedingt, daß sie öfter krank sind als gleichaltrige Männer; die häufigsten Diagnosen betreffen nach wie vor Befindensstörungen. Dieses Gesundheitsverhalten kann nun noch einen ganz anderen Grund haben: Der Besuch bei der Ärztin/beim Arzt ist häufig ein Ausbruch älterer Frauen aus ihrer Einsamkeit und Isolation mit dem Ziel, einmal wieder mit anderen Menschen zusammensein und mit ihnen reden zu können.

In jedem Alter jedoch müssen viele Frauen dieselbe Feststellung machen: In der Medizin ist nach wie vor der Mann das Maß der Dinge, auch hier gibt es allzu häufig noch keine wirkliche Gleichberechtigung. Das betrifft nicht nur die Gewohnheit, neue Arzneistoffe überwiegend an jungen Männern zu testen, so daß über eine spezifische Wirkung bei Frauen wenig bekannt ist, obgleich sie auch ihnen verschrieben werden; Psychopharmaka beispielsweise werden zu 70 Prozent von Frauen eingenommen. Ein verständlicher Grund dafür ist die Rücksichtnahme darauf, daß bei solchen klinischen Tests die Fruchtbarkeit junger Frauen gestört werden könnte. Unverständlich jedoch ist der Verzicht darauf, nur weil Veränderungen im Menstruationszyklus die Auswertung der Daten komplizieren könnten.

Diese Ungleichheit der Geschlechter gibt es auch in der täglichen Praxis. Das bestätigt eine Studie der Universität von San Diego in Kalifornien über die Behandlung von Frauen und Männern. Sie alle hatten dieselben Beschwerden, nämlich Müdigkeit, Schwindel, Brustschmerzen, Kopfschmerzen, Rückenschmerzen. Sie wurden unterschiedlich behandelt. Die Männer wurden ausführlicher befragt und eingehender untersucht; nicht nur die Diagnose wurde sorgfältiger gestellt, auch die Medikamente für die Therapie wurden genauer ausgewählt. Bei den Frauen wurde weniger Aufwand an Arbeit und Zeit getrieben, sie wurden eindeutig häufiger mit einfachen Schmerztabletten und Beruhigungsmitteln abgespeist. Der schnelle Griff zum Rezeptblock ist nicht nur typisch für Amerika; er ist auch in Deutschland ein wesentlicher Grund dafür, warum Frauen insgesamt mehr Medikamente anwenden als Männer.

Ein Unterschied zwischen den Geschlechtern wird in der Medizin selbst bei lebensbedrohenden Erkrankungen gemacht. So ergab eine Studie des amerikanischen National Heart, Lung and Blood Institute, daß bei Verdacht auf Herzinfarkt bei Frauen seltener aufwendige Diagnose- und Therapiemethoden veranlaßt wurden als bei Männern mit gleichen oder sogar leichteren Beschwerden. Selbst wenn das geschah, hatten sie eine schlechtere Prognose: Nach Bypass-Operationen (mit denen gewissermaßen eine Umleitung für das Blut geschaffen wird) und Koronar-Angioplastie (bei der Ablagerungen in den Herzkranzgefäßen an die Wand gepreßt

Die weiblichen Organe

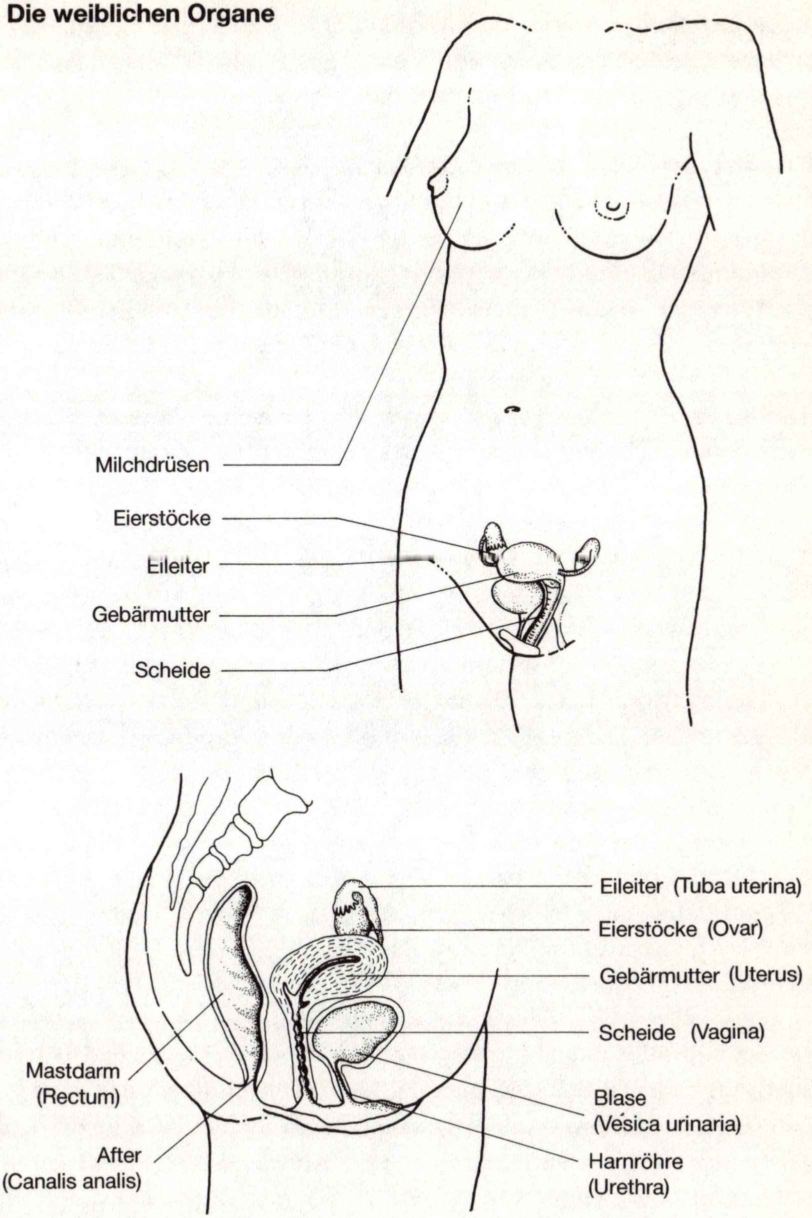

und so der Durchlaß für das Blut wieder vergrößert wird) sterben mehr Frauen als Männer. Der Streit um die Gründe dafür dauert noch an.
So weit, so schlecht. Was ist zu tun, damit Frauen in allen Lebensphasen möglichst gesund sind und es auch bleiben?

- Die *geschlechtsspezifischen Unterschiede* zwischen den Geschlechtern müssen besser erforscht und die Erkenntnisse daraus für Vorbeugung, Diagnose, Therapie genutzt werden. Ein erster Ansatz dafür ist das Programm der Bundesregierung »Gesundheitsforschung 2000«; in ihm ist festgehalten, daß Frauen eine gesundheitlich gefährdete Bevölkerungsgruppe sind und daß mehr für eine spezifische Frauengesundheitsforschung getan werden sollte.
- Die *gynäkologischen Erkrankungen* dürfen nicht isoliert als rein körperliches Geschehen gesehen werden, sie gehören eingebettet in die Gesamtheit mit psychischen Einwirkungen, sozialen Faktoren, gesellschaftlichen Zuständen.
- Die Frauen selbst müssen eine größere *Rolle in der Gesellschaft* einfordern, wozu wirkliche Gleichberechtigung auf dem Arbeitsmarkt und größere Anerkennung der Hausarbeit ebenso gehören wie bessere Möglichkeiten für die Kinderbetreuung während der Arbeit bzw. für die Rückkehr in den Beruf. Daraus ergibt sich ein ebenfalls verändertes Rollenverständnis für den Mann; er muß endlich lernen, sich in gleicher Weise für die Familie und den Haushalt verantwortlich zu fühlen.
- Frauen dürfen *Gleichberechtigung nicht* derart *falsch verstehen,* daß sie dieselben Fehler im Gesundheitsverhalten machen wie Männer. Warnendes Beispiel dafür ist das Zigarettenrauchen: Raucht ein Mann 30 Jahre lang tagtäglich eine Packung Zigaretten, steigt sein Risiko, an Lungenkrebs zu erkranken, um das Elffache; tut eine Frau dasselbe, erhöht sich ihr Risiko um den Faktor 27.
- Frauen sollten mit größerer Selbstverständlichkeit *ganz einfach Frau sein.* Indem sie sich nicht so verhalten, wie es die Gesellschaft von ihnen erwartet, sondern sich so geben, wie sie von Natur aus sind, können sie eine größere innere Freiheit gewinnen und ihr Frausein leben – mit allen Vorzügen und Stärken wie mit den Schwächen der Menstruationszyklen und dem Glück, Mutter sein zu können, sowie mit den Befindensstörungen und der sich daraus ergebenden Chance, schweren Krankheiten rechtzeitig vorbeugen zu können.

Befindensstörungen: Nicht ganz gesund, nicht richtig krank

Sie gelten als typische Frauenleiden: die Störungen des Wohlbefindens, denen zwar noch kein Krankheitswert zukommt, die aber dicht an der Grenze des Gesunden liegen. Tatsächlich sind diese sogenannten Befindensstörungen bei Frauen weitaus häufiger als bei Männern; sie machen in manchen Arztpraxen mehr als die Hälfte aller Beschwerden aus. Warum sie *frauenspezifische Leidenszustände* sind, ist nicht gänzlich geklärt. Gesichert ist, daß sehr unterschiedliche Ursachen diese Folgen haben können; dazu gehören alle jene, die aus der sozialen Stellung der Frau herrühren, aber auch solche, die auf einem Mangel an Mikro-Nährstoffen beruhen.

Die soziale Stellung der Frau ist – trotz aller Errungenschaften der Emanzipation – der des Mannes noch immer nicht gleich. In Gesellschaft, Beruf, Familie müssen Frauen nach wie vor mehr Ungleichheit, Unselbständigkeit, Ungerechtigkeit erleben und erleiden. Für die vielen Frauen, die sich verständlicherweise damit nicht abfinden, bedeutet diese Situation einen andauernden Streß. Mit der Zeit kann die daraus resultierende ständige psychische Belastung übermäßig werden und in den körperlichen Bereich übergreifen.

Etwa über das vegetative Nervensystem, das unabhängig vom Willen die lebenserhaltenden Prozesse im Organismus steuert – von der Atmung über den Kreislauf bis hin zum Stoffwechsel. Wird es bei dieser Tätigkeit durch psychische Einwirkungen gestört, können *funktionelle Störungen* entstehen, bei denen die Organe selbst zwar gesund, aber in ihrer Funktion gestört sind.

Oder über das Immunsystem. Die noch junge Wissenschaft von der sogenannten Psycho-Neuro-Endokrino-Immunologie hat eindrucksvoll beweisen können, daß die psychische Verfassung über das Nerven- und das Hormonsystem den Zustand der körpereigenen Abwehrkräfte mitbestimmt; beispielsweise wird bei einem Menschen mit ständig gedrückter Stimmung auch das Immunsystem deutlich geschwächt sein, und er ist deshalb anfälliger für Infektionen.

Ein Mangel an Mikro-Nährstoffen ist besonders häufig bei jungen Frauen nachzuweisen. Weil sie so sehr auf eine gute Figur bedacht sind, essen sie insgesamt wenig und ernähren sich einseitig. Sie nehmen deshalb zwangsläufig zuwenig Vitamine, Mineralstoffe, Spurenelemente zu sich. Ist der Bedarf daran zudem noch erhöht, etwa bei psychischem Streß (siehe oben) oder bei Anwendung der Anti-Baby-Pille (siehe S. 38), wird das Defizit um so größer. Sogar den Frauen, die sich besonders natürlich und gesund ernähren, kann es an diesen unverzichtbaren Nährstoffen fehlen; Obst und Gemüse enthalten nämlich nicht generell derart viele Vitamine, wie angenommen wird, und von den wenigen geht ein Teil noch beim langen Transport, während unsachgemäßer Lagerung, durch falsche Zubereitung verloren. Trotz übervoller Teller besteht in der Regel ein Mangel an Mikro-Nährstoffen. Zu klassischen Mangelkrankheiten kommt es heute bei der Menge des Angebots kaum noch, allzuoft jedoch zu einer gestörten Funktion von Organen sowie von Nerven- und Immunsystem, die auf eine ausreichende Zufuhr von Vitaminen, Mineralstoffen, Spurenelementen angewiesen sind.

Auf diese Weise können die soziale Ungleichstellung der Frau und der Mangel an Mikro-Nährstoffen dieselben Folgen haben – Befindensstörungen. Dieses Wort ist der Oberbegriff für eine Vielzahl von Beschwerden, die nebeneinander bestehen und einander abwechseln können und die derart weitverbreitet sind, daß die eine oder andere wohl jeder Frau aus eigenem Erleben bekannt ist. Zu ihnen gehören Störungen, die eher den körperlichen Bereich betreffen, wie Kreislaufstörungen, Schwächezustände, leichte Ermüdbarkeit, erhöhte Infektanfälligkeit, Leistungsschwäche, Schlafstörungen, Kopfschmerzen, Appetitlosigkeit, Übelkeit, Magenbeschwerden, Verstopfung, Schwitzen – wobei diese Aufzählung keinen Anspruch auf Vollständigkeit erhebt. Dazu zählen aber auch eher psychische Störungen wie leichte Erregbarkeit, Nervosität, Abgespanntheit, Angst, Unruhe, Lustlosigkeit, Verstimmung, Niedergeschlagenheit und andere mehr.

Alle Frauen, die darunter leiden, haben eines gemeinsam: Sie fühlen sich zwar nicht ganz gesund, sind aber zumeist körperlich und psychisch nicht krank. Sie alle haben Anspruch darauf, ernstgenommen und bestmöglich behandelt zu werden, um sie von dem zweifelsohne bestehenden Leidensdruck zu befreien und um zu verhindern, daß sich doch noch Krankheitszustände entwickeln. Für die optimale Therapie der Befindensstörungen gibt es keine Patentrezepte, sie ist von Fall zu Fall verschieden, individuell für jede Frau. Beispiele dafür sollen zwei Fälle aus dem Schwarzwald Sanatorium Obertal sein.

Frau P. H., 45 Jahre, Postbeamtin

Sie fühlte sich seit Monaten schon nicht richtig wohl, wie sie sagte. Außer dem allgemeinen Krankheitsgefühl machten ihr Leistungsschwäche und Müdigkeit das Leben schwer; zeitweise verspürte sie eine depressive Verstimmtheit, dann wieder zeigte sie eine nervöse Erregbarkeit; viel häufiger als sonst plagten sie banale Infekte mit Schnupfen und Husten. Allein deswegen wäre sie nicht zur Ärztin/zum Arzt gegangen. Als jedoch abwechselnd Durchfall und Verstopfung hinzukamen, befürchtete die Frau, an Darmkrebs erkrankt zu sein. Sie ließ sich von einem Facharzt für Gastroenterologie (das ist der Spezialist für Erkrankungen von Magen und Darm) gründlich untersuchen – ohne auffälligen Befund. Selbst eine sogenannte Darmspiegelung (Koloskopie) ergab keinerlei Anzeichen für eine organische Erkrankung; die Beschwerden dauerten dennoch an.

Frau P. H. interessiert sich sehr für Naturheilverfahren, sie hatte auch unser Buch »Gesundheit aus dem Bauch« gelesen, und das führte sie ins Schwarzwald Sanatorium Obertal. Die umfassende Untersuchung ergab die Diagnose *Candidiasis.* Das ist eine Erkrankung, deren Erreger der Hefepilz Candida albicans ist. Bei sehr vielen Menschen hat er sich im Darm festgesetzt. Dorthin gehört er zwar von Natur aus nicht, wird aber von den nützlichen Bakterien der Darmflora und vom Immunsystem des Darmes in Schach gehalten. Erst wenn diese beiden Gegenspieler geschwächt sind, kann der Pilz sich im Darm ausbreiten, von dort aus auf die Harnwege (siehe S. 71) und auf die Geschlechtsorgane (siehe S. 84) übergreifen.

Das war bei dieser Patientin geschehen. Schuld daran ist sehr wahrscheinlich eine unzulängliche Ernährung gewesen (als berufstätige Alleinstehende verköstigte sie sich überwiegend mit Fertiggerichten und im Schnellimbiß) sowie zusätzlicher Streß im Beruf (ein neuer Vorgesetzter ließ sie allzu deutlich spüren, daß Frauen für ihn keine vollwertigen Arbeitskräfte sind). Die Candidiasis hatte zu den Störungen der Darmfunktion geführt, die zwar das Befinden sehr beeinträchtigten, aber keine Krankheit bedeuteten. Sie wurde gezielt behandelt, zunächst mit speziellen Arzneimitteln (Antimykotika), welche die Candida-Pilze unschädlich machten; danach mit einer Symbioselenkung, mit deren Hilfe wieder eine gesunde Darmflora geschaffen wurde. Die Beschwerden vergingen rasch. Außerdem führten wir eine Immun-

Therapie mit Thymosand® (siehe S. 191) durch, um die körpereigenen Abwehrkräfte zu stärken, unter anderem gegen die lästigen banalen Infekte.
Laborchemische Untersuchungen hatten einen Mangel an Mikro-Nährstoffen ergeben, insbesondere an Magnesium und Zink. Das war ein Grund dafür gewesen, daß die Patientin sowohl zu nervöser Erregbarkeit als auch zu depressiven Verstimmungen neigte. Dieses Defizit wurde durch individuell angepaßte Dosen der einzelnen Vitamine, Mineralstoffe, Spurenelemente ausgeglichen, so daß sich auch das psychische Befinden besserte. Um keinen neuen Mangel daran entstehen zu lassen, empfahlen wir Frau P. H., künftig für eine regelmäßige Zufuhr aller Mikro-Nährstoffe zu sorgen – was gut möglich ist mit den vier Säulen des Vital-Plus-Programms (siehe S. 195), die im Kombi-Pack rezeptfrei in allen Apotheken zu haben sind.
Nachdem wir das Vertrauen der Patientin gewonnen hatten, faßte Frau P. H. endlich auch den Mut, über sexuelle Probleme zu reden, die ganz offensichtlich mit der Candidiasis der Scheide in Zusammenhang standen. Sie bat uns, ihr bei deren Lösung zu helfen und auch mit ihrem Mann auf dieses Thema einzugehen, wenn er sie nach Abschluß der Behandlung aus dem Schwarzwald Sanatorium Obertal abholen würde. Wir taten das und konnten in einem gemeinsamen Gespräch dazu beitragen, daß zwischen den Eheleuten wieder ein besseres zärtliches Verhältnis zustande kam. Zudem mußten wir den Mann bitten, sich am Heimatort ebenfalls auf eine Candida-Infektion hin untersuchen und gegebenenfalls behandeln zu lassen, um eine Neuinfektion seiner Frau zu verhindern.

Frau M. L., 32 Jahre, Sekretärin

Sie war an dem Pfeifferschen Drüsenfieber (infektiöse Mononukleose) erkrankt gewesen. Knapp zwei Wochen lang hatte sie sich so krank gefühlt wie bei einer Grippe, mit Schnupfen und erheblichen Halsschmerzen, mit geschwollenen Lymphknoten in Hals und Nacken. Erreger dieser Krankheit ist das sogenannte Epstein-Barr-Virus. Es gehört zur Familie der Herpes-Viren (siehe S. 77) und hat mit diesen manches gemeinsam: Sehr viele Menschen sind damit infiziert, längst nicht alle werden krank – solange die körpereigenen Abwehrkräfte stark genug sind, die Erreger abzuwehren.

Nachdem die Erkrankung überstanden war, fühlte Frau M. L. sich noch lange nicht gesund. Sie war ständig müde, lustlos, antriebsarm; je länger dieser Zustand andauerte, desto mehr empfand sie die Befindensstörungen als eine zunehmend große Belastung. Alle Untersuchungen blieben ohne Befund; abgesehen von einer noch immer etwas erhöhten Zahl von spezifischen Abwehrkräften (Antikörper-Titer) gegen das Epstein-Barr-Virus. An diesem Punkt hielt die Frau fest. Sie hatte gelesen, daß eine andauernde Epstein-Barr-Infektion die Ursache für das *chronische Müdigkeits-Syndrom* sein kann, und war nun fest davon überzeugt, daran erkrankt zu sein. Sie wußte zudem, daß am Schwarzwald Sanatorium Obertal eine Immun-Therapie mit Thymosand® (siehe S. 191) durchgeführt wird, und wollte sich damit behandeln lassen, um die körpereigene Abwehr zu stärken und zugleich zu harmonisieren. Zur großen Überraschung der Patientin jedoch ergab es sich anders.

Wir bestimmten noch einmal den Antikörper-Titer. Er war im Bereich des Normalen, die Patientin hatte also die Infektion überstanden. Wir kontrollierten den Spiegel bestimmter Vitamine im Blut. Es zeigte sich, daß es Frau M. L. an dem B-Vitamin Folsäure mangelte (siehe auch S. 33). Die beiden Gründe dafür kannten wir aus der Anamnese. Der eine: Sie ernährte sich einseitig und nahm deshalb zuwenig von diesem Vitamin zu sich, das vor allem in Bierhefe und pflanzlicher Kost (Weizenkeime, Spinat, Salat, Vollkornprodukte) enthalten ist. Der andere: Sie gebrauchte bereits seit Jahren die Anti-Baby-Pille (siehe S. 38), und deren Östrogen-Hormon hemmt die Aufnahme von Folsäure aus dem Darm. Folgen dieses Vitaminmangels waren die bereits genannten Befindensstörungen der Patientin gewesen; bei anderen Frauen können es Reizbarkeit, Vergeßlichkeit, Schlaflosigkeit, Kopfschmerzen, sogar Depressionen sein. Nicht nur Folsäure fehlte, auch der Spiegel der Vitamine B_6 und B_{12} lag etwas niedriger als der Grenzwert. Deshalb fanden sich rote Blutkörperchen (Erythrozyten), die zu groß waren und zuviel von dem roten Blutfarbstoff (Hämoglobin) enthielten, ohne daß es bisher zu einer Anämie (siehe S. 28) gekommen war. Deshalb zeigten sich auch veränderte weiße Blutkörperchen (hypersegmentierte Leukozyten), deren Fähigkeit, als Freßzellen Erreger buchstäblich zu verschlingen (Phagozytose), verringert war. Das ist höchstwahrscheinlich die Ursache für die verminderte Abwehrkraft der Patientin gewesen, in deren Folge es zur Epstein-Barr-Infektion gekommen war; während des langen Verlaufs hatte die Erkrankung das Immunsystem weiterhin geschwächt.

Aufgrund dieser Befunde führten wir zwar eine immunmodulierende Therapie mit Thymosand® (siehe S. 191) durch; so wurden die körpereigenen Abwehrkräfte wieder in die Lage versetzt, bestmöglich die Erreger zu bekämpfen und den Organismus gesundzuerhalten. Aber zugleich begannen wir mit einer Vital-Plus-Therapie (siehe S. 195) im Sinne der sogenannten Orthomolekularen Medizin. Mit Injektionen von Novirell B® sowie mit dem Präparat Folarell® wurde der Mangel an dem B-Vitamin Folsäure sowie an den Vitaminen B_6 und B_{12} schnell ausgeglichen. Mit einer eingehenden Ernährungsberatung wurde Frau M. L. angeleitet, einen erneuten Mangel daran und dadurch bedingte neuerliche Befindensstörungen zu verhindern. Außerdem empfahlen wir ihr, von nun an täglich ¼ Tablette Folarell® (rezeptfrei, Apotheke) einzunehmen – gewissermaßen als »Pille zur Pille«.

Die häufigsten Krankheiten der Frauen

Anämie: Es kommt auf Eisen und Vitamine an

Eine Frau, die sich über längere Zeit schwach und immer müde fühlt, die auffallend blaß aussieht und sich schwer konzentrieren kann, die möglicherweise auch noch schlecht schläft, sehr empfindlich gegenüber Kälte ist, häufig Herzklopfen hat, sollte sich unbedingt gründlich untersuchen lassen. Die Ärztin/der Arzt wird bei der Anamnese nach Eßgewohnheiten und Stärke der Regelblutung ebenso fragen wie nach der Farbe von Stuhl und Urin sowie nach chronischen Entzündungen oder anderen schweren Erkrankungen; sehr wahrscheinlich wird auch im Labor ein *großes Blutbild* erstellt.

Bestätigt sich der Verdacht, wird die Diagnose »Anämie« lauten. Sie besagt jedoch nicht, daß die betroffene Frau wirklich »blutarm« ist, wie irrtümlich angenommen wird. Das griechische Wort Anämie bedeutet zwar, wörtlich übersetzt, Blutleere; es bezeichnet aber nicht insgesamt zuwenig Blut, sondern zum Beispiel zuwenig von dem roten Blutfarbstoff Hämoglobin infolge eines Mangels an dem Spurenelement Eisen oder zuwenig normale, häufiger sogar zu große rote Blutkörperchen bei einem Mangel an den Vitaminen Folsäure und/oder Vitamin B_{12}. Es gibt noch viele andere Ursachen für eine Anämie, die jedoch seltener sind.

Mangel an Eisen

Die sogenannte *Eisenmangel-Anämie* ist die mit Abstand häufigste Form dieser Krankheit, und sie betrifft weit überwiegend Frauen im gebärfähigen Alter zwischen 19 und 49 Jahren. Für sie ermittelte die Deutsche Gesellschaft für Ernährung (DGE) einen täglichen Bedarf von 1,8 Milligramm Eisen (und 1,0 Milligramm für erwachsene Männer); um ihn zu decken, müßten sie mindestens 18 Milligramm von dem Spurenelement mit der Nahrung zu sich nehmen, denn der Körper kann im Durchschnitt nur 10 Prozent davon aufnehmen. Besteht bereits ein Mangelzustand, werden jedoch bis zu 35 Prozent vom Eisen resorbiert. Zwar kann es aus

den pflanzlichen Nahrungsmitteln relativ schlecht aufgenommen werden, aber etwas Fleisch dazu verbessert die Resorption des Spurenelementes beträchtlich.
Es gibt wenig verläßliche Daten über die tatsächliche Versorgung der Frauen mit Eisen. Eine gute Quelle dafür ist die MONICA-Studie, die 2500 Haushalte in der einstigen DDR erfaßte. Auf sie stützt sich auch der Ernährungsbericht 1992, der im Auftrag der Bundesministerien für Gesundheit und Ernährung herausgegeben wurde. Darin heißt es zur Versorgung mit Eisen: »90 Prozent der männlichen Stichproben erreichten die Empfehlung der DGE, bei den Frauen dagegen waren es nur 30 Prozent. Es wurde keine Beurteilung der Eisenaufnahme für einzelne Gruppen mit erhöhtem Bedarf (junge Frauen, Schwangere, Stillende) vorgenommen, eine Unterversorgung in diesen Gruppen ist wahrscheinlich«.

Ursachen

Deutlicher gesagt: Mindestens zwei von drei Frauen erhalten nicht genügend Eisen – darunter auch jene, die besonders viel von dem Spurenelement benötigen. Ein Grund dafür ist eine einseitige Ernährung. Wer sich beispielsweise streng vegetarisch ernährt, der muß es schon sehr geschickt anstellen, um ohne Fleisch den Bedarf an Eisen allein aus pflanzlichen Nahrungsmitteln zu decken – und das gelingt nicht jeder Frau. Häufiger noch ist, gerade bei den jungen Frauen, eine unzureichende Ernährung der Grund für dieses Defizit. Um die schlanke Linie zu halten oder um Übergewicht abzuspecken, halten sie eine Diät ein, die nicht nur zuwenig Kalorien, sondern zwangsläufig auch zuwenig von den unentbehrlichen Nährstoffen enthält. Das verdeutlicht eine einfache Rechnung: Eine Frau, die täglich 2000 Kalorien ißt, nimmt etwa 10 Milligramm Eisen zu sich; weil jedoch davon nur 1 Milligramm verwertet werden kann, ergibt sich ein Manko von 0,8 Milligramm Eisen pro Tag. Weil die meisten Männer sich weniger um die Figur kümmern und deshalb mehr Kalorien verzehren, haben sie dieses Problem nicht – ganz abgesehen davon, daß sie ja auch weniger Eisen benötigen.
An dieser Stelle ist eine grundsätzliche Anmerkung angebracht: Wer eine Diät zum Abnehmen einhält, der muß derweilen Vitamine, Mineralstoffe, Spurenelemente einnehmen, um einen Mangel an diesen lebensnotwendigen Mikro-Nährstoffen zu verhindern. Die Präparate zu diesem Zweck

gibt es rezeptfrei in allen Apotheken, unter anderem mit den vier Säulen vom Vital-Plus-Programm (siehe S. 195), das wir am Schwarzwald Sanatorium Obertal entwickelt haben.
Zur Eisenmangel-Anämie kommt es bei Frauen jedoch nicht allein deshalb, weil sie zuwenig Eisen erhalten; noch bedeutsamer dafür ist die Tatsache, daß sie zuviel davon verlieren. Bei jeder Menstruation gehen in der Regel mit dem Blut 10 bis 30 Milligramm Eisen verloren; bei Frauen mit übermäßig starken Blutungen (= Hypermenorrhoe, siehe S. 182) kann es beträchtlich mehr sein. Dieser Verlust wird durch die übliche Ernährung während der nächsten vier Wochen allzu häufig nicht wieder ausgeglichen. Jede Schwangerschaft kostet die Mutter 800 bis 1000 Milligramm Eisen, von denen sie den größten Teil ihrem Kind abgibt. Weil sie selbst nicht genug davon haben, leiden 20 bis 30 Prozent der Frauen am Ende der Schwangerschaft unter einer Eisenmangel-Anämie.
Eine weitere mögliche Ursache darf nicht übersehen werden, und das sind Krankheiten im Magen-Darm-Trakt. Durch Geschwüre in Magen und Dünndarm, auch durch Polypen im Dickdarm sowie durch Hämorrhoiden kann es zu bedenklichen Verlusten an Blut und Eisen kommen.
Erhält der Körper der Frau nicht genügend Eisen zugeführt bzw. verliert er zuviel davon, greift er auf seine Reserven zurück. Zuerst wird das *Speichereisen*, das in Form von Hämosiderin und Ferritin unter anderem in der Leber lagert, und dann das *Transporteisen* aufgebraucht, das als Transferrin im Blut vorhanden ist, jedoch keine nennenswerte Quelle ist. Schließlich mangelt es an dem *Funktionseisen*, das überwiegend in den roten Blutkörperchen steckt. Es ist der wesentliche Bestandteil vom sogenannten Hämoglobin, das diesen Erythrozyten nicht nur die rote Farbe gibt, sondern vor allem den Sauerstoff von der Lunge zu jeder einzelnen Zelle transportiert. Fazit: Mangelt es der Frau an Eisen, dann mangelt es an Hämoglobin in den roten Blutkörperchen und dem Organismus an Sauerstoff.

Folgen

Die Folgen dieser Eisenmangel-Anämie sind Blässe der Haut und der Schleimhäute, schnelle Ermüdbarkeit, Schwindel, Lern- und Konzentrationsschwäche, auch Kurzatmigkeit und Atemnot, vermehrte Kälteempfindlichkeit und erhöhte Infektanfälligkeit sowie beschleunigter Herzschlag, um den Sauerstoffmangel zu kompensieren. Von diesen Folgen eines *manifesten Eisenmangels* sind etwa 4 Prozent aller Frauen im gebärfähigen Alter betroffen. Bei weiteren 17 Prozent besteht ein *prälatenter Eisenmangel*, bei dem zwar noch genügend Hämoglobin vorhanden ist, aber die Eisenspeicher bereits fast leer sind.

Behandlung

Um den betroffenen Frauen zu helfen, muß das Eisen, das ihnen fehlt, von außen zugeführt werden. Vor diese Therapie ist jedoch eine gesicherte Diagnose gesetzt; unter anderem, um übermäßige Menstruationen oder innere Blutungen als Ursache auszuschließen bzw. zu erkennen und dann gezielt zu behandeln. Für die Zufuhr von mehr Eisen gibt es zwei Möglichkeiten, nämlich die richtige Ernährung und spezielle Arzneimittel.

Ernährung

Die richtige Ernährung basiert auf den Nahrungsmitteln, aus denen relativ viel Eisen aufgenommen werden kann. Das ist vor allem Fleisch, weil es reichlich Eisen enthält und das auch noch in einer Form, die wesentlich besser resorbiert wird als das Eisen aus pflanzlichen Lebensmitteln; die besten Quellen dafür sind Hirse, Haferflocken, Roggen- und Weizenmehl, Mandeln, Haselnüsse, Kresse, Feldsalat, Fenchel, Porree, Mohrrüben sowie Preisel-, Heidel-, Erdbeeren. Die Bedeutung von Spinat für die Blutbildung wird maßlos überschätzt. Er enthält gar nicht so viel Eisen, wie noch immer angenommen wird (dieser Irrtum ist auf nichts anderes als auf einen Tippfehler zurückzuführen, bei dem in einer Tabelle das Komma um eine Stelle zu weit nach rechts gerückt wurde); und das Oxalat im Spinat hält das Eisen fest, so daß wenig davon aufgenommen werden kann.

Um einen Mangel an Eisen mit der Ernährung auszugleichen, genügt nicht allein mehr Fleisch auf dem Teller. Es sollten darüber hinaus weitere Regeln beachtet werden:

- Nicht zuviel *Innereien* essen, sondern nur einmal alle drei bis vier Wochen, wie auch das Bundesgesundheitsamt empfiehlt; Schweineleber enthält zwar am meisten Eisen, aber auch viel Cadmium als Schadstoff aus der Umwelt.

- Wenig *Kaffee* und schwarzen *Tee* trinken, weil die in ihnen enthaltenen Gerbstoffe die Resorption des Eisens hemmen. Ballaststoffe wie Weizenkleie haben zwar prinzipiell dieselbe Nebenwirkung, von praktischer Bedeutung aber ist diese erst, wenn davon mehr als 50 Gramm pro Tag aufgenommen werden – doch davon sind die meisten Frauen weit entfernt.
- Zusätzlich mehr *Vitamin C* aufnehmen. Es fördert die Verwertung des Eisens bis um das Zwanzigfache, weil es durch sein Einwirken sowohl aus dem Fleisch als auch aus den pflanzlichen Lebensmitteln besser aufgenommen werden kann. Deshalb vor der Mahlzeit einen Orangensaft trinken und zum Hauptgericht einen gemischten Salat essen oder ein bißchen reines Vitamin C zugeben, das in Form von weißem Pulver rezeptfrei in allen Apotheken erhältlich ist (zum Beispiel als Ascorell®).
- Einen *Apfel* essen, der über Nacht mit Nägeln regelrecht gespickt worden ist. Denn an diesem alten Volksrezept ist etwas Wahres dran: Aus den Nägeln wird Eisen gelöst, es gelangt in den Apfel und wird mit diesem verzehrt – vorausgesetzt, die Nägel sind nicht verzinkt.

Arzneimittel

Spezielle Arzneimittel sind in schweren Fällen einer Eisenmangel-Anämie angezeigt, ebenfalls nach einer eindeutigen Diagnose sowie unter ärztlicher Kontrolle. Die meisten von ihnen enthalten *zweiwertiges Eisen*, weil das nicht nur in Form von Dragees, Kapseln, Tabletten eingenommen werden kann, sondern auch besser verwertet wird als *dreiwertiges Eisen* (das auch in pflanzlichen Lebensmitteln enthalten ist). Sie sollten zwar auf nüchternen Magen eingenommen werden, können dann aber zu Beschwerden wie Magenreizung, Übelkeit, Durchfall, Verstopfung führen. Ist das der Fall, wird die Einnahme mit den Mahlzeiten gestattet und so eine bessere Verträglichkeit erreicht.

Die Therapie einer Eisenmangel-Anämie ist langwierig. Bei den bisher üblichen Dosen von 100 bis 200 Milligramm Eisen pro Tag dauert es – je nach Resorptionsmenge – im Mittel zwei Monate, bis dem Blut wieder genügend Hämoglobin zur Verfügung steht. Weitere drei bis vier Monate vergehen, bis auch die leeren Eisenspeicher wieder gefüllt sind. Heute nimmt man noch längere Zeiten in Kauf, weil sich noch kleinere Dosen von Eisen als verträglicher erwiesen haben – lieber länger, dafür schonender.

Ob die richtige Ernährung genügt, um der Frau ausreichend Eisen zuzuführen, oder ob die Einnahme von Arzneimitteln erforderlich ist, wird die Ärztin/der Arzt entscheiden. Während einer Schwangerschaft sollten sie grundsätzlich allen Frauen ab dem dritten Monat zweimal täglich ein Eisenpräparat verschreiben. Dieser Ansicht sind auch Hämatologen als Spezialisten für das Blut und seine Erkrankungen. Die große Häufigkeit des Eisenmangels bei Frauen und die stets negative Bilanz in der Schwangerschaft rechtfertigen eine generelle Eisen-Prophylaxe zur Vorbeugung einer Eisenmangel-Anämie, argumentieren sie.

In diesem Zusammenhang eine nachdrückliche Warnung: Sind Kinder im Haus, müssen diese Arzneimittel besonders sorgfältig und sicher aufbewahrt werden, damit sie nicht an diese gelangen können. Zuviel Eisen ist nämlich Gift für kleine Kinder. Sie reagieren darauf mit Erbrechen, Bauchkrämpfen, Durchfall; sie können sogar daran sterben.

Mangel an Folsäure und/oder Vitamin B_{12}

Unter den gleichen Symptomen wie bei einer Eisenmangel-Anämie können die Frauen leiden, denen es an den Vitaminen Folsäure und/oder Vitamin B_{12} mangelt. Beide sind Bestandteile von Enzymen, welche die Bildung neuer Zellen im Körper ermöglichen – unter anderem von Blutzellen. Mangelt es an ihnen, werden anstelle normaler Erythrozyten zu große oder nicht richtig geformte rote Blutkörperchen gebildet.

Ursachen

Die Ursachen für solch eine Folsäuremangel- bzw. Vitamin B_{12}-Mangel-Anämie sind verschieden. Zuwenig Vitamin B_{12} wird vor allem dann aufgenommen, wenn es an dem *Intrinsic-Faktor* aus dem Magen fehlt, der für die Resorption des Vitamins benötigt wird, und auch, wenn sehr viele Zigaretten geraucht werden, deren Cyanid aus dem Rauch dieses Vitamin chemisch etwas verändert. Zuwenig Folsäure steht für die Blutbildung zur Verfügung bei Mißbrauch von Alkohol, wenn die geschädigte Darmschleimhaut weniger von dem Vitamin aufnimmt und die überlastete Leber weniger davon speichert (was prinzipiell auch für Vitamin B_{12} und

Eisen zutrifft) sowie bei regelmäßiger Anwendung der Anti-Baby-Pille, weil deren Östrogen-Hormon im Dünndarm das Enyzm hemmt, das für die Resorption entscheidend ist (mehr darüber ab S. 38).
Die Folgen einer Anämie sowohl bei einem Mangel an Folsäure als auch an Vitamin B_{12} sind im wesentlichen die gleichen: Blässe, Müdigkeit, Schwindel, verminderte Leistungsfähigkeit, Kurzatmigkeit, beschleunigter Herzschlag. Die Therapie besteht in der Substitution der fehlenden Vitamine. Zuvor muß allerdings genau festgestellt werden, woran es wirklich mangelt, und zwar aus einem ganz besonderen Grund: Wird Folsäure allein eingenommen, wird sich zwar in jedem Fall das Blutbild bessern, aber andere Schäden, die durch einen Mangel an Vitamin B_{12} bedingt sind, bleiben bestehen und können sich noch weiter verschlimmern. Das gilt insbesondere für eine *funikuläre Myelose*, bei der das Mark von bestimmten Nervenfasern im Rückenmark verlorengeht; dadurch kommt es zunächst zu einer gestörten Gefühlsempfindung an Händen und Füßen, später zu Bewegungsstörungen, unbehandelt zum Tod.

Behandlung

Die Behandlung dieser Anämien sollte mit entsprechenden Präparaten begonnen werden, um den ursächlichen Mangel möglichst rasch zu beseitigen. Das geschieht entweder mit Vitamin B_{12} allein oder kombiniert mit Folsäure, in der Mehrzahl der Fälle jedoch mit Folsäure allein – weil dieser Mangel am häufigsten ist. Am Schwarzwald Sanatorium Obertal verordnen wir das Präparat Folarell® mit 5 Milligramm Folsäure in jeder Tablette in unterschiedlicher Dosierung.
Sind der Mangelzustand und seine Folgen beseitigt, sollte künftig darauf geachtet werden, den Bedarf mit Hilfe ausgewählter *Nahrungsmittel* zu decken. Am meisten Folsäure enthalten Bierhefe und Leber; ergiebige Quellen sind Camembert und Limburger Käse, Spinat, Spargel, Nüsse, grüne Bohnen, Tomaten. Gut versorgt mit Vitamin B_{12} wird der Körper durch Fleisch (vor allem Innereien), Fisch, Eier, Milch und Milchprodukte. In Gemüse, Obst, Getreide ist dieses Vitamin praktisch überhaupt nicht erhalten, weshalb vor allem strenge Vegetarier (die zudem weder Eier noch Milch aufnehmen) wegen des Mangels an Vitamin B_{12} und den Folgen gefährdet sind.

Von dieser Regel gibt es jedoch eine beträchtliche Anzahl von Ausnahmen. Das sind alle die Frauen, die regelmäßig die Anti-Baby-Pille anwenden. Weil ihr Körper deshalb nicht genügend Folsäure aus den Nahrungsmitteln aufnehmen kann, sollten sie weiterhin ebenso regelmäßig dieses Vitamin mit täglich 1/4 Tablette Folarell® (rezeptfrei, Apotheke) einnehmen – als »Pille zur Pille!«

Anämien können noch andere Ursachen haben, sogar in Begleitung anderer Erkrankungen auftreten. Beispielhaft dafür sollen zwei Fälle aus dem Schwarzwald Sanatorium Obertal sein.

Frau W. V., 65 Jahre, Hausfrau

Sie war an einer chronischen Polyarthritis erkrankt. Diese ständig wiederkehrende Entzündung vieler Gelenke ist bei Frauen häufiger als bei Männern, und sie vor allem wünschen sich, möglichst mit natürlicher Medizin behandelt zu werden. Aus diesem Grunde war die Patientin zu uns gekommen. Wir hatten sie mit einer Immun-Therapie mit Thymosand® (siehe S. 191), mit Enzymen (siehe S. 202) und mit Vitamin E, Selen, Zink im Sinne der Orthomolekularen Medizin (siehe S. 195) behandelt und sie veranlaßt, ihre Ernährung auf eine laktovegetabile Kost umzustellen; diese besteht aus pflanzlichen Nahrungsmitteln, Milch und Milchprodukten bei Verzicht insbesondere auf Fleisch und Fleischwaren. Die Kombination dieser Maßnahmen hat das Befinden von Frau W. V. wesentlich gebessert.

Unter den akuten entzündlichen Schüben der chronischen Polyarthritis war es bei ihr zu einer Anämie gekommen. Sie zeigte sich ebenso wie eine Eisenmangel-Anämie, nämlich mit zuwenig Eisen im Blut, mit zuwenig und sehr kleinen roten Blutkörperchen sowie einem zu niedrigen Hämatokrit (das ist der Anteil der festen Zellbestandteile am Gesamtvolumen des Blutes). Die Ursache war jedoch kein eigentlicher Mangel an dem Spurenelement gewesen; vielmehr wird während eines Schubes Eisen in den entzündeten Bereichen zurückgehalten, so daß es für die Blutbildung fehlt. Laborchemische Untersuchungen ergaben denn auch eine erniedrigte Eisenbindungskapazität bei erhöhtem Speichereisen Ferritin. Zufuhr von Eisen hätte das Blutbild nicht gebessert, eher noch die Entzündung verstärkt; als diese nachließ, normalisierte es sich auch ohne zusätzliche Therapie.

Die ausreichende Versorgung mit Eisen und Vitamin B_{12} war bei Frau W. V. besonders problematisch. Weil im fortgeschrittenen Alter auch diese Mikro-Nährstoffe nicht mehr so gut aus dem Darm aufgenommen werden, genügt die lakto-vegetabile Kost häufig nicht, um den Bedarf daran zu decken. Nach der akuten Entzündung erhielt deshalb die Patientin niedrig dosiertes Eisen zusammen mit etwas Vitamin C, das dessen Resorption wesentlich verbessert, sowie Vitamin B_{12} mit der Brausetablette Vicorell® aus dem Vital-Plus-Programm (siehe S. 195). Dieses Präparat hat noch einen weiteren Vorteil: Vicorell® enthält auch die anderen Vitamine aus dem B-Komplex, und diese können das Schmerzempfinden abmildern.
Frau W. V. hält sich an unsere Empfehlungen, welche Ernährung und die Substitution betreffen, und sie wiederholt auch die Therapie, um Rückfälle des Gelenkrheumas möglichst zu verhindern. Kürzlich kam sie zum achten Mal in unser Sanatorium. Diesmal brachte sie ihre Tochter mit, und diese hat eine sehr interessante Krankengeschichte.

Frau K. V., 39 Jahre, Chefsekretärin
Sie hatte seit ihrer Kindheit an Heuschnupfen (Pollinosis) zu leiden. Zwischenzeitlich war sie ganz gut damit zurechtgekommen, indem sie während der Pollensaison kurzzeitig spezielle Arzneimittel (Antihistaminika) einnahm, die sie weitgehend vor Nasenkribbeln, Niesanfällen, Augentränen bewahrten. Dann konnte sie sich beruflich verbessern, mußte allerdings in eine Großstadt ziehen. Von nun an erging es ihr gesundheitlich gar nicht gut. Der Heuschnupfen wurde schlimmer und dauerte länger als zuvor. Neue Beschwerden kamen hinzu. Frau K. V. fühlte sich müde und erschöpft; nach Feierabend hatte sie weder Lust noch Kraft, etwas zu unternehmen, sondern wollte nur schlafen.
An der neuen Stellung lag das nicht; sie war als Chefsekretärin erfolgreich und auch sehr zufrieden, wenngleich ihr die Arbeit immer schwerer fiel. Als Ursache der Befindensstörung vermutete sie einen Eisenmangel, weil es bei ihr während der Menstruation zu sehr starken Blutungen (Hypermenorrhoe, siehe S. 182) mit entsprechend großen Verlusten an Eisen kam. Sie hatte mit ihrer Mutter darüber gesprochen, und diese hatte ihr die Zufuhr des Spurenelements mit Vicorell® empfohlen. Als sich der Zustand trotzdem nicht besserte, brachte Frau W. V. ihre Tochter mit zu uns.

Bei der genauen Untersuchung ergaben die laborchemischen Kontrollen eine *perniziöse Anämie* mit zu wenigen, aber übermäßig großen roten Blutkörperchen, die zudem sehr viel von dem roten Blutfarbstoff enthielten, sowie einen Mangel an Vitamin B_{12}. Mit Eisen war die Patientin trotz der starken Regelblutungen gut versorgt und auch mit dem B-Vitamin Folsäure; das war um so erstaunlicher, als sie seit vielen Jahren schon die Anti-Baby-Pille anwendet und diese bekanntermaßen die Aufnahme von Folsäure hemmt. Dieser Befund war nur damit zu erklären, daß dank Vicorell® zuvor bestehende Mangelzustände bereits beseitigt waren.

Am Vitamin B_{12}-Mangel hatte diese Substitution nichts ändern können, und zwar aus einem ganz besonderen Grund. Die Funktion des sogenannten Intrinsic-Faktors, der für die Verwertung dieses Vitamins unerläßlich ist, war gestört. Er wird von der Schleimhaut im Magen gebildet, und er bildet mit dem Vitamin B_{12} einen Komplex; nur in dieser Form kann das Vitamin im hinteren Teil vom Dünndarm (Ileum) resorbiert werden. Schuld an dieser Störung war nicht etwa eine Magenkrankheit gewesen, sondern – wie das häufig der Fall ist – eine Allergie.

Bereits in ihrer Kindheit war Frau K. V. an Heuschnupfen erkrankt; er ist eine sogenannte Typ-I-Allergie oder eine »Allergie vom Soforttyp«. Nach dem Umzug in die Großstadt wurden die vorgeschädigten Atemwege durch chemische Schadstoffe in der Luft zusätzlich gereizt. Sie waren noch empfindlicher gegen eingeatmete Pollen geworden, so daß die Beschwerden stärker wurden, und es war zudem eine Typ-II-Allergie entstanden, die letztendlich zu der Blutkrankheit geführt hatte. Diese zytotoxische Reaktion richtet sich gegen körpereigene Zellen. Bei besonderer Veranlagung kommt es zur Bildung von Antikörpern gegen den Intrinsic-Faktor. Infolgedessen ist er nicht mehr wirksam genug, um eine ausreichende Versorgung mit dem Vitamin B_{12} zu sichern, und deshalb war bei Frau K. V. eine perniziöse Anämie entstanden. Die Behandlung besteht aus Injektionen mit diesem Vitamin (zum Beispiel mit Novirell B®), und zwar lebenslang.

Selbstverständlich wurden auch die Allergien der Patientin behandelt, was am Schwarzwald Sanatorium Obertal mit der bewährten Vier-Faktoren-Therapie geschieht. Ihre vier Faktoren sind:

1. Immun-Therapie mit Thymosand® (mehr darüber auf S. 191);
2. unspezifische Desensibilisierung mit dem Präparat Desarell®, die durch wiederholte Reize das überschießend reagierende Immunsystem allmählich unempfindlicher gegen die auslösenden Substanzen (Allergene) macht;
3. Ernährung im weitesten Sinne, wozu auch der gezielte Einsatz von Vitaminen, Mineralstoffen, Spurenelementen mit Präparaten der Vital-Plus-Therapie (siehe auch S. 195) gehört;
4. Hilfe für die Psyche, etwa durch das Autogene Training, die wiederum eine zusätzliche stabilisierende Wirkung auf das Immunsystem hat.

Wie in so vielen anderen Fällen, zeigte diese Vier-Faktoren-Therapie auch bei Frau K. V. eine gute Wirkung gegen Allergien.

Anti-Baby-Pille: Gegen Nebenwirkungen hilft die »Pille zur Pille«

Die sogenannte Anti-Baby-Pille ist in Deutschland das mit Abstand am häufigsten angewendete Mittel zur Empfängnisverhütung: Jede zweite Frau im gebärfähigen Alter schützt sich damit vor einer ungewollten Schwangerschaft. Diese Spitzenstellung hat vor allem zwei Gründe.
Zum einen gibt die Pille der Frau eine große, zuvor nie gekannte Freiheit, ihr Leben selbst zu bestimmen. Weil jetzt Sexualität und Fortpflanzung voneinander getrennt sind, kann sie die Liebe und das Leben zu zweit unbeschwerter genießen, und sie selbst kann entscheiden, wie lange sie im Beruf bleiben bzw. wann sie ein Kind haben will. Das hat das Selbstwertgefühl der Frau gestärkt und sie der Gleichberechtigung noch nähergebracht – und damit zwangsläufig eine neue Partnerschaft zwischen den Geschlechtern entstehen lassen, die mittlerweile von den meisten Männern akzeptiert wird.
Zum anderen ist die Pille das weitaus sicherste Mittel zur Empfängnisverhütung. Von 500 Frauen, die ein Jahr lang eine *Kombinations-Pille* mit

einem Östrogen- und einem Gestagen-Hormon anwenden, wird während dieser Zeit nur eine Frau ungewollt schwanger. In dieser Zahl sind Einnahmefehler wie das Vergessen des Einnehmens ebenso mitgerechnet wie eine verringerte Wirksamkeit bei gleichzeitiger Einnahme anderer Arzneistoffe, beispielsweise des Antibiotikums Rifampicin oder der Barbiturate in Schlafmitteln, sowie bei andauerndem Mißbrauch von Alkohol; sie bewirken nämlich eine sogenannte Enzyminduktion, bei der die Hormone der Pille in der Leber rascher abgebaut werden. Andere Versionen dieser Empfängnisverhütung mit Hilfe von Hormonen (= hormonale Kontrazeption) sind nicht ganz so sicher, etwa die Sequenzpräparate, die anfangs nur ein Östrogen-Hormon enthalten, und die Mini-Pille, die lediglich durch ein Gestagen-Hormon wirkt.
Die große Sicherheit der Kombinations-Pille kommt durch drei verschiedene Wirkungen zustande:

1. Sie hemmt vor allem den Eisprung (= Ovulation), so daß keine reife Eizelle für eine Befruchtung freigesetzt wird – weshalb die Pille in der medizinischen Fachsprache *Ovulationshemmer* genannt wird.
2. Während eines Zyklus wird die Schleimhaut in der Gebärmutter unvollständig aufgebaut, so daß dort keine Einnistung (= Nidation) einer befruchteten Eizelle möglich wäre.
3. Der Schleimpfropf im Gebärmutterhals bleibt während des gesamten Zyklus unverändert zäh, so daß Samenfäden (= Spermien) ihn nicht durchdringen können.

Die neue Freiheit der Frau und der sichere Schutz vor einer Empfängnis haben jedoch ihren Preis – und den muß allein die Frau zahlen. Es kann unerwünschte Wirkungen als Kehrseite der Anti-Baby-Pille geben. Ihre Wirkstoffe sind künstlich hergestellte Östrogene und Gestagene, die den natürlichen Sexualhormonen sehr ähnlich, jedoch ihnen nicht gänzlich gleich sind. Sie greifen nicht nur in das komplizierte Wechselspiel der Sexualhormone im Körper der Frau ein, sondern auch in viele andere Vorgänge, unter anderem in die Blutgerinnung und in den Stoffwechsel. Zwar enthalten die neueren *Mikro-Pillen* wesentlich weniger Östrogen-Hormon als das erste Mittel dieser Art in Deutschland (Anovlar®, das im Jahre 1961 eingeführt worden ist), und deshalb haben sie eindeutig weniger unerwünschte Wirkungen, aber völlig auszuschließen sind diese dennoch nicht.

Das wichtigste Problem, das noch immer bei der Anwendung der Anti-Baby-Pille besteht, ist das Entstehen von Blutgerinnseln (= Thrombosen), die schlimmstenfalls zu Herzinfarkt und Schlaganfall führen. Die häufigste Nebenwirkung, die selbst viele Frauen noch nicht kennen, ist ein Mangel an Vitaminen, insbesondere an dem B-Vitamin Folsäure.

Nebenwirkung: Mangel an Folsäure

Frauen, die über Jahre hinweg regelmäßig die Anti-Baby-Pille anwenden, haben bis zu 40 Prozent weniger Folsäure im Blut, als es dem gesunden Durchschnitt entspricht. Dieser Mangel ist auf eine ganz spezielle Nebenwirkung des Östrogen-Hormons in der Schleimhaut des Dünndarms zurückzuführen. Es hemmt dort die Tätigkeit des Enzyms Folatkonjugase, das unerläßlich ist für eine ausreichende Versorgung mit diesem Vitamin. Weil Folsäure in Nahrungsmitteln überwiegend in gebundener Form enthalten ist, muß das Enzym diese Verbindungen spalten, damit das Vitamin mit kleineren Bruchstücken aufgenommen werden kann. Wird die Folatkonjugase dabei gehemmt, geschieht das nicht ausreichend genug, und ein großer Teil der Folsäure wird ungenutzt ausgeschieden.
Diese Nebenwirkung der Pille ist um so bedeutsamer, weil die meisten Frauen ohnehin nicht soviel Folsäure erhalten, wie sie benötigen. Breitangelegte Verzehrstudien in Deutschland ergaben, daß in den Jahren, in denen sie üblicherweise Kinder bekommen, 99 Prozent der Frauen (und 97 Prozent der Männer) nicht genügend von diesem Vitamin zu sich nehmen; bei rund 15 Prozent der erwachsenen Bevölkerung besteht sogar ein ausgeprägter Mangel an Folsäure. Es ist somit das Vitamin, das den Deutschen am meisten fehlt.

Ursachen und Folgen

Folsäure gehört zur großen Gruppe der B-Vitamine. Erwachsene und Jugendliche benötigen 400 Mikrogramm pro Tag. Sie ist unverzichtbar für den Stoffwechsel, insbesondere für die Aminosäuren, aus denen das körpereigene Eiweiß aufgebaut wird, und für die Teilung und den Aufbau aller Zellen im Organismus, auch für die Blutbildung im Knochenmark. Sie ist reichlich in Leber und Nieren, Spinat, Spargel, grünen Bohnen, Camembert und Limburger Käse, Tomaten, Apfelsinen, Bananen enthalten. Weil die meisten Frauen zuwenig von diesen Nahrungsmitteln verzehren und weil fast jede zweite Frau zudem – bedingt durch das Östrogen-Hormon der Anti-Baby-Pille – aus ihnen zuwenig Folsäure aufnehmen kann, besteht bei so vielen Frauen ein Mangelzustand. Die häufigsten Folgen sind unspezifische Symptome, wie Schwächegefühl und Leistungseinbuße, Reizbarkeit und Vergeßlichkeit, Müdigkeit am Tage und Schlaflosigkeit bei Nacht, Kopfschmerzen und sogar Depressionen. Bei einem erheblichen Mangel an Folsäure kommt es zu Störungen der Blutbildung. Darüber hinaus sind Schäden für die Gesundheit der betroffenen Frauen zu befürchten, die erst in letzter Zeit erkannt worden sind.

Mangel an Folsäure begünstigt bestimmte Veränderungen von Zellen im Gebärmutterhals (= Zervixdysplasie), die als Vorstadium von Krebs (= Zervixcarcinom) gelten; wenn gleichzeitig eine Infektion mit sogenannten Humanen Papillomaviren (siehe auch S. 90) besteht, ist dieses Risiko fast fünfmal so groß wie bei ausreichender Versorgung mit dem B-Vitamin.

Mangel an Folsäure ist eine wesentliche Voraussetzung für das Entstehen der *Arteriosklerose* und vergrößert die Gefahr, einen Herzinfarkt oder Schlaganfall zu erleiden. Dieser Zusammenhang kann hier nur vereinfacht und verkürzt dargestellt werden. B-Vitamine werden benötigt, um die Aminosäure Homozystein, die vom Körper nur als ein Zwischenprodukt gebildet wird und in größeren Mengen toxisch wirkt, unschädlich zu machen. Mangelt es an Folsäure sowie an den Vitaminen B_6 und B_{12}, steigt der Blutspiegel vom Homocystein – und das ist ein eigenständiger Risikofaktor für eine »Arterienverkalkung«, der noch früher und noch stärker schädigend wirkt als das berühmt-berüchtigte Cholesterin allein. Zuviel Homocystein schädigt die Innenwände der Blutgefäße, fördert die Bildung von Blutgerinnseln und die Oxidation von Cholesterin. Es setzt dadurch einen Prozeß in Gang, der letztendlich die Wände der Arterien starrer und ihren Durchlaß für das Blut enger werden läßt.

Noch größer wird der Mangel an Folsäure, wenn eine Frau schwanger ist. Sie benötigt während der *Schwangerschaft* doppelt soviel von dem B-Vitamin, nämlich 800 Mikrogramm pro Tag; denn nicht nur ihr eigener Organismus verbraucht nun mehr davon, sie muß auch ihr Kind damit versorgen. Weil eine Schwangere jedoch nicht »für zwei essen« darf, sondern nur 13 Prozent mehr Kalorien aufnehmen soll, ist es ihr unmöglich, allein mit der Ernährung den Mehrbedarf sicher zu decken. Die

Folge: Bis zu 50 Prozent der Frauen haben während der Schwangerschaft zuwenig Folsäure im Blut, und bis zu 2 Prozent sind gegen Ende der neun Monate infolgedessen sogar an einer Blutarmut (= megaloblastäre Anämie) erkrankt (siehe auch S. 33).
Dieses Defizit beeinträchtigt den Schwangerschaftsverlauf und die Kindesentwicklung. Bei einem Folsäuremangel der Frau sind sowohl Fehl- und Frühgeburten als auch Entwicklungsstörungen und angeborene Mißbildungen eindeutig häufiger als bei ausreichender Versorgung mit Folsäure. Die angeborenen Mißbildungen sind vor allem sogenannte Neuralrohrdefekte wie *Spina bifida,* bei der ein Spalt der Wirbelsäule offen bleibt und das Rückenmark ungeschützt ist. Das ist leider keine Seltenheit; etwa eines von 1500 lebend geborenen Kindern ist davon betroffen.

Behandlung

Zum Glück gibt es gegen den so weit verbreiteten Mangel an diesem B-Vitamin und seine vielfältigen Folgen für die Frauen ein gutes Gegenmittel. Das ist die Zufuhr von reiner Folsäure mit Präparaten, die rezeptfrei in allen Apotheken zu haben sind. Eines von ihnen ist Folarell®. Es enthält in jeder Tablette 5 Milligramm Folsäure und damit ein Vielfaches des täglichen Mindestbedarfs; unerwünschte Wirkungen sind selbst bei dieser Dosierung nicht bekannt. Das Fazit:

Alle Frauen, die regelmäßig die Anti-Baby-Pille anwenden, sollten möglichst eine der modernen Mikro-Pillen mit nur 30 Mikrogramm Östrogen-Hormon gebrauchen und zugleich täglich eine viertel bis halbe Tablette Folarell® einnehmen – als »Pille zur Pille«. Die reine Folsäure aus ihr kann direkt im Darm aufgenommen werden, so daß zunächst der Mangel daran beseitigt wird und künftig ein ausreichender Bestand daran gesichert ist.
Alle Frauen, die sich ein Baby wünschen bzw. die bereits schwanger sind, sollten täglich mindestens eine halbe Tablette Folarell® einnehmen. Frauen, die zuvor eine Fehlgeburt erlitten hatten oder in deren Familien angeborene Neuralrohrdefekte aufgetreten sind, sollten die Schwangerschaft so planen, daß sie schon Wochen vorher mit dieser Maßnahme beginnen. Um nämlich eine Mißbildung der Wirbelsäule verhindern zu können, muß gerade in den ersten vier Wochen der Kindesentwicklung genügend Folsäure verfügbar sein – zu einem Zeitpunkt also, in dem die Frauen meist noch gar nicht wisen, daß sie schwanger sind.

Wie diese Wirkung von dem B-Vitamin zustande kommt, ist zwar noch ungeklärt; sie ist aber unzweifelhaft durch eine Untersuchung in Großbritannien bestätigt worden: Frauen, die bereits ein Kind mit Spina bifida geboren hatten, nahmen vor einer neuerlichen Schwangerschaft täglich 4 Milligramm Folsäure (in etwa 1 Tablette Folarell®) ein und verringerten dadurch das Risiko der Wiederholung dieser Mißbildung um das Vierfache. Übrigens: Es gibt Hinweise darauf, daß auch die noch häufigeren angeborenen Mißbildungen der Kiefer-Lippen-Gaumenspalten, zu denen *Wolfsrachen* und *Hasenscharte* gehören, bei Kindern seltener auftreten, wenn deren Mütter während der Schwangerschaft über ausreichend Folsäure verfügen.

Nebenwirkung: Mangel an Vitamin B_6

Ein Mangel an Folsäure ist zwar die häufigste Nebenwirkung der sogenannten Anti-Baby-Pille, aber nicht die einzige. Das mit ihr aufgenommene künstliche Östrogen-Hormon kann den Verbrauch und damit den Bedarf an anderen Vitaminen erhöhen. In der Regel bleibt das ohne spürbare Folgen. Eine relativ seltene, jedoch bedeutsame Ausnahme sind Depressionen infolge eines Mangels an dem Vitamin B_6.

Das Vitamin wird als Coenzym im Stoffwechsel der Aminosäure Tryptophan benötigt. Diese wiederum ist nicht nur ein unersetzlicher Baustein für körpereigenes Eiweiß, sondern auch ein Ausgangsstoff (= Präkursor), aus dem im Gehirn der Botenstoff (= Neurotransmitter) Serotonin gebildet wird. Mangelt es am Vitamin B_6, verringert sich im Gehirn der Gehalt an Serotonin, und das kann zu Reizbarkeit, Stimmungsschwankungen, Müdigkeit, sogar zu Depressionen führen.

Die beste Gegenmaßnahme ist auch in diesem Fall die vermehrte Zufuhr dieses Vitamins zusätzlich zur Pille. Einen bereits bestehenden Mangel daran beseitigen rasch Injektionen in die Muskulatur mit dem Präparat Novirell B®; die Ampullen mit jeweils 20 Milligramm Vitamin B_6 sind rezeptfrei in allen Apotheken erhältlich. Ist das geschehen, ist künftig der erhöhte Bedarf mit dem Multivitamin-Präparat Vicorell® zu decken, das aus einer Brausetablette jeweils 2 Milligramm Vitamin B_6 dem Körper zuführt.

Und noch etwas: Vicorell® kann bei Anwendung der modernen Mikro-Pillen, die relativ wenig Östrogen-Hormon enthalten, von ebenso großem Nutzen sein, wie es die »Pille zur Pille« bei den höher dosierten Kombinations-Pillen ist. Mit ihm werden dem Körper insgesamt 14 wichtige Mikro-Nährstoffe zugeführt, darunter Folsäure und Eisen, die gerade junge Frauen so dringend benötigen und die in vielen anderen Präparaten gleicher Art überhaupt nicht enthalten sind.

Nebenwirkung: Entstehung von Blutgerinnseln

Das wichtigste Problem im Zusammenhang mit der Anti-Baby-Pille ist ein möglicherweise *erhöhtes thromboembolisches Risiko.* Das bedeutet: Bedingt durch Nebenwirkungen des künstlichen Östrogen-Hormons kommt es zu einer Störung der Blutgerinnung; es können eher und häufiger Blutgerinnsel (= Thrombosen) entstehen, die Blutgefäße verschließen – entweder an der Stelle, an der sie sich gebildet haben, oder an dem Ort, zu dem sie mit dem Blutstrom gelangt sind (= Embolien). Auf diese Weise kann es zu Herzinfarkt und Schlaganfall, zu Lungenembolien und Venenentzündungen kommen. Während die natürlichen Sexualhormone, die vom Körper gebildet bzw. die gegen Wechseljahrsbeschwerden (siehe S. 170) eingenommen werden, eine schützende Wirkung auf Herz und Kreislauf ausüben, kann also das synthetische Östrogen der Pille das Gegenteil bewirken.

Etwa eine von 1000 Frauen, die regelmäßig die Anti-Baby-Pille anwenden, muß damit rechnen, von einer Thromboembolie betroffen zu werden; das sind immerhin mehr als 3000 potentielle Opfer in Deutschland. Besonders bedroht sind Frauen mit zusätzlichen Risikofaktoren – die zuviel wiegen oder die sehr viel rauchen, die bestimmte Vorerkrankungen haben, wie angeborene Störungen der Blutgerinnung oder des Fettstoffwechsels sowie Bluthochdruck, die Krampfadern oder sogar schon einmal Thrombosen erlitten haben.

Die niedrigeren Östrogen-Dosen in den neueren Mikro-Pillen haben dieses erhöhte thromboembolische Risiko zwar deutlich verringern, aber dennoch nicht gänzlich beseitigen können. Deshalb sah sich das einstige

Bundesgesundheitsamt zu einer Aktualisierung der Packungsbeilagen veranlaßt: »Der bisher schon enthaltene Warnhinweis für Raucherinnen wird verstärkt durch den Hinweis, daß eine sorgfältige Ermittlung aller möglichen Risikofaktoren der Entscheidung über die Anwendung der Pille voranzugehen hat«.
Das verpflichtet die Ärzte dazu, eine Frau vor dem erstmaligen Verschreiben der Pille nicht nur gründlich zu untersuchen, sondern sie auch nach Risikofaktoren zu befragen, zum Beispiel nach dem Auftreten von Thrombosen und Embolien in ihrer Familie.
Ist die Antwort darauf ein klares »Nein«, besteht sehr wahrscheinlich kein Risiko; die Pille kann verordnet werden. Folgt auf diese Frage ein »Ja«, muß das Gerinnungssystem im Labor sorgfältig untersucht werden; wird dabei ein angeborener Mangel an körpereigenen Gerinnungshemmern (wie Antithrombin II, Protein C, Protein S) festgestellt, wird in der Regel die Pille nicht verordnet, weil dabei die Gefährdung durch Thrombosen und Embolien zu groß wäre.

Damit Frauen die Vorteile der Anti-Baby-Pille nutzen können, ohne durch deren Nebenwirkungen – insbesondere auf die Blutgerinnung – gefährdet zu sein, sollten stets diese Grundsätze bedacht werden:

- Vor dem Verschreiben ist unbedingt eine gründliche *körperliche Untersuchung* durchzuführen sowie eine sorgfältige Krankengeschichte (= Anamnese) sowohl der Frau als auch ihrer Familie zu erheben.
- Bei der Anwendung sollte mit einem *Kombinationspräparat* begonnen werden, das möglichst wenig Östrogen-Hormon enthält (20 Mikrogramm Ethinylstradiol ist zur Zeit die niedrigste Dosis von allen).
- Frauen, die *rauchen* und die älter als 35 Jahre sind, sollten entweder auf die Zigaretten verzichten oder keine Anti-Baby-Pille mehr anwenden; bei ihnen ist die Aktivität des Gerinnungssystems zusätzlich gesteigert und dadurch die Gefahr von Thrombosen und Embolien noch mehr erhöht.
- Frauen, denen eine *Operation* bevorsteht, sollten mindestens vier bis sechs Wochen vorher die Anti-Baby-Pille absetzen; denn ihr synthetisches Östrogen gilt nach wie vor als ein äußerst wichtiger Risikofaktor für Thromboembolien, welche die Ursache für nahezu die Hälfte aller Todesfälle nach gynäkologischen Eingriffen sind.

Alternativen zur Anti-Baby-Pille

Alle Frauen sollten zudem wissen, welche Alternativen es zur klassischen Anti-Baby-Pille gibt. Das sind vor allem:

Die Mini-Pille, die lediglich ein Gestagen-Hormon enthält und die weniger Nebenwirkungen hat, insbesondere nicht jene, die durch das Östrogen-Hormon bedingt sind. Sie hemmt nicht den Eisprung, sondern bewirkt vor allem, daß der Schleimpfropf im Gebärmutterhals zähflüssig und somit für Samenfäden undurchdringlich bleibt. Allerdings ist dieser Empfängnisschutz nicht ganz so sicher wie der durch die klassische Kombinations-Pille.

Das Intra-Uterin-Pessar, das allein durch seine Anwesenheit in der Gebärmutter die Einnistung einer befruchteten Eizelle verhindert und damit eine Schwangerschaft verhütet. Solch eine *Spirale* ist mittlerweile in Deutschland für 13 Prozent aller Frauen das Mittel der Wahl zur Empfängnisregelung. Sie wird von nahezu allen problemlos und komplikationsfrei vertragen; dennoch bestehen gewisse Risiken einer Abstoßung und Verletzung. Eine neu entwickelte Version, die zusätzlich mit einem Gestagen-Hormon beschichtet ist, erreicht eine nahezu ebenso große Sicherheit wie die Pille.

Das Diaphragma als eine weiche Kappe, die vom Arzt individuell angepaßt und auf den Teil des Gebärmutterhalses, der in die Scheide ragt (Portio), aufgesetzt wird; es wird deshalb auch *Portiokappe* genannt. Es blockiert den Muttermund, so daß Spermien aus der Scheide nicht weiter vordringen können. Seine Sicherheit kann durch zusätzliche Anwendung von Spermiziden noch verbessert werden; diese chemischen Substanzen, die Spermien abtöten, gibt es in Form von Creme, Schaum, Gel.

Die natürliche Familienplanung, bei der vor allem, vom Zeitpunkt des Eisprungs ausgehend, die fruchtbaren Tage bestimmt werden. Grundlegend wichtig dafür ist das Messen der Körpertemperatur gleich am Morgen (Basaltemperatur), deren Veränderungen später noch erklärt werden (siehe S. 180). Eine andere Möglichkeit besteht in der Selbstuntersuchung des Schleimes, der aus dem Gebärmutterhals abgesondert wird (Zervixschleim). Auch dessen Beschaffenheit ändert sich im Menstruationszyklus, allerdings individuell unterschiedlich; das muß von jeder Frau selbst festgestellt werden, allgemein gültige Regeln gibt es dafür nicht. Die Sicherheit der natürlichen Familienplanung schwankt zwischen 1 und 20 Prozent – je nachdem wie regelmäßig und korrekt sie von den Frauen praktiziert wird.

Das Kondom, das neue Bedeutung gewonnen hat, weil es als einziges Mittel nicht nur eine Schwangerschaft verhüten, sondern auch vor AIDS und sexuell übertragbaren Krankheiten schützen kann. Es wird heute ebenso häufig angewendet wie das Intra-Uterin-Pessar, ist aber längst nicht so sicher. Vor allem Frauen, die keine feste Bindung und deshalb nur gelegentlich Verkehr haben, akzeptieren das.

Mit dem Gebrauch des Kondoms übernimmt wieder der Mann die Verantwortung für die Empfängnisverhütung – und die Frau fordert das auch. Dazu gehört es, daß er vor der Anwendung prüft, ob das Kondom eine Genehmigungsnummer hat, die ihm Eignung und Unschädlichkeit bestätigt, und ob das Haltbarkeitsdatum noch nicht überschritten ist – Kondome sind zwar einige Jahre lang haltbar, aber nicht unbegrenzt. Eindeutig häufiger jedoch als ein technischer Fehler ist die falsche Anwendung des Kondoms die Ursache einer ungewollten Schwangerschaft.

Ist das zu befürchten, muß die Frau unverzüglich handeln: Am nächsten Morgen zum Arzt gehen und sich die »Pille danach« verschreiben lassen. Sie ist unter dem Namen Tetragynon® im Handel, weil sie aus insgesamt vier Dragees besteht; diese sind aus demselben Östrogen- und Gestagen-Hormon zusammengesetzt wie ein Kombinationspräparat. Zwei der Dragees sind innerhalb der ersten 24 Stunden, spätestens jedoch 48 Stunden nach dem Verkehr einzunehmen; die beiden anderen werden 12 Stunden später angewendet. Die »Pille danach« verhindert mit 99prozentiger Sicherheit, daß sich die befruchtete Eizelle in der Gebärmutterschleimhaut festsetzen kann. Zwar kann es dabei zu unangenehmen Nebenwirkungen kommen, zum Beispiel Übelkeit bis hin zu Erbrechen, aber diese sind ein weitaus kleineres Übel als eine Abtreibung, die gerade für junge Frauen eine schwere psychische Belastung ist.

Blasenerkrankungen: Hilfe durch Gesprächstherapie, Gymnastik und Erholung

Viele Frauen haben Probleme, die sie sehr belasten und über die sie dennoch am liebsten mit niemandem reden möchten. Sie betreffen häufig die Harnblase – und somit einen Bereich, der bei ihnen von Kindheit an mit einem unnötigen Tabu belegt und daher mit einem falschen Schamgefühl verbunden ist. Das dringendste Problem ist die Reizblase, bei der häufig Harndrang besteht und doch kaum Wasser gelassen werden kann; ein weiteres ist die Harninkontinenz, bei der Harn nicht gehalten werden kann und immer wieder unkontrolliert abgeht.

Reizblase

Bei einer Reizblase leidet die betroffene Frau unter ähnlichen Symptomen wie bei einer Blasenentzündung (= Zystitis, mehr darüber auf S. 71): gelegentlich unter Schmerzen hinter dem Schambein, immer wieder unter einem unwiderstehlichen Harndrang und häufigem Wasserlassen, das kaum ein Gefühl der Erleichterung verschafft; allein der Gedanke daran, daß sich dasselbe sehr bald schon wiederholen wird, ist quälend und belastend. Im Gegensatz zur echten Zystitis bestehen diese Beschwerden vorwiegend am Tage und bessern sich bei Nacht im warmen Bett; auch während der warmen Monate sind sie vielfach nicht so stark ausgeprägt wie in der naßkalten Jahreszeit.

Ursachen

Die körperliche Untersuchung ergibt meist keine organischen Befunde, wie zum Beispiel eine Entzündung der Harnblase, Myome (siehe S. 120) oder Veränderungen während der Wechseljahre (siehe S. 170), welche die Beschwerden auslösen könnten. Als Ursache einer Reizblase findet

sich häufiger ein *psychovegetatives Syndrom*, das zu einer funktionellen Störung der Harnblasenmuskulatur führt.
An seinem Anfang können psychische Störungen verschiedenster Art stehen. Das können Fehler in der Erziehung sein (wenn etwa in frühen Jahren übertrieben großer Wert darauf gelegt wird, daß das Kind stets rechtzeitig auf die Toilette geht) ebenso wie übermäßige Belastungen (wofür spricht, daß sich die Beschwerden bei Streß und Erschöpfung verschlimmern). Es können auch unbewußte psychische Konflikte im sexuellen Bereich dahinterstecken, die sich in diesen körperlichen Symptomen ausdrücken, indem sie eine Reizblase als sogenannte psychosomatische Erkrankung entstehen lassen; ist beispielsweise aufgrund von Erlebnissen in der Kindheit die Vorstellung von Sexualität mit Angst und Schmerzen verbunden, kann gestörtes Vertrauen eine Reizblase auslösen, und die Frau entzieht sich somit unbewußt dem Geschlechtsverkehr (dieselbe Ursache kann bei anderen Frauen zu anderen Störungen führen wie Kopfschmerzen, Magen- und Darmbeschwerden, unbestimmter Schmerzen im Unterleib).

Folgen

Die psychischen Störungen beeinflussen die Funktion des *vegetativen Nervensystems.* Es heißt so, weil es weitgehend unabhängig von Willen und Bewußtsein selbsttätig die lebenserhaltenden Funktionen wie Atmung, Herz- und Kreislauftätigkeit, Verdauung, Stoffwechsel regelt. Das übernehmen zwei Nerven, die von übergeordneten Zentren gesteuert werden und die sich durch den Körper ziehen. Sie sind so gegensätzlich wie Peitsche und Zügel. *Sympathikus* heißt der eine, der antreibt und aktiviert, Leistung ermöglicht und Energie bereitstellt (= ergotrope Wirkung); *Parasympathikus* ist der andere, der dämpft und beruhigt, für Erholung und Aufbau sorgt (= trophotrope Wirkung). Solange ein Gleichgewicht zwischen den beiden Gegenspielern besteht, hilft das vegetative Nervensystem, den Menschen gesund zu erhalten. Ist ihr Zusammenspiel gestört, etwa durch die genannten psychischen Faktoren, entsteht das psychovegetative Syndrom, und nun werden auch Organe in ihrer Funktion gestört.
Ist die Harnblase davon betroffen und überwiegt der Einfluß vom Sympathikusnerv, befindet sich die Muskulatur für ihre Entleerung (= Detrusor

vesicae) ständig in einem Zustand erniedrigter Anspannung. Sie ist deshalb überempfindlich gegen Dehnungsreize und zwingt die betroffene Frau immer wieder, bereits dann zur Toilette zu gehen, wenn die Blase erst wenig gefüllt ist. Reizblase, so lautet die Diagnose in diesen Fällen.

Behandlung

Die Behandlung erfordert ein Bündel von Maßnahmen, die individuell dem Fall angepaßt sein sollten. Dazu gehören:

Maßnahmen, welche die Psyche entlasten und die Nerven beruhigen. An erster Stelle sollte deshalb stets eine *Gesprächstherapie* stehen. Am Schwarzwald Sanatorium Obertal geschieht das. In einem ausführlichen Gespräch vermitteln wir der Patientin das Gefühl, daß ihre Beschwerden wirklich ernst genommen werden, und zugleich versuchen wir, ihr die Angst zu nehmen, daß eine organische Erkrankung die Ursache sein könnte. Wir gehen auf psychische Störungen ein, die als Ursachen der Reizblase in Frage kommen. Gelingt es uns im ärztlichen Gespräch, der Patientin wichtige Einsichten in die Zusammenhänge ihrer Erkrankung zu vermitteln, wird sie aktiv und eigenverantwortlich die weiteren Maßnahmen unterstützen; dann ist auch zu erwarten, daß sich ihr Zustand rasch bessert. Wir geben auch Hilfe zur Selbsthilfe. So erlernt die Patientin bei uns das Autogene Training, das eine tiefgreifende Entspannung ermöglicht; ein nützliches Hilfsmittel dabei ist die Tonbandkassette mit einer »Anleitung zur bewußten Selbstentspannung«.

Selbsthilfe, die sich auf viele Bereiche erstreckt. Eine Ernährung mit viel Obst und Gemüse kann eine Reizblase günstig beeinflussen; noch effektiver ist der Verzicht auf stark gewürzte Speisen, auf hochprozentige alkoholische Getränke sowie auf Zigaretten und damit auf das Nikotin. Die Intimhygiene (siehe S. 94) sollte nicht übertrieben werden, weil durch sie die Blase noch zusätzlich gereizt werden kann. Ist der Streß zu groß, muß das Pensum der Arbeit verringert und häufiger eine Pause zur Erholung eingelegt werden. Aus demselben Grund tut ein Urlaub generell gut; erfahrungsgemäß wirkt sich ein längerer Aufenthalt im Klima der waldreichen Mittelgebirge, losgelöst von den Belastungen des Alltags, in dieser Hinsicht noch besser aus. Wärme vermag den Zustand für kürzere Zeit zu bessern; für diese Selbsthilfe genügt es oftmals, eine nicht allzu heiße

Wärmflasche mit einem feuchten Tuch zu umhüllen und so lange auf den Bereich über der Blase zu legen, bis sie spürbar abzukühlen beginnt.

Heilpflanzen, die beruhigend auf die Reizblase einwirken. Bewährt haben sich bei leichteren Störungen vor allem die verschiedenen Wirkstoffe aus Kürbiskernen, die die Muskulatur der Harnblase positiv beeinflussen. Und zwar können die Kerne selbst angewendet werden; zwei- bis dreimal täglich jeweils 1 Eßlöffel Kürbiskerne einnehmen, lautet das Rezept. Intensiver in der Wirkung sind aber Arzneimittel mit dem Öl aus Kürbiskernen, weil sie stets die gleiche Menge an Wirkstoffen enthalten.

Übrigens: Dieselbe Medizin, die gegen die Reizblase der Frauen hilfreich ist, nutzt auch Männern mit einer bestimmten Erkrankung der Vorsteherdrüse (Prostatitis), wenn diese mit ähnlichen Störungen der Harnentleerung verbunden ist.

Neuraltherapie (siehe S. 208), die selbst in schweren Fällen erstaunlich lange Besserung verschafft. Sie erreicht nämlich, daß die Reizschwelle der Blasenmuskulatur erhöht wird und deshalb der Drang, die Harnblase zu entleeren, erst später einsetzt. Für diese Wirkung werden die Injektionen mit einem Lokalanästhetikum entweder in bestimmte Nervenknoten im Raum nebem den Gebärmutterhals (= Frankenhäuser-Ganglien) gesetzt oder links und rechts neben die Stelle, an der die Harnröhre aus der Blase austritt (= vesikourethraler Übergang). Insbesondere mit der letzten Methode ist zu erreichen, daß die Reizblase meist keinerlei Beschwerden mehr bereitet. Die Spritzen bereiten so gut wie keine Schmerzen, und Nebenwirkungen sind normalerweise nicht zu befürchten.

Belastungs- oder Streß-Inkontinenz

Der Begriff Harninkontinenz bezeichnet das Unvermögen, den Harn halten zu können, so daß es immer wieder zu unkontrolliertem Abgang kommt. Darunter leiden alle betroffenen Frauen sehr, doch die meisten schämen sich, darüber zu sprechen. Erst wenn die Ärztin/der Arzt gezielt nachfragt, berichtet etwa jede fünfte Patientin, daß auch sie von dem ungewollten Harnabgang betroffen ist. Diese Störung hat verschiedene Ursachen und Formen.

Ursachen

Die *Belastungs-* oder *Streß-Inkontinenz* macht schätzungsweise mehr als die Hälfte aller Fälle aus. Schuld daran ist eine Schwäche der Bänder, die die Harnblase halten, und vor allem eine Erschlaffung des Beckenbodens, der zusätzlich die Organe im Unterleib stützt und sie in der anatomisch richtigen Lage hält. Dazu kann es kommen, wenn während einer Entbindung das Scheidengewebe und die Muskelstränge im kleinen Becken stark beansprucht und gedehnt werden.

Folgen

Die Folge dessen sind Lageveränderungen der Organe, die nun etwas absinken, weshalb wiederum die Schließmuskulatur der Harnröhre ihre Funktion nicht mehr richtig erfüllen kann. Das ist die Erklärung dafür, warum bis zu 30 Prozent der Frauen nach einer Schwangerschaft unter dieser Form von Inkontinenz zu leiden haben – und warum kaum Männer davon betroffen sind. Eine weitere häufige Ursache ist der Östrogenmangel nach den Wechseljahren (mehr darüber auf S. 171), weil dadurch die Durchblutung der Schleimhäute in den Harnorganen bedeutend geringer wird.

Zu Beginn einer Belastungs- oder Streß-Inkontinenz kommt es im *Stadium I* vor allem bei Husten, Lachen, Niesen oder Springen dazu, daß unwillkürlich etwas Urin abgeht; bei diesen Belastungen erhöht sich der Druck im Bauchraum, und der Verschlußdruck der Harnröhre widersteht dem nicht mehr, weil der Druck aus der Blase übermächtig wird. Im weiteren Verlauf kann es im *Stadium II* bei anderen Verrichtungen, beispielsweise beim Laufen, Treppensteigen, Heben von schweren Gegenständen, ebenfalls dazu kommen. In den schweren Fällen des *Stadiums III* geschieht das schon, wenn sich die Frau aus dem Sitzen erhebt; es kann sogar ständig etwas Harn abgehen.

Behandlung

Die Behandlung der Harninkontinenz ist je nach Schwere und Ursache verschieden:

Gezielte Gymnastik kann die geschwächte Muskulatur des Beckenbodens stärken, so daß sie die Organe im Unterleib wieder besser stützen kann. Die wirksamsten Übungen sind am besten mit Hilfe einer Krankengymnastin zu erlernen. Hier eine, die leicht und überall auszuführen ist:

> Im Sitzen oder Stehen oder Liegen 10 Sekunden lang die Gesäßmuskulatur fest zusammenpressen und sich vorstellen, daß in der Scheide durch Muskelkraft etwas gehalten werden soll; dann die Muskeln langsam lockern und sie erneut anspannen – mindestens zehnmal hintereinander, mehrmals täglich.

Dieses Beckenbodentraining kann durch eine Elektrotherapie ergänzt werden; dabei wird die erschlaffte Muskulatur durch elektrische Impulse stimuliert und dadurch der Erfolg noch verbessert. Es gibt noch eine spezielle Inkontinenz-Gymnastik. Die vom Urologen angeleitete Gymnastik wird durch Biofeedback kontrolliert, und zwar mit Erfolgsmeldungen, ob auch die richtige Muskulatur angespannt worden ist.

Ein spezielles Pessar ist hilfreich, wenn bei einer Gebärmuttersenkung eine Abknickung der Harnröhre für die Inkontinenz verantwortlich ist. Es wird in die Scheide eingeführt und stützt von dort die Harnröhre. Dieses Pessar kann von der Frau selbst angewendet werden; es muß also nicht ständig getragen werden, sondern nur in bestimmten Situationen (beim Sport oder bei Erkältungen mit Niesen und Husten), von denen bekannt ist, daß es dabei zum unwillkürlichen Harnabgang kommt.

Eine Operation ist in vielen Fällen unumgänglich. Es gibt verschiedene Methoden dafür; die gebräuchlichsten zielen darauf ab, die Muskulatur des Beckenbodens zu straffen, die Haltebänder zu kürzen und dadurch Harnblase und Harnröhre wieder in der richtigen Stellung aufzurichten (vordere und hintere Plastik).

Drang- oder Urge-Inkontinenz

Diese Erscheinungsform der Harninkontinenz umfaßt 10 bis 15 Prozent aller Fälle des unwillkürlichen Harnabgangs.

Ursachen und Folgen

Hierbei ist nicht der Beckenboden die schwache Stelle, sondern in zwei Drittel der Fälle die Muskulatur der Harnblase und des Schließmuskels; bei dem anderen Drittel besteht eine sensorische Störung der Dehnungsrezeptoren, so daß sie bereits dann zu einem Harndrang kommt, wenn die Blase noch gar nicht gefüllt ist. In leichterer Form führt das zu häufigem Wasserlassen, wobei jedoch der Harn noch gehalten werden kann – ganz ähnlich wie bei der Reizblase. Bei stärkerer Ausprägung kommt der Harndrang derart plötzlich und unwiderstehlich, daß er nicht mehr zu beherrschen ist – die Harnblase entleert sich sofort und vollständig.

Behandlung

In diesen Fällen müssen spezielle Arzneimittel angewendet werden; dazu gehören die sogenannten Anticholinergika, die über den Parasympathikus-Nerv dämpfend einwirken auf die überaktive Muskulatur und die auch die Kapazität der Harnblase erhöhen – erst wenn diese wirklich voll ist, setzt der Harndrang ein. Letztes Mittel sind saugfähige Einlagen, die den Harn schnell aufnehmen. Sie wirken heute zwar zuverlässig und verhindern auch, daß Geruch entsteht – aber dennoch kommt es häufig zur völligen Isolation der Betroffenen.
Selbsthilfe gegen Harninkontinenz hat nur begrenzten Erfolg. Am wirksamsten noch sind Sport und Gymnastik, die vor allem während einer Schwangerschaft und nach der Entbindung ausgeführt werden sollte. Übergewicht ist zu vermeiden, weil es anfälliger macht für unwillkürlichen Harnabgang, und insbesondere Rauchen: Leidet eine Frau erst einmal unter Raucherhusten, bewirkt jeder Anfall eine Druckerhöhung im Bauchraum; das belastet die Muskulatur von Beckenboden und Harnblase und fördert das Entstehen einer Belastungs- oder Streß-Inkontinenz.

Brustveränderungen: Mit Akupunktur behandeln, auf Kaffee verzichten

Sehr viele Frauen gehen in großer Sorge zur Ärztin bzw. zum Arzt, weil sie einen Knoten in der Brust tasten, oder aber, weil sie dort Schmerzen haben. Ihre bange Frage ist: Kann das Krebs sein? »Nein« lautet nach gründlicher Untersuchung so gut wie immer die beruhigende Antwort.

Mastopathie

In nahezu allen Fällen handelt es sich dabei um gutartige Veränderungen der Milchgänge oder des Bindegewebes in der Brust, um eine sogenannte Mastopathie. Dieser Begriff bedeutet, wörtlich übersetzt, »Krankheit der Brust«. Dennoch werden die meisten Mastopathien nicht als eine echte Erkrankung, sondern eher als ein harmloser, vom Gesunden abweichender Zustand angesehen. Sie sind so häufig, daß es mehr Frauen mit einer *mastopathischen Brustdrüse* als mit einer ganz normalen Brust gibt. Im Alter zwischen 40 und 50 Jahren sind – nach den Erfahrungen der Ärzte – über die Hälfte der Frauen mehr oder weniger davon betroffen. In den Wechseljahren nach der letzten Menstruation (siehe auch S. 170) gibt es kaum noch eine Zunahme der Fälle. Das wird verständlicher, wenn man mehr über Ursachen und Entstehen der Mastopathie weiß.

Ursachen

Wesentliche Ursache ist ein Ungleichgewicht zwischen Hormonen (= hormonelle Dysbalance), die auf die Brustdrüse einwirken. Das sind in diesen Fällen die *Östrogene* und *Gestagene,* die im Monatszyklus von den Eierstöcken (= Ovarien) gebildet werden, sowie das *Prolaktin* aus der Hirnanhangdrüse (= Hypophyse), das für die Bildung der Muttermilch nach der Geburt sowie für die Fruchtbarkeit der Frau (siehe auch S. 152) verantwortlich ist. Besteht ein relatives Übergewicht von Östrogenen und/ oder ein relativer Mangel an Gestagenen oder, was seltener der Fall ist, ein Zuviel an Prolaktin, kann sich eine Mastopathie entwickeln. Dafür genügen bereits derart geringe Veränderungen im hormonellen Gleichgewicht, daß nicht einmal der Menstruationszyklus gestört sein muß; bei stärkeren Störungen jedoch können zusätzlich der Eisprung (= Ovulation) und die Regelblutung (= Menstruation) ausbleiben.

Folgen

Das Übergewicht der Östrogene bewirkt in der Brustdrüse eine überschießende Neubildung von Bindegewebszellen (= Proliferation). Die dadurch verursachten Veränderungen sind in der Regel gutartig; sie werden als *Mastopathia cystica fibrosa* bezeichnet. Es gibt drei verschiedene Grade dieser Brustveränderung:

- Der Grad I ist mit einem Anteil von 70 Prozent die weitaus häufigste Form; bei ihm bestehen keine Wucherungen des Gewebes (Epithel) und keine Abweichungen der Zellen (Atypien), das Krebsrisiko ist nicht erhöht.
- Beim Grad II gibt es bereits Wucherungen des Epithels, aber noch keine Veränderungen der Zellen. Das Risiko, an Brustkrebs zu erkranken, ist gering erhöht.
- Der Grad III, zu dem 10 Prozent aller Mastopathien gehören, ist durch Zellatypien und Epithelwucherungen gekennzeichnet und mit einem 2,5- bis 4fach größeren Krebsrisiko verbunden. Wegen dieser Gefahr sollten Frauen mit einer Mastopathie sich regelmäßig gynäkologisch untersuchen lassen.

Sollte bei einer Erkrankung der Grade I bzw. II eine Behandlung nötig sein, wird üblicherweise eine symptomatische Therapie gegen die damit verbundenen Beschwerden durchgeführt. In diesen Fällen genügt häufig eine Behandlung mit pflanzlichen Präparaten (siehe S. 213), um den Hormonhaushalt zu normalisieren. Eine Mastopathie vom Grad III erfordert regelmäßige Kontrollen einschließlich Röntgenaufnahmen der Brust (Mammographie); in seltenen Fällen wird mit einem operativen Eingriff das veränderte Gewebe entfernt.

Es kann auch sein, daß das Gewebe nicht umgebaut wird, sondern – ebenfalls bedingt durch das Zuviel an Östrogenen – mehr Flüssigkeit in die Brust eingelagert wird. Das wird von den betroffenen Frauen als ein äußerst unangenehmes bis sehr schmerzhaftes Spannungsgefühl, Brennen, Stechen, Ziehen empfunden. Diese alleinigen Schmerzen in der Brust werden als *Mastodynie* oder *Mastalgie* bezeichnet. Weil sie vor allem in den Tagen vor einer Regelblutung auftreten, werden sie dem *Prämenstruellen Syndrom* zugerechnet (mehr darüber ab S. 132).

Dieselben Beschwerden können auch bei einer echten Mastopathie auftreten. Schlimmstenfalls tut die ganze Brust weh, und jede Berührung bereitet Schmerzen – selbst das zärtliche Streicheln durch den Partner; es kann sogar zu einer milchigen Absonderung aus den Brustwarzen kommen. Zudem kann das gesamte Wohlbefinden durch Schlafstörungen, Kopfschmerzen, Schwindelgefühl stark beeinträchtigt sein. Dieser Zustand bessert sich in der zweiten Hälfte des Zyklus, er kann aber auch andauern und sogar unabhängig von der Periode auftreten.

Glücklicherweise leiden viele der betroffenen Frauen unter diesen Symptomen kaum oder derart geringfügig, daß sie sich nicht als krank empfinden. Fast alle jedoch verspüren die Zysten als gutartige Veränderungen in der Brust. Diese können kleiner als ein Kirschkern oder so groß wie eine Haselnuß sein und derart zahlreich, daß von einer *Schrotkugel-Brust* gesprochen wird. Sie lassen sich gut tasten: Kurz vor der Menstruation sind sie zumeist prall gefüllt und als derbe Knoten zu fühlen; nach der Regelblutung erscheinen sie kleiner und weicher.

Behandlung

In den Wechseljahren werden die Veränderungen und die Beschwerden einer Mastopathie stetig seltener; weil nämlich nach der letzten Menstruation zunehmend weniger Östrogene im Körper der Frau entstehen, wird deren Übergewicht als Ursache auf ganz natürliche Weise beseitigt. So lange können und wollen natürlich die Frauen, die darunter zu leiden haben, nicht warten. Was können sie tun?

Sie sollten *unbedingt zum Arzt gehen* – schon deshalb, um sich durch eine gründliche Untersuchung zu vergewissern, daß es sich bei den Beschwerden und Knoten in der Brust nicht um Krebs handelt (worauf sowohl noch in diesem Beitrag als auch ab S. 105 genauer eingegangen wird). Sie müssen nicht unbedingt bzw. nicht nur mit chemischen Arzneimitteln behandelt werden, sondern können selbst diese bewährten Mittel und Methoden als sanfte Medizin gegen die Mastopathie nutzen:

Möglichst wenig Kochsalz aufnehmen! Jedes Gramm von diesem Natriumchlorid bindet zusätzlich 100 Milliliter Flüssigkeit im Gewebe und verstärkt dadurch noch die diesbezügliche Wirkung von einem Übermaß an Östrogenen in der Brust. Statt dessen mehr Gewürze und Küchenkräuter verwenden (die zudem die Verdauung anregen), relativ salzarme Lebensmittel bevorzugen (wie frisches oder tiefgefrorenes Gemüse, ebensolche Fische sowie alle rohen, nicht verarbeiteten Fleischsorten), die Gerichte auf dem Tisch nicht nachsalzen (wenn schon, dann gleich nach der Zubereitung, weil dann mit weniger Salz der gleiche Geschmack zu erreichen ist).

Auf Kaffee, Tee, Cola-Getränke, Kakao (und deshalb auch auf Schokolade) verzichten! Diese Getränke haben etwas gemeinsam: Ihre Wirkstoffe sind sogenannte Methylxanthine, die in den Stoffwechsel von Zellen eingreifen und auf diesem Weg auch Veränderungen im Gewebe der Brust begünstigen, vor allem des Bindegewebes bei einer *fibrösen Mastopathie*. Der völlige Verzicht darauf kann nicht nur binnen acht oder mehr Wochen zu einer Besserung der Beschwerden, sondern auch zu einer Rückbildung der Knoten führen. »Besonders frappierend«, berichtet ein Gynäkologe aus seiner Praxis, »war der Erfolg bei einer Patientin, bei der neben Rückbildung der Mastopathie auch die Mastodynie, die ihr prämenstruell vor Schmerzen Tränen in die Augen trieb, vollständig verschwand.«

Weniger Fett, mehr komplexe Kohlenhydrate essen! Insgesamt sollte der Anteil der Fette an der Kalorienmenge verringert werden; das betrifft insbesondere die gesättigten Fettsäuren, die nicht nur in der Butter enthalten, sondern auch in Wurst und Käse, Kuchen und Süßigkeiten versteckt sind. Der Anteil der Kohlenhydrate sollte erhöht werden, indem mehr Brot und Kartoffeln, Nudeln und Reis, Obst und Gemüse verzehrt werden; sie enthalten sogenannte komplexe Kohlenhydrate, die vom Körper in ihre Grundbausteine zerlegt werden müssen – und die unter anderem deshalb länger satt machen. Wie diese Ernährung speziell gegen eine Mastopathie wirkt, kann zwar noch nicht erklärt werden. Ihren großen Nutzen aber haben britische Mediziner in Untersuchungen nachgewiesen: Neun von zehn Frauen können nach spätestens sechs Monaten mit einer deutlichen Besserung aller Beschwerden rechnen, wenn sie konsequent weniger Fett und mehr komplexe Kohlenhydrate essen.

Umschläge machen! Ein Leinentuch in 10prozentigem Alkohol tränken, auswringen und auf die Brust legen; das Wasser verdunstet rascher, kühlt dabei die Haut und bessert die Beschwerden einer Mastopathie.

Natürliche Wirkstoffe aus Heilpflanzen anwenden! Insbesondere mit dem *Mönchspfeffer* ist ein Kraut gegen so manche Frauenkrankheit gewachsen, auch gegen eine Mastopathie. Daß diese Pflanze in das Hormonsystem eingreifen kann, war bereits im Mittelalter bekannt: Mönche mußten ihre Beeren, die wie Pfefferkörner aussehen, kauen »zur Unterdrückung der fleischlichen Lust«, wie es damals hieß. Daher hat der Zierstrauch seinen volkstümlichen Namen; die Botaniker nennen ihn *Vitex agnus castus.*

Diese Wirkung kann heute genau erklärt werden. Substanzen aus der Heilpflanze fügen sich in einen Regelkreis der Hormone ein, der von der Hypophyse mitten im Kopf gesteuert wird. Die »Chefdrüse« des gesamten Hormonsystems sendet deshalb mehr von dem sogenannten luteinisierenden Hormon an die Eierstöcke, die daraufhin mehr Gestagen produzieren. Infolgedessen kann das Übergewicht der Östrogene beseitigt und das gesunde Gleichgewicht der Sexualhormone wiederhergestellt werden – als Voraussetzung für eine Heilung oder zumindest wesentliche Besserung der Mastopathie.

Werden von solch einem Präparat dreimal täglich jeweils 20 Tropfen eingenommen, zeigt sich nach drei bis sechs Wochen überwiegend eine gute Wirkung: Mehr als die Hälfte der Frauen haben nun überhaupt keine Beschwerden mehr, und bei jeder vierten sind diese wesentlich geringer geworden. Weil das Medikament aus dem Mönchspfeffer kaum Nebenwirkungen hat, kann es problemlos entweder über längere Zeit hinweg eingesetzt oder bei erneutem Auftreten der Beschwerden wieder angewendet werden – im Gegensatz zur Behandlung mit synthetischen Arzneimitteln, die weitaus stärker wirksam sind und unerwünschte Wirkungen haben.

Hormon-Präparate werden deshalb nur in schweren Fällen von Mastopathie eingesetzt, ausschließlich auf Anweisung und unter Kontrolle der Gynäkologin/des Gynäkologen. Um das Übergewicht der Östrogene auszugleichen, können sogenannte Anti-Östrogene verordnet werden oder ein Gestagen-Hormon. Mitunter genügt es, wenn die Patientin künftig zur Empfängnisverhütung eine Anti-Baby-Pille mit einem relativ hohen Anteil Gestagen anwendet oder die sogenannte Mini-Pille, die allein dieses Hormon enthält (siehe auch S. 46). Besteht ein Übergewicht an Prolaktin, werden synthetische Prolaktinhemmer eingesetzt, die direkt hemmend auf die Hypophyse einwirken. Die Anti-Hormone sollten stets die letzte Stufe der Therapie sein; zuvor sollten auch die Ärzte ihre Möglichkeiten nutzen, eine harmlose Mastopathie mit natürlicher Medizin zu behandeln.

Mit einem ausführlichen, aufklärenden Gespräch nach der Untersuchung vor allem. Wird den Patientinnen erklärt, wie die Veränderungen in der Brust zustande kommen und daß damit keine weitere Gefahr für die Gesundheit verbunden ist, können sie die Beschwerden sehr viel leichter ertragen – und manche verzichten sogar auf eine weitere Behandlung. Äußerst hilfreich kann ein *Schmerztagebuch* sein: Wenn die Frauen zwei, drei Monate lang genau notieren, an welchen Tagen die Beschwerden in der Brust auftreten, werden sie erkennen, daß diese abhängig vom Menstruationszyklus sind – und noch beruhigter sein. Mit einer *Gesprächstherapie,* die insbesondere gegen eine Mastodynie gute Erfolge erreicht. Denn hinter diesen Schmerzen in der Brust stecken nur allzuoft psychosoziale Konflikte, die sich als körperliche Symptome ausdrücken; das können sexuelle Störungen, Probleme in der Ehe und in der Familie, Belastungen durch den Beruf sein. Werden sie im Gespräch mit der Ärztin/dem Arzt erkannt und mit ihrer Hilfe besser bewältigt, vergehen auch diese Schmerzen.

Akupunktur (siehe auch S. 198). Eigens für die Behandlung der Mastopathie gibt es ein Therapieschema, in dem verschiedenste Punkte kombiniert sind – unter ihnen *Konzeptionsgefäß 3* mitten auf dem Brustbein, *Kreislauf-Sexualität 6* an der Innenseite des Unterarms, *Herz 3* in der Ellenbeuge. Werden Nadeln in diese Punkte gesetzt, ergibt sich bereits nach wenigen Sitzungen eine zunehmende Besserung der Beschwerden. Um den Erfolg zu sichern, wird die alternative Behandlung mit den kleinen Nadelstichen mehrmals wiederholt.

Brustkrebs

Zum Abschluß noch einmal zurück an den Anfang. Die Tatsache, daß Schmerzen und Knoten in der Brust in den meisten Fällen keine Anzeichen für Brustkrebs sind, ist leider keine Garantie dafür, daß nicht doch noch im weiteren Verlaufe des Lebens solch ein *Mammakarzinom* entsteht. Die Wahrscheinlichkeit, daß die gutartigen Veränderungen der Mastopathie dazu entarten, ist zwar sehr gering. Aber andere Faktoren (siehe auch S. 102 und 103) führen besonders deutlich nach den Wechseljahren zu einer gegenläufigen Entwicklung: Neu auftretende Veränderungen sind seltener eine Mastopathie, häufiger Brustkrebs.

Prophylaxe

Damit diese bösartige Geschwulst so früh wie möglich erkannt und so gut wie möglich behandelt werden kann, sollte jede Frau einmal im Jahr die *kostenlosen Vorsorgeuntersuchungen* durch den Arzt wahrnehmen und einmal im Monat ihre *Brust selbst untersuchen.* Der beste Termin dafür ist der erste Tag nach Beendigung der Regelblutung, weil dann das Gewebe aufgelockert ist. Das beste Vorgehen ist dieses:

- Stellen Sie sich vor einen großen Spiegel, stützen Sie die Hände in die Hüften, betrachten Sie sich ganz genau: Hat sich die Größe oder die Lage der Brust verändert? Unterscheidet sich die eine Brust augenfällig von der anderen?
- Heben Sie die Arme über den Kopf. Achten Sie darauf, ob beide Brüste gleichmäßig dieser Bewegung folgen und ob beide Brustwarzen auf gleicher Höhe sind.
- Legen Sie sich auf den Rücken, strecken Sie den einen Arm nach oben und tasten Sie nun mit geschlossenen Fingern die Brust auf dieser Seite sanft ab: Zunächst vom Brustbein hin zur Mitte der Brust, dann die Brust parallel von unten nach oben und schließlich von oben nach unten; zusätzlich noch das Gewebe zwischen Brust und Achselhöhle sowie die Achselhöhle abtasten.
- Im Sitzen oder Stehen eine Hand unter die Brust schieben und diese leicht anheben; mit der anderen Hand über die Brust streichen und sie sanft abtasten. Achten Sie auch darauf, ob währenddessen aus der Brustwarze eine Flüssigkeit austritt.
- Wiederholen Sie diese Untersuchung an der anderen Brust.

Die Veränderungen, auf die es bei der Selbstuntersuchung der Brust vor allem ankommt, sind:

- Ungewöhnliche Knoten, Verdickungen oder Verhärtungen im Gewebe, ebenso Buckel oder Dellen in der Haut.
- Ungewöhnliche Veränderungen einer Brust in Größe und Form; verdächtig ist es auch, wenn eine Brust höher bzw. tiefer sitzt als die andere.
- Ungewöhnliche Schrumpfung oder Einziehen einer Brustwarze, auch die Absonderung von Flüssigkeit daraus.
- Ekzemähnliche oder andersartige Veränderungen der Haut in der Umgebung einer Brustwarze.
- Vergrößerte Lymphknoten, insbesondere in der Achselhöhle, sowie Anschwellen des Oberarmes.
- Schmerzen oder Mißempfindungen im Bereich der Brust, die zuvor nicht aufgetreten sind und die nicht begrenzt sind auf die Zeit unmittelbar vor oder während der Regelblutung.

Diese Anzeichen sind *Warnsignale*. Jede Frau, die sie bei einer Selbstuntersuchung der Brust oder bei einer anderen Gelegenheit wahrnimmt, sollte unverzüglich zum Arzt gehen. Sie werden sehr wahrscheinlich zwar kein Symptom für Brustkrebs sein, aber sicher ist das erst nach einer gründlichen Untersuchung.

Dysmenorrhoe: Mit Magnesium, Vitamin E und Fettsäuren besser zu ertragen

Viele Frauen verspüren zwar im monatlichen Zyklus (der ab S. 179 genauer beschrieben wird) Veränderungen ihres körperlichen Zustandes und psychischen Befindens, aber 54 Prozent aller Frauen leiden regelmäßig darunter. So viele nämlich klagten bei einer repräsentativen Umfrage in Deutschland darüber, daß bei ihnen die Menstruationsblutung mit ziehenden und krampfartigen Schmerzen sowie mit einem Spannungsgefühl im Unterbauch verbunden ist; als zusätzliche Symptome wurden Kreuzschmerzen, Leistungsschwäche, Schwindelgefühl, Übelkeit bis zum Erbrechen, Kopfschmerzen oder Migräne, auch Stimmungsschwankungen, Reizbarkeit, Unruhe genannt.

Bei den meisten Frauen sind diese Beschwerden auf den ersten Tag der Menstruationsblutung begrenzt, und sie vergehen rasch wieder. In jedem zehnten Fall jedoch dauern die Schmerzen zwei bis drei Tage lang an und können derart unerträglich sein, daß die betroffenen Frauen nicht zur Arbeit gehen bzw. nicht an der Ausbildung teilnehmen können. Im Betrieb bzw. in der Schule kennt man das schon: »Die hat wieder ihre Tage« heißt es dann – von den meisten Frauen eher mitfühlend, von den Männern allzuoft noch immer mit Unverständnis gesagt. Sie können oder wollen nicht begreifen, daß mehr als nur eine »Unpäßlichkeit« dahintersteckt, wenn die Kollegin bzw. Mitschülerin fehlt; sie sehen darin aufs neue ihre Vorurteile von der Schwäche der Frau und der Überlegenheit des eigenen Geschlechts bestätigt. Etwas mehr Wissen darüber würde wahrscheinlich auch bei ihnen zu etwas mehr Verständnis führen.

Dysmenorrhoe heißt die Krankheit, unter der diese Frauen leiden; der Begriff aus dem Griechischen heißt auf deutsch »schlechte Monatsblutung«. Dabei wird unterschieden zwischen einer *primären Dysmenorrhoe*, die quasi von Anfang an besteht, und einer *sekundären Dysmenorrhoe*, die erst später im Leben der Frau auftritt.

Primäre Dysmenorrhoe

Sie ist die weitaus häufigere Form, von ihr sind vor allem junge Frauen betroffen. Charakteristisch ist, daß sie nur dann auftritt, wenn es zuvor im Monatszyklus zu einem Eisprung (Ovulation) gekommen ist, und daß sonst keinerlei organische Ursachen dafür festzustellen sind. Die letztere Tatsache weist darauf hin, daß die Schmerzen und Beschwerden psychisch verursacht oder zumindest verstärkt werden.

Psychische Ursachen

Gynäkologen und Psychologen, die dankenswerterweise diesen Aspekt erforschten, fanden mehrere solcher Gründe für die auftretenden Beschwerden; unter anderem diese:

Kein gutes Vorbild der Mutter. Wenn sie eine Dysmenorrhoe hat, alle vier Wochen sichtlich und hörbar darüber klagt, wird ihre Tochter von vornherein die Menstruation als negativ erleben und bewerten; für die Tochter wird das Frau-Sein mit ebensolchen Schmerzen und Leiden, mit einem Gefühl des Hilflos-Ausgesetztseins gekoppelt sein.

Ein Mangel an Wissen, der zu falschen Vorstellungen und angstbesetzten Vermutungen führt. So verstehen viele junge Mädchen nicht, warum die Monate nach der ersten Menstruationsblutung (= Menarche) noch schmerzfrei sind, und sind um so mehr erschreckt, wenn später die Regel mit Beschwerden verbunden ist. Sie suchen Erklärungen dafür – und finden allzuoft die falschen, die sie die Beschwerden nur noch schlimmer empfinden lassen. Der wahre Grund: Nach der Menarche bleibt anfangs der Eisprung im Monatszyklus häufig noch aus (= anovulatorischer Zyklus); es dauert mehrere Monate, bis er sich stabilisiert hat. Warum die Ovulation so wichtig ist für das Entstehen der primären Dysmenorrhoe, wird gleich noch erklärt.

Konflikte zwischen den Partnern, an denen zwar er ebenso beteiligt ist, unter denen aber sie zu leiden hat. Das gilt insbesondere für eine ambivalente, also in sich widersprüchliche, Einstellung eines Paares seinen gemeinsamen Wünschen gegenüber; beispielsweise wenn beide sich – zum einen – sehr nahe sein wollen und – zum anderen – große Angst davor haben, dadurch ihre Eigenständigkeit zu verlieren.

Verlangen nach mehr Zuwendung vom Partner, unausgesprochen oder auch unbewußt. Bleiben Erwartungen in das Leben zu zweit unerfüllt, was sowohl die Gefühle als auch die Sexualität betreffen kann, können vor allem junge Frauen mit Regelschmerzen darauf reagieren.

Folgen

Ein sekundärer Krankheitsgewinn, den Frauen aus der Dysmenorrhoe ziehen. Das gilt insbesondere für jene, die durch Beruf und Haushalt doppelt belastet sind. Lassen sie sich die Schmerzen nicht anmerken und halten sie durch, ohne zu klagen, dankt ihnen das niemand; der Leidensdruck jedoch wird schlimmer. Gestehen sie ihre Schwäche ein und bitten um Rücksicht, haben sie es während dieser Tage etwas leichter; weil das für so manche Frau, leider, eine der wenigen Möglichkeiten ist, sich Schonung oder Zuwendung zu verschaffen, wartet sie geradezu in jedem Monat auf die Regelschmerzen – die sich auch prompt einstellen.

Diese psychischen Ursachen können eine primäre Dysmenorrhoe als körperliche Erkrankung zur Folge haben. Sie stören das komplizierte Zusammenwirken von Gehirn als oberster Instanz, Hypothalamus mitten im Kopf als Bindeglied zwischen Gehirn und Körper, Hypophyse als »Chefdrüse« des Körpers und den Eierstöcken, den wichtigsten Produktionsstätten der Sexualhormone, als Voraussetzung für den normalen Verlauf des Menstruationszyklus. Sie werden dadurch zum eigentlichen Grund dafür, daß in der Gebärmutterschleimhaut (= Endometrium) mehr der sogenannten *Prostaglandine* entstehen, von denen wiederum die primäre Dysmenorrhoe ausgelöst wird.

Prostaglandine sind hormonähnliche Substanzen mit vielfältigen Funktionen. Im Körper der Frau sorgen sie unter anderem dafür, daß sich eine befruchtete Eizelle in die Gebärmutterschleimhaut einnisten kann und daß am Ende der Schwangerschaft die Wehen einsetzen. Kommt es im Monatszyklus nicht zu einer Schwangerschaft, lösen die Prostaglandine kräftige Kontraktionen der Gebärmuttermuskulatur aus, mit denen die Schleimhaut abgestoßen wird und mit denen die Regelblutung beginnt.

Je mehr Prostaglandine zu Beginn der Menstruation verfügbar sind, desto spürbarer sind ihre Auswirkungen auf die Gebärmutter. Sie verursachen ein verstärktes, krampfartiges Zusammenziehen der Muskulatur mit zeitweiliger Verminderung der Durchblutung (= Ischämie) und auch eine

übermäßige Dehnung der Gebärmutterbänder. So entstehen die Schmerzen im Unterleib, die von der betroffenen Frau als Symptome einer Dysmenorrhoe wahrgenommen werden; ein Teil der Begleiterscheinungen wie Rückenschmerzen und Übelkeit ist ebenfalls direkt darauf zurückzuführen, die anderen sind als Befindensstörungen (siehe auch S. 19) indirekte Folge dessen.
Weil die Prostaglandine während der Menstruation rasch weniger werden, vergehen auch bald die von ihnen verursachten Schmerzen und Beschwerden – bis zur nächsten Regelblutung. Voraussetzung für das Wiederauftreten der primären Dysmenorrhoe ist der Eisprung in der Mitte des Monatszyklus (siehe S. 180). Denn die davon zurückbleibende Eihülle entwickelt sich zum Gelbkörper (= Corpus luteum), der das Gestagen-Hormon absondert – und nur wenn dieses auf die Gebärmutterschleimhaut einwirkt, kann in ihr das Übermaß an Prostaglandinen entstehen. Hinzu kommt sehr wahrscheinlich eine verstärkte Wirksamkeit der Östrogen-Hormone.

Behandlung

Ärztliche Anleitung

Zur Ärztin/zum Arzt sollte ohnehin jede Frau gehen, die unter schmerzhaften Regelblutungen leidet. Nur so kann eine genaue Diagnose gestellt und dadurch eine andere Erkrankung als Grund ausgeschlossen werden. Nur so kann die bestmögliche Therapie dagegen angewendet werden. Zur Behandlung der primären Dysmenorrhoe gehört es unbedingt, daß die Ärztin/der Arzt auf psychische Störungen als deren Ursache eingeht. Es muß ja nicht gleich eine umfangreiche Psychotherapie sein, allein eine *Gesprächstherapie* in der Sprechstunde kann außerordentlich hilfreich sein. Wenn eine Frau endlich einmal verständnisvolles Gehör findet und sich »einmal alles von der Seele redet«, können Ängste vergehen und Verkrampfungen sich lösen, so daß sie hinterher die Schmerzen und Beschwerden während der Regelblutung leichter zu ertragen vermag. Wenn eine Frau darüber hinaus noch nützliche Anleitungen erhält, kann sie selbst sogar die Dysmenorrhoe erfolgreich bekämpfen. Das ermöglichen ihr vor allem zwei Mittel der sanften Medizin, nämlich Magnesium und mehrfach ungesättigte Fettsäuren.

Der Mineralstoff Magnesium wirkt in dieser Hinsicht zweifach gut. Zum einen hemmt er die übermäßige Bildung der Prostaglandine in der Gebärmutterschleimhaut und richtet sich damit gezielt gegen den Auslöser der Dysmenorrhoe. Zum anderen ist er ein natürlicher Gegenspieler vom Calcium, das während der krampfartigen Kontraktionen der Gebärmutter vermehrt mobilisiert wird; Magnesium dagegen erreicht auf ganz natürliche Weise eine Entspannung der Muskulatur sowie eine Hemmung der vermehrten und verstärkten Bewegungen. Weil eine ausreichende Versorgung durch die übliche gemischte Kost nicht gewährleistet ist, sind Frauen, die diesen Nutzen haben wollen, auf zusätzliche Zufuhr angewiesen. Dabei kommt es nicht allein auf mehr Magnesium an, sondern auf eine Harmonie der Mineralstoffe mit ausreichend Magnesium und Calcium sowie nicht zuviel Phosphor und Kalium. Das ist mit dem Präparat Minerell® (rezeptfrei, Apotheke) zu erreichen, indem es regelmäßig zweimal täglich eingenommen wird.

Die mehrfach ungesättigten Fettsäuren sind gewissermaßen die Rohstoffe, aus denen der Körper sogenannte *Leukotriene* herstellt. Sie sind zwar mit den Prostaglandinen nahe verwandt, haben aber ganz andere Wirkungen. Sie erweitern die Blutgefäße und verbessern die Durchblutung; sie können deshalb die Schmerzen und Beschwerden während der Regelblutung mildern. Diese Wirkung haben insbesondere die dreifach und fünffach ungesättigten Fettsäuren, die vorwiegend mit Meeresfischen wie Hering, Makrele, Lachs, Thunfisch aufgenommen werden. Weil allerdings regelmäßig größere Portionen davon verzehrt werden müßten und zudem Fisch nun einmal nicht jeder Frau schmeckt, sind Fischöl-Kapseln mit diesen Rohstoffen aus der Natur vorzuziehen. Für ihre Wirkung gibt es eine überzeugende Bestätigung: Eskimo-Frauen, die sich überwiegend mit Fisch ernähren, kennen keine Dysmenorrhoe.

Selbsthilfe

Es gibt weitere Maßnahmen, mit deren Hilfe die Frauen selbst das Befinden bei einer Dysmenorrhoe bessern können; die folgenden haben sich sehr gut bewährt:

Vitamin E zusätzlich einnehmen, und zwar ab dem zehnten Tag vor der zu erwartenden Menstruationsblutung täglich eine Kapsel Tocorell® (rezeptfrei, Apotheke).

Autogenes Training, mit dem eine aktive, tiefgreifende Entspannung und über diesen Weg eine beruhigende, schmerzlindernde Wirkung auf innere Organe zu erreichen ist – auch auf die Gebärmutter. Wegen seiner vielfach guten Wirkung bietet das Schwarzwald Sanatorium Obertal allen seinen Patienten die Gelegenheit, diese Methode unter fachkundiger Anleitung sowie mit einer Tonbandkassette (»Anleitung zur bewußten Selbstentspannung«) zu erlernen.

Entspannend wirkende Wärme, sei es durch ein Vollbad, durch ein Heizkissen oder durch eine Packung auf dem Unterleib – ganz einfach zubereitet, indem eine Wärmflasche in ein feuchtes Tuch gewickelt wird.

Reichlich Bewegung bei Ausdauersport, Ballspielen, Gymnastik sowie spezielle Übungen, zum Beispiel diese:

> Aufrecht stehen mit geschlossenen Beinen; Hände in die Hüften stemmen; die Bauch- und Gesäßmuskulatur erst fest anspannen, dann ganz locker lassen; mehrfach wiederholen und mehrmals am Tag ausführen.

Grundsätzlich stellt die Sektion Frauensport im Deutschen Sportärztebund fest: »Sportliche Bewegung kann in vielen Fällen Menstruationsbeschwerden lindern, denn sie fördert die Durchblutung, löst Verkrampfungen der Muskulatur und entspannt psychisch.« Sie wendet sich mit dieser Argumentation speziell an die jungen Mädchen, die nicht am Schulsport teilnehmen wollen, wenn sie »ihre Tage« haben – um sie vom Gegenteil zu überzeugen.

Eine gesunde Lebensweise, zu der regelmäßige Bewegung und ausreichend Schlaf, Zurückhaltung bei Alkohol und Nikotin, ausgewogene Ernährung (mehr darüber ab S. 96) mit reichlich Ballaststoffen und viel Mikro-Nährstoffen gehören. Um sicher zu sein, wirklich ausreichend mit Vitaminen, Mineralstoffen, Spurenelementen versorgt zu sein, sollten zusätzlich die Präparate aus dem Vital-Plus-Progamm (siehe S. 195) eingenommen werden; das ist weitaus häufiger erforderlich, als vermutet wird.

Sanfte Medizin

Sollten die Maßnahmen der Selbsthilfe allein nicht den gewünschten Erfolg haben, kann die Ärztin/der Arzt mit Mitteln und Methoden der Naturheilkunde die Dysmenorrhoe wesentlich bessern oder beseitigen.

Die Neuraltherapie (siehe S. 208) hat sich in diesen Fällen bestens bewährt. Die Injektionen mit dem nicht nur örtlich betäubend wirkenden

Lokalanästhetikum werden vor allem über die Lendenwirbelsäule und in die Nervenknoten der Frankenhäuser-Ganglien gesetzt sowie in beide Lappen der Schilddrüse.

Die Seropunktur, bei der Immun-Seren (siehe S. 194) in Akupunkturpunkte der Haut injiziert werden, was die Wirkung noch verstärkt. Zu ihnen gehört das Ovar-Serum, das auf die Eierstöcke wirkt.

Die Homöopathie (siehe S. 206) kann sowohl in ihrer klassischen Form mit jeweils einem Arzneimittel angewendet werden, beispielsweise mit Viburnum opulus D2 (aus der Pflanze Schneeball in zehnfacher Verdünnung), oder mit Kombinationspräparaten, in denen jeweils mehrere von ihnen mit einer Wirkung auf die inneren Geschlechtsorgane der Frau kombiniert sind, etwa Tigerlilie (= *Lilium tigrinum*), Steinklee (= *Melilotus officinalis*) und ebenfalls Schneeball (= *Viburnum opulus*).

Die Phytotherapie (siehe S. 213) verfügt über erwiesenermaßen wirksame Substanzen aus Heilpflanzen, die vorwiegend als Bestandteile von Fertigpräparaten angewendet werden. In erster Linie sind es Wirkstoffe aus dem Mönchspfeffer *(Vitex agnus castus),* die einen gesunden Ausgleich im Hormonhaushalt der Frau herbeiführen (siehe auch S. 59). Ähnliche Wirkungen und ähnliche Erfolge haben andere Wirkstoffe aus dem Wanzenkraut *(Cimicifuga racemosa)* und aus dem Gänsefingerkraut *(Potentilla anserina).* Diese Arzneimittel sind zwar rezeptfrei, sollten aber erst nach Rücksprache mit der Ärztin/dem Arzt angewendet werden.

Das gleiche gilt für einen *Frauentee* gegen Dysmenorrhoe, der krampflösend und zugleich blutungshemmend wirkt, der jedoch selbst zubereitet werden kann:

1 Teelöffel Kraut von der Raute *(Ruta graveolens)* mit 1 Tasse heißem Wasser überbrühen, 10 Minuten ziehen lassen, schluckweise warm trinken, mehrmals täglich.

Sekundäre Dysmenorrhoe

Sie entsteht ganz anders als die primäre Dysmenorrhoe und wird festgestellt, wenn zuvor normal verlaufene Menstruationszyklen plötzlich mit einer schmerzhaften Regelblutung verbunden sind. Das hat andere Ursachen, nämlich krankhafte Veränderungen der Geschlechtsorgane oder im Bauchraum, zum Beispiel Folgen von Entzündungen und Verwachsungen, von angeborenen Fehlern der Gebärmutter oder von gutartigen Geschwülsten ihrer Muskulatur (= Myome, siehe S. 120). Schuld daran kann auch ein Intra-Uterin-Pessar zur Schwangerschaftsverhütung als Fremdkörper in der Gebärmutter sein. Häufigste Ursache jedoch ist eine *Endometriose.*

Dieser Begriff bezeichnet einen Zustand, bei dem Gebärmutterschleimhaut (= Endometrium) sich nicht nur dort befindet, wo sie hingehört, nämlich in der Gebärmutterhöhle, sondern auch verstreut ist über die inneren Geschlechtsorgane, etwa an den Außenseiten von Eileitern und Eierstöcken, sowie im Bauchraum, beispielsweise auf Harnblase oder Bauchfell oder Darm. Diese versprengten Nester machen denselben Zyklus mit wie die Schleimhaut in der Gebärmutter. An dessen Ende allerdings kann das Blut nicht nach außen abfließen, es kommt zu einer »Menstruation nach innen« – und damit zumeist zu noch stärkeren Schmerzen, als sie durch Prostaglandine allein ausgelöst werden.

Für die Behandlung der sekundären Dysmenorrhoe gibt es spezielle Medikamente, die über die Hypophyse in den Menstruationszyklus eingreifen und dadurch das Wachstum der versprengten Gebärmutterschleimhaut hemmen bzw. sogar rückgängig machen können; es kommt dabei allerdings zu Nebenwirkungen wie verstärktem Haarwuchs (= Hirsutismus) und Gewichtszunahme, Hitzewallungen und Schlafstörungen. Wünscht die betroffene Frau keine Kinder, kann eine Besserung oder ein Verschwinden der Schmerzen durch regelmäßiges Einnehmen der Anti-Baby-Pille erreicht werden, weil sie den Eisprung in der Zyklusmitte verhindert. Wegen dieser ursächlichen Wirkung wird die Pille auch als Medikament gegen die primäre Dysmenorrhoe von Ärzten verordnet.

Harnwegsinfektionen: Flüssigkeit, Wärme und Pflanzen schützen und heilen

Es liegt vor allem in den anatomischen Unterschieden zwischen Mann und Frau, daß Infektionen der Harnwege eine Krankheit sind, an der ganz überwiegend Frauen leiden: Ihre Harnröhre ist nur drei bis vier Zentimeter lang und damit etwa fünfmal kürzer als die der Männer; deshalb können Erreger leichter durch sie hindurch aufsteigen und eine Entzündung der Harnblase (Zystitis) verursachen.

Ursachen

Während die Blase normalerweise keimfrei ist, sind in der Harnröhre immer wieder Erreger nachzuweisen. In den meisten Fällen steigen sie nicht weiter auf und werden mit dem Urin ausgeschwemmt. Die Gesundheit gefährden sie, wenn weitere Faktoren hinzukommen, welche die Widerstandsfähigkeit des Gewebes schwächen. Das sind insbesondere:

Eine örtliche Unterkühlung. Durch Sitzen auf kaltem Boden, Tragen von zu dünner Unterwäsche bei kühlem Wetter bzw. des nassen Badeanzugs nach dem Baden wird die Durchblutung im Unterleib verringert; seine Organe werden nicht nur weniger gut mit Blut versorgt, es gelangen auch weniger Abwehrkräfte des Immunsystems dorthin.

Falsche und übertriebene Intimhygiene (siehe S. 94). Desinfizierende Seifen, Intimsprays, Scheidenspülungen begünstigen die Ausbreitung von Krankheitserregern sowohl in den Geschlechts- als auch in den Harnwegen.

Nierensteine. Gelangen kleinste Kristalle aus den Nieren in die Blase, reizen sie deren Schleimhaut, so daß sie weniger widerstandsfähig wird gegen Keime.

Gestörte Immunabwehr. Übermäßige Belastungen durch Arbeit und Streß, unzureichende Versorgung mit Mikro-Nährstoffen, unregelmäßige

Lebensführung, Mißbrauch von Alkohol und Zigaretten können ebenso die Ursache dafür sein wie die sogenannte Immuno-Pause (siehe S. 191), mit der bei jedem Menschen im Alter ab 40 die Abwehrkraft des Körpers nachläßt.

Andere Erkrankungen. Kolpitis und weitere Infektionen der Geschlechtsorgane (siehe S. 84) können dazu führen, daß immer wieder Erreger von dort in die Harnröhre gelangen.

Häufiger Geschlechtsverkehr. Folge dessen kann nämlich eine Reizung sowie ein leichtes Ödem in der Harnröhre und am Blasenhals sein, das die Entleerung der Blase behindert und das Vordringen der Erreger begünstigt. Weil das bei jungen Frauen zu Beginn der Ehe besonders häufig auftritt, wird diese Komplikation auch »Flitterwochen-Zystitis« genannt.

Die Erreger einer Blasenentzündung sind sehr häufig die Koli-Bakterien (Escherichia coli), die aus dem Darm in die Harnwege gelangen. Auch in dieser Hinsicht sind Frauen mehr gefährdet als Männer: Das Ende des Darmes liegt bei ihnen bedeutend näher an der Mündung der Harnröhre als bei den Männern. Allerdings können auch andere Keime schuld daran sein, wie Trichomonaden und Chlamydien (siehe S. 88 und 89) aus infizierten Geschlechtsorganen.

Folgen

In der Blase verursachen die Erreger eine Entzündung der Schleimhaut, daher der Name Blasenkatarrh. Deren typische Zeichen sind auch hier Rötung, Schwellung, Hitze, Schmerzen sowie eine Störung der Funktion. Sobald sich die entzündete Blase nur ein wenig mit Harn gefüllt hat, wird der Reiz zu ihrer Entleerung ausgelöst. Deshalb müssen die erkrankten Frauen häufiger als sonst auf die Toilette gehen und können dort nur wenig Urin entleeren; während des Wasserlassens verspüren sie ein schmerzhaftes Brennen; der Urin selbst kann durch Blut leicht gerötet sein und einen strengen Geruch haben. Diese charakteristischen Symptome treten vor allem in jüngeren Jahren auf. Besonders bei älteren Frauen kann eine Harnwegsinfektion bestehen, ohne daß sie etwas davon verspüren; die einzige wahrnehmbare Veränderung könnte ein vermehrter Harndrang sein.

Dazu ein Beispiel:

Frau H. P., 59 Jahre, Besitzerin eines Blumenladens
Sie hatte sich in letzter Zeit nicht wohl gefühlt, vor allem über ständige Müdigkeit geklagt und eine verminderte Leistungsfähigkeit bedauert. Ihr Hausarzt hatte sie von Kopf bis Fuß untersucht und sie zu ihrer guten Gesundheit beglückwünscht. Das einzige, was er hatte feststellen können, war eine Harnwegsinfektion. Diese verging zwar rasch durch eine Behandlung mit *Antibiotika.* Auch danach fühlte sich Frau H. P. noch immer nicht ganz gesund. Müdigkeit und Leistungsschwäche machten ihr auch weiterhin das Leben und die Arbeit schwer. In dieser Zeit las sie in einem Artikel, daß Pflanzenschutzmittel (Pestizide) als Schadstoffe den menschlichen Körper belasten und krank machen können. Weil auch Blumen mit Pestiziden behandelt werden, könnten diese womöglich die Ursache ihres Leidens sein, befürchtete die Frau. Um sich Gewißheit zu verschaffen, kam sie in das Schwarzwald Sanatorium Obertal; sie wußte, daß wir sogenannten Umweltkrankheiten große Beachtung schenken.
Wir konnten die Patientin beruhigen. Eine gründliche körperliche Untersuchung samt laborchemischer Kontrollen ergab keine übermäßige Schadstoffbelastung. Wohl aber stellten wir eine erneute Harnwegsinfektion fest. Diese war nicht mehr auf die Blase begrenzt; die Bakterien waren bis in die Nieren aufgestiegen und hatten dort ebenfalls zu einer Entzündung (Pyelonephritis) geführt.
Begünstigt wurde diese aufsteigende Infektion dadurch, daß Frau H. P. viel zuwenig Flüssigkeit zu sich nahm. Sie trank an keinem Tag mehr als drei, vier Tassen Kaffee, so daß sie nur selten Wasser lassen mußte und die Erreger sich nahezu ungestört in den Harnwegen ausbreiten konnten. Vor Beginn der Behandlung verpflichteten wir deshalb unsere Patientin förmlich dazu, künftig mehr zu trinken – mindestens 2 bis 2½ Liter pro Tag, bevorzugt Mineralwasser.
Die Therapie selbst stützte sich auf Antibiotika, um die Bakterien in Nieren, Blase, Harnwegen zu beseitigen. Dabei achteten wir darauf, daß das Arzneimittel in der richtigen Dosierung über die vorgeschriebene Zeit eingenommen wurde. Werden nämlich Antibiotika zu früh abgesetzt, können Bakterien in den Harnwegen überleben und resistent werden; infolgedessen kann die Entzündung chronisch werden und bei geringsten Anlässen immer wieder aufflackern. Unterstützend verordneten wir eine immunmodulierende Therapie mit Thymosand® (siehe

S. 191), um die körpereigenen Abwehrkräfte zu stärken, sowie ein homöopathisches Präparat (siehe S. 206), das sie jede Stunde einmal mit einem großen Glas Wasser einnehmen mußte. Zusätzlich wurde die Patientin darin unterwiesen, zu Hause eine vollwertige Ernährung einzuhalten und mit Hilfe der Vital-Plus-Therapie (siehe S. 195) für eine ausreichende Zufuhr von Vitaminen, Mineralstoffen, Spurenelementen zu sorgen.

Frau H. P. befolgte die Vorschriften für die Behandlung und hielt sich auch an unseren Ratschlag, täglich genügend Flüssigkeit aufzunehmen. Ihr Zustand besserte sich beständig. Die Müdigkeit ließ nach, die Leistungsfähigkeit wurde größer – und am Ende der drei Wochen im Schwarzwald Sanatorium Obertal konnte die Frau es kaum erwarten, wieder in ihrem Blumenladen die Kunden zu bedienen.

Übrigens: Bei anderen Frauen im gleichen Alter wie H. P. ist eine andere Therapie sehr erfolgreich. Bei ihnen nämlich kann die Harnwegsinfektion eine Folge des Hormonabfalls in den Wechseljahren (siehe S. 170) sein, der die Schleimhäute anfälliger für Infektionen macht. In diesen Fällen genügt es zur Heilung, dem Körper die fehlenden Östrogene von außen zuzuführen – entweder lokal mit Salben oder innerlich mit Tabletten.

Behandlung

Leichtere Fälle von Harnwegsinfektionen müssen nicht unbedingt vom Arzt mit Antibiotika behandelt werden. Selbsthilfe dagegen ist möglich, falls diese bei den ersten Anzeichen beginnt.

Ruhe, um den Organismus zu schonen. Im Bett bleiben, bis sich der Zustand deutlich gebessert hat.

Wärme, welche die Durchblutung der Harnorgane verbessert und dadurch ihre Heilung fördert. Bei einem heißen Bad sollte das Wasser maximal 40 Grad Celsius warm sein, bis zum Nabel reichen, 10 bis 20 Minuten lang einwirken. Seine Wirkung kann durch einen Zusatz aus Heilpflanzen noch verbessert werden:

Jeweils 30 Gramm Salbeiblätter und Kamillenblüten sowie 40 Gramm Schafgarbenkraut mischen, mit 1 Liter kochendem Wasser übergießen, 10 Minuten ziehen lassen, durchseihen, dem Badewasser zusetzen.

Die heiße Packung kann eine Wärmflasche sein, die mit heißem Wasser gefüllt, mit einem feuchtwarmen Tuch umwickelt und auf die Haut über der Blase gelegt wird; darüber kommt noch ein trockenes Leinentuch und außen herum eine leichte Wolldecke. Größere Wirkung hat ein Heublumensack, weil er die Wärme länger hält; er ist in der Apotheke zu haben und muß genau nach Anweisung angewendet werden.

Flüssigkeit, um die Harnwege durchzuspülen und die Erreger aus dem Körper zu schwemmen. Grundsätzlich so viel trinken, daß der Urin praktisch farblos ist; jedoch keinen Kaffee und keinen Alkohol, sondern Mineralwasser, kalorienfreie Getränke und zusätzlich Tee aus Heilkräutern.

Ein natürliches Heilmittel enthalten die Blätter der Bärentraube *(Arctostaphylos uva-ursi).* Es ist das Arbutin, das in der Niere in Hydrochinon gespalten wird; dieses wiederum wirkt desinfizierend in den Harnwegen, tötet dort die Erreger.

Für kurzzeitige Anwendungen eignet sich ein Tee:

> 1 Eßlöffel Blätter mit 2 Tassen Wasser ansetzen und auf 1 Tasse einkochen lassen; dreimal täglich jeweils 1 Tasse trinken.

Auf Dauer wird dieser Tee nicht gut vertragen, weil Gerbstoffe den Magen reizen. Für längerwährenden Gebrauch sollte er deswegen anders zubereitet werden:

> 2 Teelöffel Blätter mit ¼ Liter lauwarmem Wasser ansetzen,
> 5 bis 6 Stunden ziehen lassen, währenddessen öfter umrühren;
> danach durchseihen und den Auszug auf die Hälfte einkochen lassen;
> dreimal täglich 1 Tasse trinken.

Diese Selbsthilfe hat allerdings ihre Grenzen. Sollten sich die Beschwerden nicht bessern oder sogar schlimmer werden, muß der Arzt gerufen werden. Eine Frau, die das nicht tut, riskiert, daß die Blasenentzündung auf die Nieren übergreift oder daß sie chronisch wird.

Prophylaxe

Eine Frau, die immer wieder unter Infektionen der Harnwege zu leiden hat, kann durch richtiges Verhalten viel zur Vorbeugung tun, indem sie folgende Maßnahmen durchführt:

- Mindestens 2 Liter Flüssigkeit pro Tag trinken, um die Harnwege regelmäßig zu durchspülen und so dafür zu sorgen, daß Bakterien sich in ihnen nicht festsetzen können.
- Den Harndrang niemals unterdrücken, stets gleich auf die Toilette gehen und die Harnblase soweit wie möglich entleeren; ist sie allzu voll, ist nämlich ihre Abwehr gegen die Erreger geschwächt.
- Den Unterkörper immer warm halten, um eine örtliche Unterkühlung zu vermeiden; deshalb warme Unterwäsche tragen, die aus Naturfasern besteht und nicht zu eng anliegt, sowie Schuhe, die ebenfalls gut vor Kälte und Feuchtigkeit schützen.
- Auf der Toilette das Papier nur von vorne nach hinten ziehen, damit keine Bakterien aus dem Darm in die Nähe der Harnröhre gelangen.
- Wenig Alkohol trinken und scharfe Gewürze meiden, weil diese die Blase reizen; bei manchen Frauen gilt das auch für den Kaffee.
- Die Intimhygiene (siehe S. 94) durchführen, sie jedoch nicht übertreiben.
- Möglichst vor, unbedingt nach dem Geschlechtsverkehr die Blase entleeren, damit übertragene Erreger mit dem Urin unverzüglich wieder ausgeschieden werden.

Herpes-Infektionen: Thymus-Peptide und Vitamin C für eine bessere Abwehr

Es gibt kaum noch einen erwachsenen Menschen, der diese Erreger nicht in sich trägt: Mehr als 90 Prozent sind mit Herpes-simplex-Viren infiziert. Jede zweite Frau und jeder dritte Mann sind bereits mindestens einmal an Herpes erkrankt – und müssen befürchten, jederzeit dieselbe Krankheit aufs neue zu bekommen.

Sie ist in den letzten Jahren zwar häufiger geworden, aber bereits seit Jahrtausenden bekannt. Der Begründer der wissenschaftlichen Heilkunde, der griechische Arzt Hippokrates (460–375 v. Chr.), gab ihr den Namen und bezeichnete damit »sich ausbreitende Hautgeschwüre«.

Erscheinungsformen

Heute ist das Wort Herpes simplex (= einfacher Herpes) der Oberbegriff für zwei ähnliche Krankheitsbilder, die durch zwei verschiedene Viren verursacht werden:

Das *Herpes-simplex-Virus 1* (abgekürzt: HSV 1) ist die Ursache für einen Hautausschlag mit Bläschen, der vorwiegend im Gesicht und dort insbesondere an den Lippen auftritt – daher sein volkstümlicher Name »Fieberbläschen«. Dieser *Herpes labialis* ist die mit Abstand häufigere Erscheinungsform der Herpes-Infektionen. Der Erreger wird zumeist schon in der Kindheit beim Hautkontakt übertragen, dazu genügt der zärtliche Kuß von einem infizierten Elternteil.

Das *Herpes-simplex-Virus 2* (abgekürzt: HSV 2) verursacht den *Herpes genitalis* mit Bläschen und Geschwüren, die bei Frauen meist an den Schamlippen erscheinen, jedoch auch in der Scheide und am Gebärmuttermund sowie am Gesäß und an den Oberschenkeln auftreten. Der Erreger wird direkt beim Intimkontakt übertragen. Heute ist Herpes genitalis eine der häufigsten sexuell übertragenen Krankheiten und viel weiter verbreitet als die klassischen Geschlechtskrankheiten. Mehr als

30 Prozent aller sexuell aktiven Menschen sind davon betroffen, schätzen Ärzte in Amerika; das dürfte wohl auch für Deutschland zutreffen. Alle Umstände der Übertragung sind dennoch nicht geklärt. Einerseits haben Frauen ein größeres Risiko, sich bei sexuellen Kontakten mit HSV 2 zu infizieren, als Männer – das allerdings durch Gebrauch eines Kondoms wesentlich verringert werden könnte. Andererseits gibt es Paare, bei denen nur ein Partner an Herpes genitalis erkrankt ist, während der andere verschont bleibt – trotz regelmäßigen Geschlechtsverkehrs.

Gemeinsam ist den beiden Herpes-simplex-Viren, daß sie bei der Erstinfektion in mehr als 90 Prozent der Fälle den betroffenen Menschen noch nicht krank machen. Die Erreger dringen durch die Schleimhaut und winzige Verletzungen der Haut in den Körper ein. Dort werden sie von den Abwehrkräften des Immunsystems erwartet. Sogenannte T-Lymphozyten aus dem Thymus greifen sie direkt an, und B-Zellen bilden spezifische Antikörper, die gezielt nur diese Viren vernichten – leider nicht alle. Ein Teil der Erreger entgeht ihnen und versteckt sich in Nervenknoten (= Ganglien), das HSV 1 im Ganglion trigeminale im Kopf und das HSV 2 im Ganglion sacrale im Kreuz. Dort sind sie zwar sicher: Die körpereigenen Abwehrkräfte können ihnen nichts anhaben, weil sie dabei die lebenswichtigen Nervenzellen zerstören würden. Dort sind sie aber Gefangene: Wenn sie ihre Zuflucht verlassen, werden sie von den Antikörpern attackiert.

Solange dieses Gleichgewicht der Kräfte besteht, bleibt der Mensch in dieser Hinsicht gesund – oftmals sein Leben lang, so daß er nie erfährt, daß auch er von Herpes-Viren infiziert ist. Sobald jedoch das Immunsystem geschwächt ist, können diese Erreger die Oberhand gewinnen und den Menschen krank machen.

Auslöser

Es gibt viele äußere und innere Faktoren, die über eine Schwächung der körpereigenen Abwehrkräfte solch einen Rückfall (= Rezidiv) von Herpes-simplex-Viren auslösen können: Starke Ultraviolettstrahlung bei intensiven Sonnenbädern, die insbesondere im Urlaub zu Fieberbläschen führt (= *Herpes solaris*), und das sowohl im Sommer am Strand im Süden als auch im Winter beim Skifahren im Gebirge; fieberhafte Erkrankungen wie Erkältungen (= *Herpes febrilis*); hormonelle Umstellungen im Men-

struationszyklus (siehe S. 179), die manche Frauen regelmäßig alle vier Wochen krank werden lassen (= *Herpes menstrualis*).
Auch psychische Faktoren sind als Auslöser einer neuerlichen Erkrankung bekannt; seelische Belastungen, wie zum Beispiel Ekel vor einer Speise oder Abwehr gegen einen Partner oder Streß bei der Arbeit, können genügen, um die Bläschen und den Ausschlag vom Herpes erscheinen zu lassen. Wie eng Psyche und Immunsystem dabei verbunden sind, können andere Frauen aus eigenem Erleben bestätigen: Je mehr sie vor einem festlichen Ereignis oder einem anderen besonderen Anlaß befürchten, von Fieberbläschen entstellt zu sein, desto wahrscheinlicher werden diese gerade dann auftreten.

In diesem Zusammenhang eine wichtige Anmerkung: Eine sehr große Gefahr sind Herpes-simplex-Infektionen für alle Patienten, die Medikamente zur Hemmung des Immunsystems einnehmen müssen (vor allem nach Organtransplantationen) oder die an einer Abwehrschwäche erkrankt sind (etwa AIDS). Bei ihnen verlaufen diese Erkrankungen besonders schlimm und können durch Komplikationen wie eine Entzündung des Gehirns (= *Herpes-Encephalitis*) zum Tode führen.

Die zeitweilige Schwächung des Immunsystems bei zwar infizierten, aber ansonsten gesunden Menschen ist der Grund dafür, warum die Herpes-simplex-Viren in mehr oder weniger großen Abständen immer wieder ausbrechen. Solch ein Schub von Herpes labialis oder Herpes genitalis verläuft im Prinzip gleich.

Äußeres Erscheinungsbild

Erste Anzeichen sind eine Rötung der Haut mit Jucken, Kribbeln, Brennen. Nach kurzer Zeit bilden sich wäßrige Bläschen, die so klein wie ein Stecknadelkopf oder so groß wie eine Linse sein können. Später werden sie aufplatzen, verkrusten, abheilen. Die Bläschen selbst sollten nie berührt oder gar aufgekratzt werden. Ihre Flüssigkeit enthält Tausende von Herpes-Viren, die auf andere Menschen oder an andere Körperstellen übertragen werden könnten. Eine relativ seltene, aber durchaus mögliche Komplikation dieser Art ist eine Infektion des Auges (= *Herpes corneae*), die durch Geschwüre und Narben auf der Hornhaut das Sehvermögen beeinträchtigt, in seltenen Fällen bis zur Erblindung.

Im Detail gibt es wichtige Unterschiede zwischen den beiden Erscheinungsformen der Herpes-simplex-Infektionen. Fieberbläschen sind zwar äußerst lästig, mitunter sehr schmerzhaft, und Frauen leiden besonders darunter, weil sie sich nun als unschön und abstoßend empfinden; gewöhnlich aber verläuft der Herpes labialis unkompliziert und ist nach 14 Tagen abgeheilt.
Herpes genitalis ist schlimmer. Sind die Bläschen im Bereich der Geschlechtsorgane geplatzt, entstehen aus ihnen schmerzhafte Geschwüre, die zusätzliche Beschwerden beim Wasserlassen und beim Gehen bereiten und die das Sexualleben zumindest beeinträchtigen, wenn nicht gänzlich verhindern. Diese Symptome können länger andauern als die Fieberbläschen, bis zu sechs Wochen lang, und häufiger wieder auftreten als diese, sogar in jedem Menstruationszyklus.
Die Patientinnen fühlen sich während der Erkrankung geschwächt und abgeschlagen, hinzukommen können Schwellungen der Lymphknoten in der Leistenbeuge sowie leichtes Fieber und Schmerzen im Bauch, im Kopf und in den Muskeln. Frauen leiden auch unter erheblichen seelischen Belastungen. Diese entstehen vielfach aus dem Schamgefühl, nun geschlechtskrank zu sein; das ist unbegründet. Denn obgleich die Erreger bei sexuellen Kontakten übertragen werden, ist Herpes genitalis keine Geschlechtskrankheit wie Gonorrhoe oder Syphilis. Es kann zu menschlichen Tragödien führen, wenn etwa der Partner diese Erkrankung als einen Beweis für Untreue ansieht; das ist unberechtigt – die Symptome sind nahezu ausschließlich Folgen einer wahrscheinlich schon lange zurückliegenden Erstinfektion.

Behandlung

Herpes genitalis ist zweifelsohne ein quälendes Krankheitsgeschehen. Es sollte eine Frau jedoch nicht in eine Lebenskrise stürzen, und sie sollte sich deswegen nicht in eine Isolation zurückziehen oder sogar in Depressionen treiben lassen. Eine Frau, die davon betroffen ist, sollte sich vertrauensvoll an ihre Ärztin/ihren Arzt wenden. Doch was kann sie als Hilfe erwarten?

Ein aufklärendes, beratendes Gespräch über die Krankheit als solche; der Partner sollte dabei sein, damit auch bei ihm nicht etwa falsche

Vorstellungen aufkommen bzw. bereits bestehende Irrtümer darüber beseitigt werden und damit er künftig bei einem Rückfall mehr Rücksicht nimmt.

Eine bestmögliche Immuntherapie, um die körpereigenen Abwehrkräfte zu stärken, damit sie die Herpes-simplex-Viren niederhalten können, bzw. sie zu unterstützen, damit ein Rückfall von Herpes genitalis oder Herpes labialis so schnell wie möglich wieder abheilt (denn trotz aller Bemühungen gibt es noch immer keine Arzneimittel, die Viren ebenso sicher abtöten, wie Antibiotika es mit Bakterien tun). Das ist mit einer Immun-Therapie mit Thymosand® (siehe S. 191) zu erreichen, die am Schwarzwald Sanatorium Obertal gegen verschiedene Erkrankungen mit einer Störung des Immunsystems praktiziert wird. Thymosand® ist ein natürliches Immunpharmakon; es enthält alle wichtigen Wirkstoffe aus dem Thymus, der das Zentralorgan für die Ausbildung körpereigener Abwehrkräfte ist. Sie erreichen eine Immunregulation. Das bedeutet: Die Immunabwehr wird normalisiert und harmonisiert – und dadurch wesentlich gestärkt für den Kampf gegen die Herpes-simplex-Viren. Nicht immer zu umgehen ist eine Therapie mit sogenannten Virostatika (zum Beispiel Aciclovir). Diese Medikamente können zumindest die Vermehrung und Ausbreitung der Herpes-Viren hemmen.

Zu den Behandlungen, die von der Ärztin/dem Arzt zusätzlich angewendet werden können, gehören Eigenblut-Injektionen, Homöopathie, Enzymtherapie.

Für Eigenblut-Injektionen wird den Patienten etwas Blut aus der Armvene entnommen und ihnen gleich darauf in die Gesäßmuskulatur gespritzt; auch das hat eine anregende Wirkung auf die körpereigenen Abwehrkräfte, die allerdings nicht so ausgeprägt ist wie die durch Thymosand®. Sie können mit pflanzlichen Wirkstoffen (etwa aus dem Roten Sonnenhut oder der Mistel) angereichert sein oder zu Ozon-Sauerstoff-Eigenblut-Infusionen erweitert werden; für diese wird das Blut außerhalb des Körpers mit einem Gemisch aus Ozon und Sauerstoff versetzt.

Die Homöopathie (siehe auch S. 206) verfügt unter anderem mit dem Bittersüß *(Solanum dulcamara)* und dem Giftsumach *(Rhus toxicodendron)* über hilfreiche Mittel gegen Herpes-Infektionen; sie sind Bestandteile des Präparates Dularell® (rezeptfrei, Apotheke).

Bei der Enzymtherapie (siehe auch S. 202) werden natürliche Enzyme aus Pflanzen und von Tieren eingenommen; sie beschleunigen den Ablauf einer Entzündung und erreichen dadurch ein rascheres Abheilen – auch von Herpes labialis bzw. genitalis.

Prophylaxe

Frauen können sich selbst gegen Herpes-Infektionen wehren:

Die körpereigene Immunabwehr mit Wirkstoffen aus Heilpflanzen stärken! Mit Echinarell® (rezeptfrei, Apotheke) ist das leicht und gut möglich. Das homöopathische Arzneimittel enthält nämlich den Extrakt mit allen Bestandteilen aus dem Roten Sonnenhut (= *Echinacea purpurea*) als Urtinktur. Durch moderne Forschung ist nicht nur dessen Wirkung bestätigt worden, sondern auch das Phänomen, daß eine ganz bestimmte, nicht einmal sehr hohe Dosis genügt, um eine optimale Wirksamkeit zu erreichen – mehr nutzt nicht mehr! Bei akuten Virusinfektionen wie diesen sind alle halbe bis volle Stunde jeweils 5 Tropfen Echinarell® einzunehmen. Zusätzlich sollten die Spurenelemente Selen und Zink zugeführt werden, was mit den Präparaten Selenarell® und Aminorell® möglich ist, die rezeptfrei in allen Apotheken zu haben sind.
Die Vielfalt vom Vitamin C nutzen – innerlich und äußerlich! *Innerlich angewendet* hat es eine immunstimulierende Wirkung auf die körpereigenen Abwehrkräfte; es regt vor allem die Phagozyten (= Freßzellen) und Lymphozyten (das sind bestimmte Immunzellen) zu größerer Aktivität an. Die Empfehlung im Krankheitsfall:

> Mehrmals täglich jeweils 250 Milligramm Vitamin C einnehmen (das entspricht jeweils 1 Messerspitze von dem Präparat Ascorell®, das rezeptfrei in allen Apotheken erhältlich ist).

Äußerlich aufgetragen vermag Vitamin C den Ausbruch von Fieberbläschen zu verhindern, wenn es bei Auftreten der ersten Anzeichen angewendet wird. Das Rezept:

> 1 Messerspitze Ascorell® mit etwas Wasser zu einem zähflüssigen Brei verrühren; diesen morgens gleich nach dem Aufstehen und abends vor dem Zubettgehen auf die Stellen auftragen, an denen die Haut juckt und kribbelt.

Sollte es dennoch zum Auftreten von Herpes labialis kommen, wird dieser viel früher wieder vergehen als sonst.

Durch richtiges Verhalten einem Rückfall entgegenwirken! Im Urlaub nicht zu lange in der Sonne bleiben, die Lippen eigens mit einem Schutzstift abdecken. Keine Gegenstände wie Bestecke, Tassen, Gläser, Zahnbürsten, Lippenstifte gemeinsam mit anderen Personen benutzen. Hautenge Kontakte mit Menschen meiden, die ersichtlich an einer Herpes-Infektion erkrankt sind; ist das nicht zu vermeiden, sollte möglichst sofort nach der Berührung die eigene Haut gründlich mit Wasser und Seife gewaschen werden. Dagegen können Schwimmbäder und Toiletten unbesorgt benutzt werden; es besteht keine Gefahr, dort mit Herpes-simplex-Viren infiziert zu werden.

Dies sollten Frauen wissen, die unter Herpes genitalis leiden: Es ist zwar nicht bewiesen, kann aber auch nicht ausgeschlossen werden, daß HSV-2-Viren zu Helfershelfern der sogenannten Papillomaviren werden und dadurch das Entstehen von *Gebärmutterhalskrebs* (= Zervixkarzinom) begünstigen können. Diese Frauen sollten deshalb regelmäßig an den Krebsvorsorgeuntersuchungen teilnehmen, bei denen ein Abstrich vom Gebärmutterhals (siehe S. 105) entnommen wird, um im Labor auf veränderte Zellen hin untersucht zu werden. Auf diese Weise kann der Krebs bereits erkannt werden, noch ehe er zu wuchern beginnt, und deshalb besonders erfolgreich behandelt werden.

Infektionen der Geschlechtsorgane: Selbst Joghurt ist eine gute Medizin

Brennen, Juckreiz, Schmerz, Ausfluß – das sind die typischen Symptome einer Infektion im Intimbereich, die wohl jede Frau in ihrem Leben zumindest einmal zu verspüren bekommt. Sie können relativ geringfügig sein, sind oftmals jedoch derart unangenehm, daß die Betroffenen ziemlich bald deswegen zur Frauenärztin/zum Frauenarzt gehen. Und das ist auch sehr gut so. Denn je länger eine Infektion der Geschlechtsorgane unbehandelt bleibt, desto größer ist die Gefahr ernsthafter, bleibender Schäden. Unter anderem deshalb, weil die Erreger zu den Eileitern und Eierstöcken aufsteigen können, und deren Entzündungen (= Adnexitis) sind eine häufige Ursache von Unfruchtbarkeit. Während einer Schwangerschaft können solche aufsteigenden Infektionen vorzeitige Wehen auslösen.

Von Natur aus ist jede Frau gegen Infektionen der Geschlechtsorgane gut geschützt. Das verdankt sie der sogenannten Scheidenflora mit den Döderlein-Bakterien (ihren Namen haben sie nach dem deutschen Gynäkologen Albert Döderlein). Diese stäbchenförmigen Bazillen leben in einer einzigartigen Symbiose mit dem Körper der Frau. Von ihnen werden abgeschilferte Zellen von der Oberfläche der Scheide aufgelöst und die darin enthaltenen Zucker zu Milchsäure vergoren. So entsteht in der Scheide ein *saures Milieu* mit einem pH-Wert von 4,0, in dem nur die nützlichen Döderlein-Bakterien gut gedeihen; krankmachende Keime können in ihm nicht existieren und müssen zugrunde gehen.

Ursachen

Solange diese natürliche Abwehr intakt ist, bleibt die Frau gesund. Gefährdet durch Erreger ist sie jedoch, wenn die Zahl der Döderlein-Bakterien abnimmt und wenn sich das Milieu in der Scheide ändert. Schuld daran kann eine Vielzahl verschiedener Faktoren sein. Im speziellen sind das bestimmte Antibiotika, übertriebene Intimhygiene samt Scheidenspülungen, langandauernde starke Menstruation (siehe auch S. 182), häufiger wechselnde sexuelle Kontakte, Verhütung mit der Spirale; die modernen Anti-Baby-Pillen mit ihren sehr niedrig dosierten Hormonen haben kaum noch Einfluß darauf. Im allgemeinen erhöht alles das, was die körpereigenen Abwehrkräfte schwächt, auch das Risiko, an Infektionen der Geschlechtsorgane zu erkranken; dazu gehören beispielsweise übermäßiger Streß und Kummer, einseitige Ernährung und zuwenig Schlaf, zu viele Zigaretten und zuviel Alkohol.

Wird der Schutz in der Scheide derart geschwächt, können Erreger eindringen und Entzündungen verursachen – in der Scheide (Kolpitis oder Vaginitis), in der Schleimhaut im Gebärmutterhals (Zervizitis) bzw. in der Gebärmutter (Endometritis), in den Eileitern (Salpingitis) und oft zugleich auch in den Eierstöcken (Oophoritis), was dann Adnexitis genannt wird. Die Erreger werden zwar in den meisten Fällen durch intime Kontakte übertragen, und ihre Folgen werden deshalb *STD-Krankheiten* genannt (die Abkürzung steht für den englischsprachigen Begriff »sexually transmitted diseases«, zu deutsch: sexuell übertragbare Krankheiten). Die Ansteckung kann aber auch auf anderem Wege erfolgen; beispielsweise sind sogenannte Schmierinfektionen mit Trichomonaden in Sauna und Schwimmbad möglich, und Pilze gelangen vom Darm her in die Scheide – darüber später mehr.

Insgesamt sind mehr als zehn dieser STD-Krankheiten bekannt. Je größer die sexuelle Freizügigkeit wurde, desto größer wurde auch die Ausbreitung dieser Krankheiten. Heute haben sie in der Frauenheilkunde weitaus mehr Bedeutung als die klassischen Geschlechtskrankheiten. Mindestens jede fünfte Frau, die über unklare Bauchschmerzen und Unterleibsbeschwerden klagt, leidet unter einer Infektion der Geschlechtsorgane, schätzt der deutsche Berufsverband der Frauenärzte. Hier das Wichtigste, was man über die häufigsten dieser Intimleiden wissen sollte.

Aminkolpitis – Auslöser und Behandlung

Die Aminkolpitis betrifft etwa jede zehnte der sexuell aktiven Frauen. Diese Entzündung der Scheide entsteht, wenn die Döderlein-Bakterien verdrängt werden und andere Bakterien sich massenhaft vermehren; das sind vor allem die Gardnerella-Bakterien sowie anaerobe Bakterien, die häufig aus dem Darm kommen; sie heißen so, weil sie ohne Sauerstoff

leben. Die Erreger produzieren sogenannte Amine, welche die Scheide reizen und vermehrten Ausfluß auslösen, der einen fischartigen Geruch hat – als charakteristisches Symptom dieser Erkrankung.
Für die Behandlung gibt es zwar gut wirksame spezielle Arzneistoffe (Nitroimidazole), die mit einer Einmalbehandlung oder über mehrere Tage hinweg angewendet werden. Voraussetzung für den Erfolg aber ist, daß der Partner der Patientin mitbehandelt wird. Bei ihm nämlich können sich dieselben Bakterien in der Prostata oder in den Samenbläschen festsetzen, ohne Beschwerden zu bereiten. Bleiben sie dort, kommt es zu sogenannten *Ping-Pong-Infektionen,* mit denen Mann und Frau sich immer wieder gegenseitig anstecken.
Speziell für die Frau kann natürliche Medizin eine große Hilfe sein. Ihr Ziel ist es, die natürliche Scheidenflora als Schutzschild gegen die Erreger wiederherzustellen. Ihre Mittel zu diesem Zweck sind sowohl Kapseln mit lebensfähigen Döderlein-Bakterien, die in die Scheide eingeführt werden (gibt es in der Apotheke), als auch Joghurt, der ebenfalls die milchsäurebildenden Bakterien (Lactobacillus acidophilus und Lactobacillus bifidus) enthält – vorausgesetzt, daß er nicht pasteurisiert ist.

Zur Anwendung wird abends ein Tampon mit etwas Joghurt bestrichen, in die Scheide eingeführt, am nächsten Morgen weggeworfen, und zwar so oft, bis die Entzündung geheilt ist. Um Rückfälle zu verhindern, sollte dieselbe Behandlung unmittelbar nach der nächsten Menstruation noch drei- bis viermal wiederholt werden; denn durch das Blut (das *alkalisch* ist) wird jedesmal das saure Milieu in der Scheide beeinträchtigt, und Joghurt hilft, es rascher wieder aufzubauen.

Vaginalmykosen – Auslöser und Behandlung

Vaginalmykosen sind Pilzinfektionen der Scheide – und die häufigste Störung, wegen der Frauen zur Gynäkologin/zum Gynäkologen gehen. Etwa drei von vier Frauen erkranken mindestens einmal im Leben daran, jede fünfte von ihnen sogar immer wieder.
Die wichtigsten Erreger sind Hefepilze namens *Candida albicans.* Sie tragen diesen lateinischen Namen nach ihrem Aussehen: »candidus« bedeutet glänzend und »albicans« heißt weißmachen. Die runden Hefepilze können zwar überall im Körper sein – auf der Haut, im Darm und bei

etwa 30 Prozent aller Frauen auch in den Schleimhäuten des Intimbereichs; dorthin gelangen sie vor allem aus dem benachbarten Darm, und nicht so häufig, wie einst angenommen wurde, durch sexuelle Kontakte. Sie machen aber nicht jeden dieser Menschen krank – als »opportunistische Keime« leben sie angepaßt und werden von den körpereigenen Abwehrkräften in Schach gehalten. Sind diese jedoch geschwächt, können die Erreger sich ungehindert vermehren und eine Erkrankung verursachen; geschieht das in der Scheide, entsteht eine *Soor-Kolpitis,* auch Vulvovaginal-Candidose genannt.
Begünstigt wird diese Pilzinfektion ebenfalls durch alles, was das Immunsystem stört und schwächt (siehe S. 71), sowie durch bestimmte Antibiotika, die auch die nützlichen Döderlein-Bakterien eliminieren, durch Stoffwechselstörungen wie Diabetes und durch zuviel Zucker in der Ernährung, der für Hefepilze buchstäblich ein gefundenes Fressen ist; auch durch lokale Faktoren wie enge, wenig durchlässige Unterwäsche, in der sich das feuchtwarme Klima bildet, in dem Candida albicans bestens gedeiht, und durch die falsche Gewohnheit, auf der Toilette das Papier von hinten nach vorn zu führen, wodurch die Hefepilze aus dem Darm nahe an die Geschlechtsorgane gelangen.
Eine Frau, die von dieser Pilzerkrankung betroffen ist, leidet unter starkem bis schmerzhaftem Juckreiz, Brennen, flockig-weißem oder krümelig-gelblichem Ausfluß, auch unter Schmerzen beim Wasserlassen. Ihr Allgemeinbefinden kann erheblich gestört sein, und manchmal sind die Beschwerden derart schlimm, daß sie kein normales Leben mehr führen kann.
Eine Patientin, die deswegen behandelt wird, erhält sogenannte Antimykotika. Diese speziellen Arzneimittel gegen Pilze sind derart gut wirksam, daß in leichteren Fällen von Soor-Kolpitis eine Einmalbehandlung zur Heilung genügt; selbst schwere Fälle sind zu 90 Prozent binnen weniger Tage zu heilen. Allerdings kann es bald danach wieder zu Rückfällen kommen. Um das zu verhindern, sollten die Hefepilze umfassend bekämpft werden, wie das mit einer ganzheitlichen Therapie am Schwarzwald Sanatorium Obertal geschieht. Dazu gehören außer der kurzzeitigen Anwendung der Antimykotika:

Eine Symbioselenkung (siehe S. 216) zur Darmsanierung, um auch dort wieder eine gesunde Bakterienflora aufzubauen und die Hefepilze zurückzudrängen, damit sie nicht immer wieder in den Intimbereich gelangen.

Eine Immun-Therapie mit Thymus-Peptiden (siehe S. 191), um geschwächte oder gestörte körpereigene Abwehrkräfte zu stärken bzw. zu harmonisieren.

Die Vital-Plus-Therapie, bei der vor allem die sogenannten Antioxidantien Vitamin C, Vitamin E, Pro-Vitamin Beta-Carotin (siehe S. 195) zur Unterstützung des Immunsystems eingenommen werden sowie zusätzlich die Spurenelemente Selen und Zink (mit Selenarell® bzw. Aminorell®, die in jeder Apotheke zu haben sind).

Eine Anti-Pilz-Diät für eine gewisse Zeit, um den Hefepilzen ihren Nährboden im Körper zu entziehen. Deren Grundsätze sind: Überhaupt keine Nahrungsmittel mehr mit hohem Zuckergehalt (wie Kuchen und Süßigkeiten), möglichst wenig hefehaltige Speisen und Getränke (wie alle Backwaren aus Hefeteig), nicht allzuviel Käse und kaum noch Alkoholika. Auf Zucker sollte auch nach dieser Diät so weit wie möglich für immer verzichtet werden.

Eine gezielte Ernährung kann darüber hinaus selbst eine gute Medizin sein gegen hartnäckige, immer wieder auftretende Vaginalmykosen, wie Erfahrungen aus Amerika beweisen. Das Rezept dafür:

> Täglich 250 Gramm Joghurt essen, der Kulturen aus Bakterien von Lactobacillus acidophilus und Lactobacillus bifidus enthält (auf dem Etikett nachschauen); dazu keinen heißen Kaffee oder Tee trinken, weil diese Bakterien das nicht vertragen. Innerhalb eines halben Jahres wird sich allein dadurch die Zahl der Rückfälle um mehr als zwei Drittel verringern.

Chlamydien – Auslöser und Behandlung

Chlamydien sind besonders heimtückische Erreger von Infektionen der Geschlechtsorgane. Etwa jede zweite Frau spürt nichts oder kaum etwas davon, wenn diese Bakterien sich im Gebärmutterhals (Zervix) festgesetzt haben; unbemerkt können sie deshalb weiter in die Gebärmutter vordringen, bis zu den Eileitern und den Eierstöcken aufsteigen und dort ebenfalls Entzündungen verursachen.

Chlamydien sind in nahezu der Hälfte aller Fälle die Ursache von Eileiterentzündungen (Salpingitis); in deren Verlauf können die Wände miteinander verkleben und dadurch den inneren Durchlaß verschließen, so daß künftig keine Eizellen mehr hinab in die Gebärmutter und keine Spermien mehr hinauf zur Befruchtung gelangen können. Das hat dramatische Folgen für die Fruchtbarkeit: Eine einzige Eileiterentzündung durch Chlamydien führt bei jeder zehnten jungen Frau zu ungewollter Kinderlosigkeit; nach zwei derartigen Entzündungen können rund 25 Prozent der betroffenen Frauen keine Kinder bekommen.

Besonders bedrohlich ist, daß Genitalinfektionen durch diese Bakterien immer häufiger werden. Während sie vor 25 Jahren hierzulande praktisch unbekannt waren, werden jetzt in jedem Jahr mehr als eine halbe Million Frauen von ihren Partnern mit Chlamydien angesteckt. Die Erreger werden nämlich nahezu ausschließlich durch sexuelle Kontakte übertragen. Bei Frauen verursacht die Infektion mit ihnen, falls überhaupt, geringfügige Beschwerden, zum Beispiel leichte Schmerzen im Unterleib, gelegentlich Zwischenblutungen und Ausfluß, ein Druckgefühl in der Blase, manchmal auch ein leichtes Brennen oder Jucken beim Wasserlassen. Viele Frauen verkennen deshalb die Symptome als eine banale Harnwegsinfektion und gehen deswegen gar nicht erst zur Frauenärztin/ zum Frauenarzt. Das ist falsch, richtig dagegen ist es, beim Auftreten solcher Beschwerden sich gründlich untersuchen zu lassen, um die Ursache klären und bestmöglich behandeln zu können.

Beim Mann führt eine Chlamydien-Infektion zu Brennen beim Wasserlassen und eitrigem Ausfluß. Treten diese Symptome auf, sollten beide Partner zur Untersuchung, denn höchstwahrscheinlich ist auch die Frau infiziert.

Gegen Chlamydien werden spezielle Antibiotika (Tetracycline, Cephalosporine) verordnet. Sie sind hochwirksam, müssen jedoch lange genug eingenommen werden – mindestens zehn Tage lang bzw. noch viel länger, falls die Krankheit bereits weiter fortgeschritten ist. Auch in diesen Fällen ist es unbedingt nötig, beide Partner zu behandeln; sonst kann die Frau sich nach erfolgreicher Therapie bei ihrem Partner wieder anstecken – oder umgekehrt.

Trichomonaden – Auslöser und Behandlung

Trichomonaden sind winzig kleine Geißeltierchen. Sie werden zwar überwiegend beim Geschlechtsverkehr übertragen, aber auch durch sogenannte Schmierinfektionen beim gemeinsamen Gebrauch von

Schwämmen, Waschlappen, Badetüchern und sogar beim Sitzen mit nacktem Unterkörper in Sauna oder Schwimmbad, in deren feuchtwarmem Klima die Erreger gut gedeihen. Ist eine Frau mit ihnen infiziert, kommt es meistens erst dann zu einer Erkrankung, wenn das saure Milieu der Scheide gestört wird (siehe S. 84). Deren typische Symptome sind ein übelriechender gelblicher Ausfluß sowie starkes, oft unerträgliches Brennen und Jucken der Scheide.

Die Behandlung der Trichomoniasis ist heute dank spezieller Präparate (Nitroimidazole) einfach. Auch in diesen Fällen müssen die Medikamente lange genug angewendet, der Partner muß ebenfalls behandelt werden; selbst wenn er keinerlei Beschwerden verspürt, kann er ebenfalls infiziert sein und deshalb die Erreger immer wieder auf die Frau übertragen. Die Arzneimitteltherapie kann durch Methoden der natürlichen Medizin ergänzt werden: Das Einführen von Kapseln mit lebensfähigen Döderlein-Bakterien hilft, das saure Milieu der Scheide wiederherzustellen und dadurch die Trichomonaden zurückzudrängen.

Von der Trichomoniasis gibt es auch eine gute Nachricht. Während sie bis in die 80er Jahre hinein immer häufiger wurde, ist die Zahl der beobachteten Fälle in letzter Zeit deutlich zurückgegangen; die Gründe dafür sind unbekannt.

Feigwarzen – Auslöser und Behandlung

Sie werden auch Kondylome genannt, sind stecknadelkopfkleine, spitze Gebilde an den Schamlippen, in der Scheide, auf dem äußeren Muttermund. Sie haben sich in den letzten Jahren deutlich ausgebreitet. Schätzungsweise 25 bis 30 Prozent aller Frauen sind mittlerweile davon betroffen; insbesondere sind es jüngere Frauen, die häufiger den Partner wechseln.

Feigwarzen bereiten in der Regel keine Beschwerden. Sie können sich gelegentlich von selbst oder nach wiederholtem Betupfen mit einer virushemmenden Lösung zurückbilden. Sollen sie entfernt werden, geschieht das am besten mit Laserstrahlen, die kaum Narben hinterlassen; möglich ist auch das Abtragen mit Skalpell oder elektrischer Schlinge.

Gänzlich harmlos sind Feigwarzen dennoch nicht. Ihre Erreger sind sogenannte *Humane Papillomaviren* (abgekürzt: HPV), von denen es insgesamt mehr als 50 verschiedene Typen gibt. Vor allem die Typen

HPV 16 und HPV 18 stehen im Verdacht, am Entstehen von Gebärmutterhalskrebs (Zervixkarzinom, siehe auch S. 101) beteiligt zu sein. Allerdings reicht ihre Anwesenheit in den Zellen allein nicht aus, um diese krebsartig zu verändern; es müssen noch weitere Faktoren hinzukommen, über die es bisher nur Vermutungen gibt. Einer dieser begünstigenden Faktoren könnte, wie neuere Forschungen ergaben, der weitverbreitete Mangel an dem B-Vitamin Folsäure (siehe S. 40) sein, das für den Stoffwechsel der Nukleinsäuren im Zellkern sehr wichtig ist; einer der Gründe dafür wiederum ist die Anwendung der Anti-Baby-Pille (siehe S. 38) über lange Zeit hinweg.

Aus diesen Zusammenhängen ergeben sich zwei Ratschläge für alle Frauen, die Feigwarzen haben bzw. hatten:

- Lassen Sie sich häufiger vorsorglich gynäkologisch untersuchen, und zwar regelmäßig alle halbe Jahre.
- Lassen Sie auch den Bestand an dem B-Vitamin Folsäure bestimmen und gegebenenfalls einen Mangel daran ausgleichen (mit dem Präparat Folarell®, rezeptfrei, Apotheke).

Alle beschriebenen Infektionen der Geschlechtsorgane sind derart häufig, daß Fälle davon nicht nur von den Ärztinnen/Ärzten für Frauenkrankheiten, sondern auch in anderen Praxen festgestellt werden – mitunter auch bei uns im Schwarzwald Sanatorium Obertal. In unserer Privatklinik für Innere Medizin und Naturheilverfahren wird keine gynäkologische Therapie an sich durchgeführt; Patientinnen mit Frauenkrankheiten werden zu den Fachärzten überwiesen, und deren Empfehlungen für die Behandlung werden berücksichtigt. Dennoch haben wir Ärzte hier die Erfahrung gemacht, daß eine einseitig auf gynäkologische Symptome ausgerichtete Therapie allein häufig nicht genügt, um den Frauen bestmöglich zu helfen. Es gilt darüber hinaus, stets den Menschen ganzheitlich zu betrachten und ihn auch zusätzlich so zu behandeln.

Frau S. P., 37 Jahre, Leiterin eines Reisebüros

Die Patientin hatte seit einigen Jahren immer wieder unter Entzündungen der Eileiter und Eierstöcke (Adnexitis) zu leiden, mit heftigen Schmerzen im Unterbauch und hohem Fieber. Deren Ursache waren aufsteigende Infektionen von Bakterien, und dagegen mußten – wie üblich – Antibiotika verordnet werden. Dank dieser Medikamente wurde Frau S. P. zwar rasch wieder gesund, aber eben nicht auf Dauer, weil die Abwehrschwäche bestehen blieb. Bei der letzten Erkrankung an Adnexitis mußte sie bereits ein sogenanntes Reserve-Antibiotikum einnehmen; das heißt so, weil es für Fälle zurückgehalten wird, in denen Bakterien resistent (widerstandsfähig) geworden und deshalb die anderen, häufig angewendeten Arzneimittel gegen sie nicht mehr wirksam sind. Schuld an dieser Entwicklung war die Patientin selbst gewesen. Sie hatte die Antibiotika immer nur so lange eingenommen, bis sie sich wohler fühlte, und diese dann eigenmächtig vorzeitig abgesetzt – aus Furcht vor den vielen möglichen Nebenwirkungen, die auf dem Beipackzettel aufgeführt waren. Infolgedessen konnten einige der Bakterien in ihrem Körper die Behandlung nicht nur überleben, sondern auch resistent gegen die Arzneimittel werden. Um diese gefährliche Entwicklung von vornherein zu verhindern, sollten Antibiotika grundsätzlich so lange eingenommen werden, wie es der Arzt verordnet hat.

Das alles erfuhren wir in einem ausführlichen Gespräch mit Frau S. P., die eigentlich wegen einer Aktivtherapie zur Steigerung von Leistungsvermögen und Lebenskraft in das Schwarzwald Sanatorium Obertal gekommen war und nicht wegen der chronischen Adnexitis. Wir berücksichtigten das bei der umfassenden Anamnese und bei der gründlichen Untersuchung samt laborchemischen Kontrollen des Blutes, dementsprechend legten wir die verschiedenen Maßnahmen für eine ganzheitliche Behandlung fest.

Die Patientin war nicht nur starkem Streß im Beruf ausgesetzt gewesen, sie hatte sich auch sehr einseitig ernährt, mit zuviel Fett und Fleisch, sehr wenig Milch und Milchprodukten, viel zu wenig Obst, Gemüse, Ballaststoffen. Zwangsläufig mangelte es ihr an den wichtigen Mineralstoffen Magnesium und Calcium, an den Spurenelementen Zink und Selen, vor allem an den sogenannten Antioxidantien (siehe S. 99) Pro-Vitamin Beta-Carotin, Vitamin C, Vitamin E, die für das körpereigene Schutzsystem so wichtig sind. Die fehlenden Mikro-Nährstoffe wurden ihr mit den vier Säulen der Vital-Plus-Therapie (siehe S. 195) zugeführt; anfangs in höherer Dosierung, um rasch den Mangel zu beseitigen, später in geringeren Mengen, um keine neuen Lücken entstehen zu lassen.

Diese Mittel für eine Nahrungsoptimierung holt sie sich heute noch regelmäßig mit einer Kombi-Packung des Vital-Plus-Programms aus ihrer Apotheke. Denn trotz aller guten Vorsätze ist ihr eine Umstellung auf eine gesunde, vollwertige Ernährung während der Arbeitswoche nicht möglich. Am Wochenende jedoch, wenn sie endlich etwas Zeit für sich hat, befolgt sie die Empfehlungen, die wir ihr während des Aufenthaltes bei uns gegeben haben. Zu ihrer Kost gehört dann auch ein gewisser Anteil an Frischkost – speziell solche mit Vitalstoffen, welche die Abwehr gegen Infektionen stärken, wie Bromelain in der Ananas, Indole in Kohlgemüse, Senföle in Kresse und Meerrettich.

Die einseitige Ernährung hatte auch dazu geführt, daß die Darmflora aus den nützlichen Bakterien geschädigt war; dagegen wurde sehr erfolgreich eine Symbioselenkung (siehe S. 216) durchgeführt.

Der Immunstatus von Frau S. P. ergab eine Störung der zellulären Abwehr. Sie verfügte nicht nur über eine zu geringe Anzahl von sogenannten T-Helferzellen, diese waren zudem in ihrer Funktion vermindert. Eine immunmodulierende Therapie mit den Thymus-Peptiden des Thymosand® (siehe S. 191) beseitigte dieses Defizit und erreichte darüber hinaus eine Harmonisierung des gesamten zellulären Immunsystems.

Starkes Rauchen war ein weiterer Risikofaktor bei dieser Patientin gewesen; Nikotin verschlechtert auch die Durchblutung der Eileiter und macht sie dadurch anfälliger für Infektionen. Nachdem sie das erfahren hatte, faßte sie endgültig den Entschluß, nicht mehr zu rauchen. Wir bestärkten und unterstützten sie darin durch eingehende Gespräche – und tatsächlich rührte sie keine Zigarette mehr an.

Andauernder, großer Streß bei der Arbeit schwächt ebenfalls die Abwehrkräfte der Frau. Er wirkt sich über Psyche, Nerven- und Hormonsystem negativ auf das Immunsystem aus – das hat die neue Wissenschaft der sogenannten Psycho-Neuro-Endokrino-Immunologie bewiesen. Ein gutes Gegenmittel ist das Autogene Training, das eine aktive, tiefgreifende Entspannung ermöglicht und vor Schäden durch den schlechten Dis-Streß bewahrt. Frau S. P. erlernte diese Methode zur bewußten Selbstentspannung unter fachkundiger Anleitung und nutzt diese noch heute.

Diese ganzheitliche Behandlung wirkte sich wohltuend auf den ganzen Organismus aus. Als Frau S. P. nach drei Wochen das Schwarzwald

Sanatorium Obertal verließ, fühlte sie sich wie ein neuer Mensch. Als sie ein Jahr später wiederkam, um die Immun-Therapie mit Thymus-Peptiden zu wiederholen, berichtete sie ganz begeistert, daß sie zwischenzeitlich nicht wieder an einer Entzündung der Eileiter und Eierstöcke erkrankt war – und nach wie vor eine überzeugte Nichtraucherin ist.

Prophylaxe

So manche Frau könnte sich eine Infektion der Geschlechtsorgane von vornherein ersparen, wenn sie diese Empfehlungen für die richtige Intimpflege und gezielte Vorbeugung beachten würde:

- Falls möglich, zur Intimhygiene morgens und abends ein Bidet mit klarem Wasser bzw. eine Schüssel wie ein Bidet benutzen oder zumindest den Intimbereich zweimal täglich mit warmem Wasser waschen. Nur in Ausnahmefällen, zum Beispiel während der Regelblutung, eine feine, alkalifreie Seife bzw. ein Syndet gebrauchen, die sehr schonend sind. Zum Waschen die bloße Hand benutzen oder einen weichen Lappen bzw. Schwamm, der täglich ausgekocht wird. Nach dem Waschen sehr gründlich abtrocknen. Intim-Sprays, Deodorants, spezielle Waschgels im Bereich der Scheide überhaupt nicht anwenden; auf Scheidenspülungen ganz verzichten.
- Luftdurchlässige Wäsche aus natürlichen Materialien tragen, keine aus synthetischen Fasern und auch keine Slip-Einlagen mit Plastikfolie.
- Immer ein eigenes Handtuch benutzen und es nicht mit anderen teilen; im Schwimmbad erst das Handtuch auf die Bank legen und sich dann daraufsetzen.
- Eine vollwertige Kost essen, mit reichlich Obst und Gemüse, genügend Ballaststoffen, ausgesprochen wenig Zucker.
- Nicht rauchen und wenig Alkohol trinken.
- Auf der Toilette das Papier nur von vorn nach hinten ziehen – niemals in umgekehrter Richtung.
- Regelmäßig die kostenlosen Vorsorgeuntersuchungen für Frauen im Alter ab 20 wahrnehmen.
- Die Sexualpartner nicht häufig wechseln. Wann immer es angebracht erscheint, ein Kondom benutzen. Unmittelbar nach dem Geschlechts-

verkehr auf die Toilette gehen und die Blase entleeren. Vor allem jedoch den Partner richtig auswählen, wofür die amerikanische Gesundheitsbehörde FDA empfiehlt:

Prüfen Sie Ihren Sexualpartner sorgfältig. Wenn Sie einen festen Partner haben, reden Sie mit ihm offen auch über minimale Veränderungen im Intimbereich. Bestehen Sie unbedingt darauf, daß er mit Ihnen zum Arzt geht, falls ein Krankheitsverdacht besteht.

Krebs: Die beste Vorbeugung, die richtige Nachbehandlung

Keine andere Krankheit fürchten die Menschen wohl mehr als Krebs. Allein der Gedanke daran ist bei den meisten noch immer mit Begriffen wie »schicksalhaft«, »unberechenbar«, »tödlich« verbunden. Diese Vorstellungen machen alles nur noch schlimmer. Sie sind schuld an der Resignation, daß man gegen Krebs ja doch nichts tun könne, so daß die Maßnahmen zur Vorbeugung viel zu wenig genutzt werden. Sie führen zu der Angst, daß der Arzt »etwas finden« könnte, so daß die Mehrzahl der Frauen nicht regelmäßig an den Untersuchungen zur Früherkennung teilnimmt.

Dieses Verhalten ist grundlegend falsch. Richtig dagegen ist: *Gegen Krebs kann man sich wehren* – je früher und je konsequenter eine Frau ihre körpereigenen Schutzmechanismen schont und unterstützt, desto erfolgreicher gelingt ihr das. *Gegen Krebs hat jeder eine Chance* – man muß sie jedoch nutzen! Um möglichst vielen Frauen dazu zu verhelfen, geht es auf den folgenden Seiten nicht um den Verlauf und die Behandlung der gynäkologischen Krebserkrankungen von Brust, Gebärmutter, Eierstökken, Geschlechtsorganen, was ohnehin der Frauenärztin/dem Frauenarzt vorbehalten ist. Es geht vielmehr grundsätzlich darum, wie jede Frau das Übel Krebs bereits an den Wurzeln packen kann – indem sie die Ratschläge zur Vorbeugung sowie die Empfehlungen zur Vorsorge befolgt.

Prophylaxe

Eine gesunde Ernährung einhalten!

Das ist die Grundlage aller Maßnahmen der Vorbeugung; immerhin sind, schätzungsweise, 30 bis 40 Prozent aller Krebserkrankungen durch falsche Ernährung mitbedingt. Eine Anti-Krebs-Diät, die allein davor bewahren kann, gibt es nicht, und die vielen vorgeblichen Patentrezepte dieser Art sind äußerst fragwürdig. Sehr viel einfacher in der Durchführung und auch nützlicher für die Gesundheit ist es, den *Speiseplan eines Tages* etwa so zu gestalten.

Morgens: Müsli mit Milch oder Joghurt mit 1,5% Fettgehalt und dazu etwas Obst.
Vor dem Mittag- und Abendessen: Rohkost, am besten in Form von Salat; sie füllt zudem den Magen, so daß man weniger vom Hauptgericht zu essen braucht, um satt zu werden.
Zwischendurch: Obst oder Gemüse essen, wenn der kleine Hunger kommt.
Abends: Früchte wie Tomaten bzw. Gurken aufs Brot legen oder Magerquark bzw. fettarme Käsesorten, von denen es verschiedene Arten gibt.
Zu den Hauptgerichten sollte es weniger Fleisch und Fett geben, statt dessen zweimal in der Woche Eintopf und ebenso oft Fisch. Sehr empfehlenswert ist es, öfter einen Gemüsetag einzulegen: Am Abend zuvor eine Gemüsesuppe kochen, beispielsweise mit Mohrrüben, Brokkoli, Zucchini; morgens etwas und mittags reichlich davon essen; abends einen großen Salatteller.

Nach diesen detaillierten Empfehlungen, die einen Anteil von mehr als 50 Prozent naturbelassener Nahrungsmittel garantieren, noch einige *Grundregeln für die gesunde Ernährung,* die mit ihnen in den Alltag umgesetzt worden sind. Sie tragen nicht nur dazu bei, das Risiko einer Krebserkrankung zu vermindern, sondern auch das von anderen, weitverbreiteten Krankheiten, etwa des Stoffwechsels oder von Herz und Kreislauf.

Frischkost: Täglich mindestens einmal Frischkost essen. Also reichlich Früchte, Salatpflanzen, Wurzelgemüse, Knollen, Nüsse; vorzugsweise Obst und Gemüse der Saison, wie es draußen im Garten wächst und nicht im Treibhaus (weil es dort mit unerwünschten Zusätzen wie Nitraten belastet wird, die wiederum am Entstehen von Magenkrebs beteiligt sein können). Frischkost nicht wässern, sondern nur kurz waschen, danach putzen, zuletzt zerkleinern und sobald wie möglich verzehren, damit die wertvollen Nährstoffe erhalten bleiben.

Warum gerade Obst und Gemüse speziell zur Vorbeugung von Krebs so wertvoll sind, wird erst jetzt allmählich entdeckt: Tomaten, grüne Paprika, Ananas, Erdbeeren, Möhren enthalten nachweislich Substanzen (sogenannte phenolhaltige Fraktionen), die im Magen krebserregende Substanzen (= Karzinogene) unschädlich machen; Brokkoli konnte in Tierversuchen durch seine natürlichen Schutzstoffe (unter anderem Sulforaphan) selbst dann noch die Entstehung und Ausbreitung von Tumoren um die Hälfte verringern, wenn gleichzeitig mit ihm stark wirksame Karzinogene verabreicht wurden; Kresse und Kohl liefern Senföl bzw. Indole mit ebenfalls vorbeugender Wirkung.

Fleisch und Fett: Nicht soviel Fleisch und weniger Fett verzehren. Sowohl ein Zuviel an tierischem Eiweiß als auch an gesättigten Fettsäuren ist ungesund. Fleisch zweimal in der Woche genügt völlig, wobei Steak oder Schnitzel eher die Beilage, Kartoffeln, Gemüse und Salat den Hauptanteil ausmachen sollten. Für den Tagesbedarf an Fett gilt die *Faustregel:* 1 Gramm Fett pro 1 Kilogramm Körpergewicht. Um dieses Limit einzuhalten, ist von Milch und Milchprodukten die Magerstufe zu verzehren und auf die versteckten Fette zu achten, die in Wurst und Schinken, Backwaren und Süßigkeiten enthalten sind. Von den Fetten sind diejenigen zu bevorzugen, die reichlich einfach und mehrfach ungesättigte Fettsäuren enthalten, beispielsweise die Öle aus Sonnenblumen, Maiskeimen, Oliven, Distel, Lein; sind diese zudem »kaltgepreßt« oder »kaltgeschlagen«, sind sie zwar etwas teurer, aber naturbelassen und deshalb ernährungsphysiologisch wertvoller.

Bestimmte Milchsäurebakterien im Joghurt verringern das Risiko, an Magen- und Darmkrebs zu erkranken. Als besonders wirksam haben deutsche Ernährungswissenschaftler die Kulturen vom Stamm Lactobacillus acidophilus erkannt, die vorwiegend im mild gesäuerten Joghurt enthalten sind. Worauf diese Wirkung zurückzuführen ist, blieb noch ungeklärt.

Kohlenhydrate: Mehr komplexe Kohlenhydrate aufnehmen. Sie sind vor allem in Getreide und Vollkornprodukten, Hülsenfrüchten, Kartoffeln, Obst und Gemüse enthalten. Sie sind wertvoller als etwa raffinierter Zucker, der nichts als »leere Kalorien« zuführt, die leicht in Fett umgewandelt werden und sich zum Übergewicht summieren. Dieselben Nahrungsmittel enthalten zudem reichlich Faserstoffe, die der Körper nicht verwerten kann und die deshalb *Ballaststoffe* genannt werden. Dieser Ballast ist jedoch nicht unnütz. Im Gegenteil: Er fördert die Verdauung sowie die Ausscheidung, auch von möglicherweise krebserregenden Substanzen aus dem Darm, und er hält länger satt, weil sein Stoffwechsel sich über eine längere Zeit hinzieht.

Außerdem gehört zu einer gesunden Ernährung: *Angeschimmelte* Lebensmittel wegwerfen, nicht abkratzen und verzehren, weil dieser Schimmel häufig Giftstoffe enthält, die Krebs verursachen können (ausgenommen ist Käse mit seinem Edelschimmel); insbesondere die Leber ist durch darin enthaltene *Aflatoxine* gefährdet. Selten nur Lebensmittel essen, die mit Salz konserviert, gepökelt oder geräuchert sind, wie Speck, Schinken, Räucherfisch, bestimmte Wurstwaren, und auch sonst möglichst wenig Salz verwenden (und wenn, dann das mit einem Zusatz von Jod). Zum Grillen ein Elektrogerät benutzen, keine Hitze von Holzkohle; denn dabei – sowie bei starkem Erhitzen bzw. Bräunen von Fleisch – besteht die Gefahr, daß sogenannte *Benzpyrene* als starke Karzinogene entstehen und mit dem Fleisch verzehrt werden.

Mehr Mikro-Nährstoffe aufnehmen!

Das sind Vitamine, Mineralstoffe, Spurenelemente, und sie sind in dieser Hinsicht besonders wichtig: »Die Vitamine C und E sowie die Vitamin-Vorstufe Beta-Carotin können das Krebsrisiko mindern«, bestätigt sogar die sonst eher zurückhaltende Deutsche Gesellschaft für Ernährung (DGE). Überzeugende Beweise dafür erbrachten mittlerweile viele Studien. In jüngster Zeit kamen zwei weitere Aussagen hinzu, eine gute und eine schlechte.

Zuerst die schlechte: Frauen, die über zuwenig Vitamin A verfügen, haben ein 20 Prozent größeres Risiko, an Brustkrebs zu erkranken; das ergab sich aus der Untersuchung von fast 90 000 Krankenschwestern in Amerika. Und nun die gute: Menschen, die zusätzlich zur Ernährung die Vitamin-Vorstufe Beta-Carotin (auch Pro-Vitamin A genannt, weil im Körper aus ihm das Vitamin A gebildet wird), das Vitamin E, das Spurenelement Selen einnehmen, haben ein um 13 Prozent geringeres Risiko, an Krebs zu erkranken; das ist das Fazit eines Großversuchs in der chinesischen Provinz Linxian, an dem nahezu 30000 Menschen fünf Jahre lang teilnahmen (und der darüber hinaus dazu führte, daß insgesamt 9 Prozent weniger Menschen starben, als dem statistischen Durchschnitt zufolge zu erwarten war).

Auf welche Weise diese Mikro-Nährstoffe den Menschen vor Krebs schützen, ist bekannt: Als *Antioxidantien* verhindern sie, daß *freie Radikale* die Zellen verändern und zerstören. Weil das so ungemein wichtig ist, sollen diese Begriffe hier ausführlicher erklärt werden.

Freie Radikale sind chemische Substanzen, die zwar sehr kurzlebig, aber hochreaktiv sind, so daß sie gefährliche Kettenreaktionen im Körper auslösen. Diese schädigen die Membranen der Zellwände und das Erbmaterial im Zellkern; das führt zum Entstehen von Erkrankungen wie Arteriosklerose, chronische Entzündungen, Altersleiden – und Krebs.

Freie Radikale entstehen ständig im Körper von allen Lebewesen, die ihre Energie mit Hilfe von Sauerstoff gewinnen. Sie werden von ihm auch gebraucht, unter anderem bei der Immunabwehr, wenn Freßzellen (= Phagozyten) eingedrungene Erreger vernichten. Im Übermaß jedoch gefährden sie die Gesundheit, und dazu kommt es immer öfter. Viel zu viele freie Radikale gelangen durch äußere Einflüsse in den Körper bzw. werden infolgedessen in ihm gebildet; dazu gehören Schadstoffe aus der Luft ebenso wie bestimmte Wirkstoffe in Medikamenten, große körperliche Anstrengungen und starker psychischer Streß, radioaktive Strahlen aus der Umwelt und Ultraviolettstrahlung beim Sonnenbad, Rückstände von Schädlingsbekämpfungsstoffen in Nahrungsmitteln, zuviel Ozon in der Atemluft und das Inhalieren von Zigarettenrauch, bei dem mit einem einzigen Zug 10 Billiarden (das ist eine 1 mit 15 Nullen) freie Radikale in den Körper eindringen.

Antioxidantien gehören zu den natürlichen Schutz- und Abwehrmechanismen, mit denen sich der Körper dagegen wehrt. Sie machen freie Radikale unschädlich und schützen Zellbestandteile vor einer Oxidation (daher ihr Name). Die *Vitamine C und E* und die Vitamin-Vorstufe *Beta-Carotin* sind unerläßlich dafür. Jedes von ihnen hat seine spezielle Funktion. Vitamin E als fettlösliches Vitamin schützt die Bestandteile der Zellmembran; Vitamin C ist wasserlöslich, wirkt deshalb hauptsächlich im Inneren der Zelle als Schutz für den Zellkern sowie im wasserreichen

Raum zwischen den Zellen; Beta-Carotin ist im fettreichen Raum zwischen den Zellen aktiv. Außerdem aktiviert Vitamin C verbrauchtes Vitamin E. Das Spurenelement *Selen* ist unverzichtbar für die enzymatische Abwehr der freien Radikale, und zwar als Kern des Enzyms Glutathionperoxidase. Diese Mikro-Nährstoffe werden zu diesem Zweck auch am Schwarzwald Sanatorium Obertal genutzt.

Aus dieser Kenntnis ergibt sich: Nur wenn der Körper über einen genügend großen Bestand an den drei antioxidativen Vitaminen sowie an Selen verfügt, kann er sich bestmöglich vor Schädigungen durch freie Radikale und darüber vor Krebs und anderen Erkrankungen als Folgen dessen schützen. Doch wieviel von ihnen ist genug? Dafür gibt es zwar keine verbindlichen Richtlinien. Sicher aber ist, daß die offiziellen Empfehlungen für die Nährstoffzufuhr viel zu niedrig sind. Sie sind noch immer so knapp bemessen, daß sie bestenfalls einen gravierenden Mangelzustand verhüten können. Sie orientieren sich noch nicht an den neuen Erkenntnissen, daß Mikro-Nährstoffe viel mehr bewirken können – unter anderem Krebs verhindern. Für diese Aufgabe als Antioxidantien sind die Vitamine in weit höheren Dosierungen erforderlich sowie in harmonischen Wechselfunktionen miteinander.

Beispielsweise wurde für das *Beta-Carotin* erstmals überhaupt im Jahre 1992 von der Deutschen Gesellschaft für Ernährung ein Richtwert für die Zufuhr von 2 Milligramm pro Tag festgesetzt. Das ist viel zu wenig, um als Antioxidans bestmöglich wirksam werden zu können. Mindestens 12 Milligramm davon müssen zur Vorbeugung von Krebs aufgenommen werden, fordern Experten; einige von ihnen empfehlen sogar das Doppelte dessen. Um 12 Milligramm Beta-Carotin aufzunehmen, müßte man Tag für Tag 200 Gramm Mohrrüben oder 250 Gramm Grünkohl oder 500 Gramm Brokkoli verzehren. Der gute Vorsatz würde nur über kurze Zeit befolgt, und diese Rechnung würde ohnehin nicht aufgehen. Sie basiert nämlich auf überholten Werten vom Gehalt der Nahrungsmittel an diesem Pro-Vitamin. Bei Tisch werden sie heutzutage nicht erreicht, weil das Gemüse längst nicht mehr soviel von dem Nährstoff enthält, beim langen Transport und während der Lagerung weiter daran verliert, ebenso durch falsche Zubereitung in der Küche. Was dann noch auf den Teller kommt, mag zwar gut schmecken, enthält aber gewiß nicht genügend Beta-Carotin und auch zu wenig andere Mikro-Nährstoffe, um für die Gesundheit von großem Nutzen zu sein.

Was für dieses Pro-Vitamin gilt, trifft im Prinzip auch auf die Vitamine C und E sowie auf das Spurenelement Selen zu.
Fazit dessen: Der Bedarf daran ist – und zwar nicht nur speziell zur Vorbeugung von Krebs – mit Nahrungsmitteln allein nicht sicher zu decken, deshalb muß sehr häufig die Ernährung optimiert werden. Das Präparat Antioxirell® ist bestens geeignet dafür. Es enthält die antioxidativen Vitamine sowie Selen in der richtigen Dosierung und in der natürlichen Kombination, die am besten wirksam ist gegen freie Radikale. Es gehört zum Vital-Plus-Programm (mehr darüber auf S. 195), das am Schwarzwald Sanatorium Obertal entwickelt worden ist; es ist rezeptfrei in allen Apotheken zu haben. Die Empfehlung zur Vorbeugung von Krebs: Regelmäßig eine Kapsel Antioxirell® pro Tag einnehmen, zusätzlich zu der gesunden Ernährung nach den Empfehlungen im vorigen Abschnitt.
Speziell für Frauen ist ein weiteres Vitamin wegen einer besonderen Wirkung von großer Bedeutung. Es ist die *Folsäure,* die zur Gruppe der B-Vitamine gehört. An ihr mangelt es fast allen Frauen in bestimmten Altersgruppen, wie die Nationale Verzehrstudie für Deutschland ergeben hat. Grund dafür ist nicht allein die ungenügende Aufnahme mit den Nahrungsmitteln, sondern auch eine unerwünschte Nebenwirkung der Anti-Baby-Pille. Ihr Östrogen-Hormon hemmt im Darm die Funktion eines Enzyms, so daß zuwenig Folsäure aus den Nahrungsmitteln aufgenommen wird.
Der Mangel daran (siehe auch S. 40) kann eine erhöhte Gefahr bedeuten, an Gebärmutterhalskrebs (= Zervixkarzinom) zu erkranken: Bei einer Infektion mit Humanen Papillomaviren (mehr darüber auf S. 90) steigt das Risiko der Fehlbildung von Zellen (= Dysplasie) um das Fünffache, wenn die betroffene Frau nicht über genügend Folsäure verfügt. Dieser Mangel ist gründlich zu beseitigen und künftig zu verhindern, indem täglich eine viertel bis eine halbe Tablette Folarell® (rezeptfrei, Apotheke) eingenommen wird – als »Pille zur Pille«, die Folsäure in reiner Form enthält.

Normalgewicht halten bzw. wieder erreichen!

Dieser gute Ratschlag ist aus einer gegenteiligen, schlimmen Erfahrung abgeleitet: Frauen, die etwa zehn Kilogramm zuviel wiegen, haben ein eindeutig größeres Risiko, an *Brustkrebs* zu erkranken, als schlanke

Frauen. Der Grund dafür: Je mehr Fettgewebe vorhanden ist, desto mehr Östrogene werden auch in ihm gebildet (= extraglanduläre Östrogensynthese) und desto geringer wird der Bestand an den Eiweißstoffen, die Östrogene binden (= sexualhormonbindende Globuline); zwangsläufig steigt der Spiegel der freien Östrogene im Blut an – und diese fördern das Entstehen von Brustkrebs.

Am besten ist es zwar, ein Übergewicht schon im Mädchenalter zu verhindern. Nicht allein deshalb, weil das leichter fällt als späteres Abspekken, sondern auch aus einem anderen Grund: Je mehr ein Mädchen wiegt, desto eher kommt es zur ersten Regelblutung (= Menarche) – und eine erste Periode vor dem zwölften Lebensjahr ist als ein weiterer Risikofaktor speziell für Brustkrebs bekannt.

Zum Abnehmen aber ist es nie zu spät. Im selben Maß, in dem das Fettgewebe abnimmt, werden die sexualhormonbindenden Globuline mehr und die übermäßigen Östrogene weniger, und es verringert sich das damit verbundene Risiko, an Brustkrebs zu erkranken. Anzustreben ist das Normalgewicht. Die Formel dafür lautet: Körpergröße in Zentimetern minus 100; eine Frau, die 170 Zentimeter groß ist, sollte demzufolge nicht mehr als 70 Kilogramm wiegen.

Mäßig Alkohol trinken!

Regelmäßig getrunken, kann Alkohol das Risiko erhöhen, an Krebs zu erkranken. Es gibt zwar keinen allgemeingültigen Maßstab für diese Gefährdung, aber es ist eine Tatsache, daß bei abstinent lebenden Frauen Krebserkrankungen weniger häufig auftreten. Das ist ein erneuter Anlaß, für einen Genuß in Maßen zu plädieren: 20 Gramm Alkohol pro Tag sind die Grenze des Verträglichen für eine Frau, die gesund bleiben möchte; soviel sind in 0,5 Liter Bier oder 0,25 Liter Wein oder 0,06 Liter Spirituosen enthalten.

Keine Zigaretten rauchen!

Eine falsche Vorstellung von Emanzipation ist ein Grund dafür, daß vor allem junge Frauen zuviel rauchen. Sie setzen sich damit nicht nur – ebenso wie die Männer – der Gefahr aus, an *Krebs der Atmungsorgane* zu erkranken (weshalb Lungenkrebs in diesen Altersgruppen zunehmend häufiger wird). Sie haben auch ein höheres Risiko, *Gebärmutterhalskrebs* (= Zervixkarzinom) zu bekommen als Nichtraucherinnen.

Die Ursache dafür: In dem Schleimpfropf im Gebärmutterhals reichern sich Schadstoffe aus den Zigaretten an. Sie schwächen an dieser Stelle die Natürlichen Killerzellen und Langerhans-Zellen als Abwehrkräfte des Immunsystems. Sie machen dadurch die Frau anfälliger für eine Infektion mit den Humanen Papillomaviren (siehe S. 90), die wiederum zur Entartung von Zellen führen können. Die Folgen dessen nennt die Statistik: Bei drei von vier Frauen, die mehr als 20 Zigaretten pro Tag rauchten, waren diese Erreger nachzuweisen; unter den Patientinnen mit Gebärmutterhalskrebs im Alter über 40 Jahre befinden sich dreimal mehr Raucherinnen als nichtrauchende Frauen. Das sind Zahlen, die nachdenklich machen – und einen letzten Anstoß geben sollten, endlich mit dem Rauchen aufzuhören.

Möglichst jung Kinder kriegen und diese möglichst lange stillen!

Dieser Ratschlag ist gewiß ungewöhnlich, jedoch aus Erfahrung gut: Frauen, die ihr erstes Kind bereits im Alter unter 20 Jahren bekommen und die es mindestens vier Monate lang stillen, haben ein nur halb so großes Risiko, an *Brustkrebs* zu erkranken; bei den Frauen, die erst dann Mutter werden, wenn sie älter als 40 sind, ist es mehr als doppelt so groß, und noch höher bei denen, die kinderlos bleiben.

Sehr wahrscheinlich ist dieser Schutzeffekt indirekt auf hormonelle Umstellungen, bedingt durch eine Unterbrechung des Menstruationszyklus während Schwangerschaft und Stillzeit, sowie auf direkte Veränderungen im Brustgewebe währenddessen zurückzuführen. Die Chance der Vorbeugung durch Stillen nutzen immer mehr Frauen: 60 Prozent der jungen Mütter geben heute dem Säugling so lange wie möglich ausschließlich die Brust (das sind dreimal mehr als vor 20 Jahren). Sie tun das allerdings nicht vorsätzlich für sich selbst, sondern in erster Linie ihrem Kind zuliebe, das mit Muttermilch gesünder heranwächst.

Sie sollten noch eines wissen: Wird ein Kind länger als vier Monate gestillt, sollte die Muttermilch vorsichtshalber auf Schadstoffe aus der Umwelt hin untersucht werden.

Regelmäßig die Vorsorgeuntersuchungen zur Früherkennung von Krebs wahrnehmen!

Es besteht kein Zweifel daran: Je frühzeitiger eine Krebserkrankung erkannt wird, desto erfolgreicher ist sie zu behandeln. *Krebs von Gebärmutterhals und Muttermund* ist unter dieser günstigen Voraussetzung in mehr als 90 Prozent der Fälle heilbar. *Brustkrebs* kann dann viel häufiger derart schonend operiert werden, daß die Brust erhalten bleibt; bei diesem Eingriff wird lediglich der Krebsknoten rings im Gesunden entfernt. Das erspart der Patientin den großen Schock der Amputation bei einer radikalen Mastektomie und erreicht dennoch ein mindestens ebenso gutes Resultat, wie eine Studie in Deutschland ergeben hat: Vier Jahre nach der Behandlung waren 84 Prozent der Patientinnen, die radikal operiert werden mußten, noch immer gesund; von den Frauen nach einer brusterhaltenden Operation waren es sogar 87 Prozent. Voraussetzung für diesen Erfolg – und das soll in diesem Zusammenhang noch einmal betont werden – ist, daß der Brustkrebs so frühzeitig wie möglich erkannt und auch behandelt wird.

Diese Chance wird allen Frauen mit den regelmäßigen, kostenlosen Vorsorgeuntersuchungen geboten; jedoch wird sie, durchschnittlich, nur von jeder dritten wahrgenommen. Allerdings gibt es dabei altersabhängige Unterschiede. Während von den jungen Frauen im Alter unter 35 Jahren mehr als 50 Prozent einmal im Jahr deswegen zum Arzt gehen, wird die Beteiligung mit zunehmendem Alter immer geringer; von den Frauen über 60 läßt sich nicht einmal jede fünfte vorsorglich untersuchen – obgleich im fünften und sechsten Lebensjahrzehnt die Häufigkeit der bösartigen Geschwülste stark zunimmt. Daraus ergibt sich: Gerade die Frauen, die den größten Nutzen davon haben könnten, verzichten leichtfertig darauf, ihn sich zu verschaffen. Weil sie sich vor der Diagnose Krebs fürchten, gehen sie nicht zum Arzt, wenn sie sich noch gesund fühlen, sondern erst dann, wenn die Krankheit bereits so weit fortgeschritten ist, daß sie Symptome zeigt; dann ist nicht nur die Behandlung schwieriger, sondern auch die Prognose ungünstiger.

Die besten Chancen gegen Krebs haben die Frauen, die von jungen Jahren an regelmäßig das *Vorsorgeprogramm* wahrnehmen, und zwar nach diesem *Terminplan* (falls nicht etwa eine familiäre Belastung einen anderen Ablauf nötig macht):

Vom 20. Lebensjahr an einmal in jedem Jahr eine gründliche Untersuchung von Scheide und Muttermund auf Anzeichen von *Gebärmutterhalskrebs*. Dazu gehört ein sogenannter *Abstrich:* Mit feinen Wattestäbchen wird zweimal sanft über die Oberfläche der Schleimhaut gestrichen; einmal über die Portio (das ist der Teil des Gebärmuttermundes, der in die Scheide hineinragt) und noch einmal am Eingang vom Zervixkanal (das ist der Weg, der durch den Gebärmutterhals führt). An ihnen bleiben Zellen hängen, die ständig von den oberen Schichten der Schleimhaut abgestoßen werden. Diese werden auf einer kleinen Glasplatte ausgestrichen, mit einer Mischung aus Äther und Alkohol fixiert und zur sogenannten Zytodiagnostik ins Labor geschickt. Dort werden die Zellen aus dem Abstrich unter dem Mikroskop untersucht und aufgrund bestimmter Veränderungen bewertet nach einem Schema, das von »I« (= unverdächtig, ausschließlich gesunde Zellen) bis »V« (= Verdacht auf Krebs, zahlreiche atypische Zellen) reicht. Das Ergebnis dieser Vorsorgeuntersuchung ist nahezu hundertprozentig sicher, es liegt der Ärztin/dem Arzt etwa eine Woche später vor.

Ab dem 30. Lebensjahr kommt die Suche nach Anzeichen von *Hautkrebs* sowie eine Tastuntersuchung auf *Brustkrebs* hinzu. Im Alter um 35 sollte die Brust zum erstenmal geröntgt werden. Mit dieser sogenannten *Basis-Mammographie* wird der Zustand der gesunden Brust festgehalten und damit eine Grundlage geschaffen für den Vergleich mit späteren Aufnahmen. Die Termine für die folgenden Mammographien: Im Alter zwischen 40 und 50 alle zwei Jahre, im Alter über 50 einmal in jedem Jahr. Häufiger noch kann eine Mammographie erforderlich sein bei den Frauen, die ein deutlich größeres Risiko haben, an Brustkrebs zu erkranken. Das sind vor allem diejenigen, deren Mutter oder Schwester davon betroffen ist (besonders dann, wenn das vor den Wechseljahren der Fall gewesen ist und beide Brüste erkrankt waren), die ein deutliches Übergewicht oder die keine Kinder haben, deren erste Menstruationsblutung schon vor dem zwölften Lebensjahr eintrat und deren letzte erst in den Jahren nach 50 auftrat.

Bei der Mammographie werden zwei Röntgenaufnahmen gemacht, einmal seitlich und einmal von oben; das Gewebe der Brust muß dafür etwas zusammengedrückt werden, was jedoch nicht weh tut; die Strahlenbelastung dabei ist dank der modernen Technik mit Film-Folien-Kombinationen sehr viel geringer als früher und stellt kaum noch ein Risiko dar.

Ab dem 45. Lebensjahr werden Dickdarm und Mastdarm in die Vorsorgeuntersuchungen einbezogen. Mit dem handschuhgeschützten Finger wird von der Ärztin/dem Arzt die normalerweise glatte Schleimhaut des Enddarms auf knotige Veränderungen hin abgetastet. Diese können Anzeichen für *Darmkrebs* sein, es kann sich aber auch um Polypen oder Hämorrhoiden handeln. Bei einem verdächtigen Befund erfolgt deshalb stets eine genaue Abklärung mit Hilfe der *Darmspiegelung:* Bis zu 30 Zentimeter weit wird ein sogenanntes Rektoskop in den Darm eingeführt, durch das sein Zustand nicht nur genau beobachtet werden kann, sondern mit dem auch Gewebeproben von verdächtigen Stellen entnommen werden können.
Zudem erhält jede Patientin ein Testbriefchen mit nach Hause, in das sie an drei aufeinanderfolgenden Tagen jeweils zwei Stuhlproben auftragen und dann dem Arzt zur Auswertung abgeben muß: Hat sich eines der Testfelder eindeutig blau verfärbt, ist in dieser Stuhlprobe okkultes (= mit dem bloßen Auge nicht zu sehendes) Blut enthalten gewesen. Das kann, muß aber nicht, ein erstes faßbares Anzeichen für Darmkrebs sein – das müssen gezielte Untersuchungen klären.

Sorgfältig auf verdächtige Veränderungen achten und bei deren Auftreten möglichst bald eine genaue Diagnose stellen lassen!

Regelmäßige Vorsorgeuntersuchungen, die nur einmal in jedem Jahr stattfinden, müssen durch *sorgfältige Selbstkontrolle* ergänzt werden. Beispielhaft dafür sind die Untersuchungen der Brust durch die Frauen (die auf S. 61 beschrieben sind). Auf diese Weise werden noch immer mehr als 85 Prozent aller Fälle von Brustkrebs durch die Patientinnen selbst entdeckt. Daraus darf allerdings nicht geschlossen werden, daß die Mammographie (siehe Vorseite) überflüssig ist. Mit ihrer Hilfe können kleinere Krebsknoten von weniger als einem Zentimeter Durchmesser erkannt werden, was sehr wichtig ist bei den Frauen mit vielen gutartigen Veränderungen in der Brust (siehe S. 55), und sogar die sogenannten Mikroverkalkungen als Vorstadien von Brustkrebs, die überhaupt noch nicht zu tasten sind.
Jede Frau sollte auch die *wichtigsten Warnzeichen* für die anderen gynäkologischen Krebserkrankungen kennen, um bei deren Auftreten unverzüglich zur Ärztin/zum Arzt zu gehen. Das sind vor allem:

- Veränderungen der Menstruation, zum Beispiel verstärkte oder vermehrte Blutungen (siehe auch S. 179).
- Leichte Blutungen aus der Scheide außerhalb der Periodenblutungen oder nach dem Geschlechtsverkehr oder nach den Wechseljahren.

Alle Chancen der Nachsorge nutzen!

Sollte die Diagnose »Krebs« lauten, so ist das für jede Frau ein Schock. Diese erste Reaktion ist menschlich verständlich, sie sollte jedoch nicht in Hoffnungslosigkeit enden. In der zweiten Phase kommt es darauf an, den Kampf gegen die Krankheit aktiv aufzunehmen. Dazu gehört es, sich nicht nur bei einem Arzt über die bestmögliche Behandlung zu informieren sowie das Krankenhaus zu erfragen, das große Erfahrungen mit dieser Therapie hat. Deren Aussichten auf Erfolg sind besser, als viele Frauen wissen.

Das gilt insbesondere für die gynäkologische Krebserkrankung, die am häufigsten ist: Etwa jede zehnte Frau muß damit rechnen, an *Brustkrebs* zu erkranken; in Deutschland kamen allein im Jahre 1991 mehr als 41 300 Fälle neu hinzu. Das sind zwar mehr als je zuvor, aber die Chance zu überleben ist ebenfalls größer als früher. Das belegt eine Statistik aus Amerika, deren Aussage auch hierzulande gültig ist: Seit den 60er Jahren ist Brustkrebs zwar um 25 Prozent häufiger geworden, es sterben aber nur etwa 5 Prozent mehr Frauen daran. Trotz des erschreckenden Trends ist also die Überlebensrate beträchtlich größer geworden. Das ist auf eine zunehmende Früherkennung (vor allem bei jüngeren Frauen), auf verbesserte Therapien (in bestimmten Fällen mit sogenannten Anti-Hormonen gegen das Östrogen) und auf eine umfassende Nachsorge zurückzuführen.

Nachsorge, das ist gewissermaßen die Behandlung nach der Behandlung. Ihre Aufgabe ist es, die Patientin körperlich und psychisch wieder aufzubauen, so daß die Nachwirkungen der oftmals sehr belastenden Behandlung mit Operation, Chemotherapie und Bestrahlung bestmöglich überwunden sowie die besten Voraussetzungen für eine Gesundung geschaffen werden. Zu den bewährten Maßnahmen gehören zwei Therapien, mit denen wir am Schwarzwald Sanatorium Obertal in der Nachbehandlung die größten Erfahrungen haben – weil sie von uns entwickelt worden sind.

Immun-Therapie mit Thymus-Peptiden (mehr darüber auf S. 191). Durch die Injektionen von Thymosand® erreichen wir vor allem eine

Immunregulation, also eine umfassende Verbesserung der körpereigenen Abwehrkräfte zum Normalen und Gesunden. Im Rahmen dessen wird das geschwächte Immunsystem gezielt gestärkt, so daß es erfolgreicher restliche Krebszellen vernichten und das Entstehen neuer verhindern kann, wodurch ein Rückfall (= Rezidiv) sicherer abzuwenden ist. Darüber hinaus hat Thymosand® eine weitere, wertvolle Wirkung: Die Thymus-Peptide greifen in allgemeine Ordnungsprinzipien des Organismus ein; über Steuerzentren im Gehirn wie Hypothalamus und Hypophyse beeinflussen sie positiv das Hormonsystem und das Nervensystem.

Vital-Plus-Therapie (mehr darüber auf S. 195). Ihr spezifischer Nutzen zur Vorbeugung von Krebs ist bereits beschrieben worden (siehe S. 99). Die besonderen antioxidativen Vitamine und das Spurenelement Selen werden ebenfalls bei der Nachsorge angewendet, um das Immunsystem zu unterstützen und um einem Rezidiv entgegenzuwirken – in einer höheren Dosierung und eventuell mit Zugabe von etwas Vitamin A. Diese Behandlung wird am Schwarzwald Sanatorium Obertal begonnen und – nach den Anweisungen des Arztes – von der Patientin zu Hause fortgesetzt; das ist gut möglich, weil für eine ausreichende Versorgung mit Vitaminen, Mineralstoffen, Spurenelementen die vier Säulen des Vital-Plus-Programms rezeptfrei in allen Apotheken erhältlich sind.

Ernährung. Zur Nachbehandlung von Krebs gehört auch eine *gesunde, vollwertige Ernährung*. Darunter ist keine spezielle Diät zu verstehen, sondern eine ausgewogene Ernährung ohne/mit wenig Fleisch und Zukker, viel Frischkost und vollem Getreide. In ihr sind die Prinzipien verwirklicht, die von der Deutschen Gesellschaft für Ernährung in den »Ernährungsempfehlungen zur Verminderung des Tumorrisikos« postuliert sind:

- Vermeiden von Übergewicht durch Anpassen der Energiezufuhr an den Energiebedarf;
- Senken des Anteils von Fett auf weniger als 30 Prozent der Gesamtenergie;
- mehr Konsum von Lebensmitteln, die reich an Ballaststoffen und komplexen Kohlenhydraten sind;
- optimale Zufuhr von Vitaminen, Mineralstoffen, Spurenelementen;
- weniger geräucherte Lebensmittel und weniger Kochsalz.

Die Nachsorge nach Krebs dauert das Leben lang an. Die Immun-Therapie mit Thymus-Peptiden wird in regelmäßigen Abständen wiederholt, die Vital-Plus-Therapie kontinuierlich weitergeführt. Hinzu kommen die gezielten Untersuchungen, mit denen die Gesundung kontrolliert bzw. ein Rezidiv ausgeschlossen wird; nach Brustkrebs sind sie individuell angepaßt, zumeist jedoch während der folgenden fünf bis sieben Jahre alle sechs Monate, später alle Jahre einmal durchzuführen.

Psychische Unterstützung. Mindestens ebenso wichtig wie die körperliche Betreuung ist die psychische Fürsorge. Ihre Aufgabe ist es, den Frauen dabei zu helfen, ihre seelischen und auch sozialen Probleme zu bewältigen. Die Patientinnen, die eine Brust verloren haben, leiden mehr darunter als die, denen die Gebärmutter entfernt werden mußte. Manche befürchten, ihren Selbstwert als Frau verloren zu haben und ihrem Mann keine vollwertige Partnerin mehr sein zu können. Zu Konflikten mit dem Mann kommt es weniger durch das Fehlen der Brust, sondern viel häufiger durch das Verhalten der Frau ihrem Partner gegenüber; zwingt sie ihn etwa ständig, zu wiederholen, daß ihn das nicht störe, entstehen daraus sicher Störungen. Es ist eine vordringliche Aufgabe der Ärztin/des Arztes, diesen Frauen zu der Einsicht zu verhelfen, daß sie ja derselbe Mensch geblieben sind und nichts von ihrer Persönlichkeit eingebüßt haben, daß man sie um ihrer selbst willen weiterhin lieben wird, daß in der Partnerschaft die Sexualität nicht beeinträchtigt ist und auch andere Punkte nun von größerer Bedeutung sind, daß das Leben nach wie vor schön ist und lebenswert sein wird.

Das hilft den Patientinnen nicht nur, die tiefe Krise nach dem Krebs mit dem Gefühl von Trauer, Minderwertigkeit, Hilflosigkeit rascher und besser zu überwinden, sondern auch gesund zu werden und gesund zu bleiben. Denn anhaltender Kummer und seelischer Schmerz würden ihre körpereigenen Abwehrkräfte schwächen und sie deshalb anfälliger machen für einen Rückfall in die Krankheit.

Eine wichtige Information ist in diesem Zusammenhang von Nutzen: Große Hilfe bei der Bewältigung aller Probleme können Frauen leisten, die dasselbe Schicksal erlitten und gemeistert haben; sie sind zu erreichen über die »Frauenselbsthilfe nach Krebs«, B6, 10/11, 68159 Mannheim.

Nach diesen grundlegenden, wichtigen Erklärungen ein Fall aus der Praxis:

Frau A. R., 43 Jahre, Krankenschwester

Bei ihr waren ein bösartiger Knoten aus der linken Brust sowie einige Lymphknoten aus der Achselhöhle, die zum Glück alle unauffällig gewesen sind, entfernt worden. Weil dieser Brustkrebs hormonsensibel war, konnte er mit einer Hormontherapie behandelt werden. Das bedeutet: Die Krebszellen hatten Empfänger (Rezeptoren) für das Hormon Östrogen, von dem ihr unkontrolliertes Wachstum noch stimuliert wurde; mit speziellen Anti-Östrogenen wurde das Hormon ausgeschaltet und dadurch auch seine Wirkung auf das Tumorgewebe. Diese Therapie war zwar erfolgreich, aber die Patientin hatte unter Hitzewallungen mit Schweißausbrüchen sowie unter leichten Schlafstörungen zu leiden. Sie fühlte sich wie in den Wechseljahren, während deren ebenfalls das Östrogen ausfällt, wenngleich auf natürliche Weise (siehe S. 170). Nach dem Eingriff war ein Lymphödem entstanden und hatte den linken Arm anschwellen lassen; hinzu kamen ein schmerzhaftes Ziehen in der Achselregion sowie Verspannungen im Nacken- und Schulterbereich.

Die behandelnden Ärzte hatten Frau A. R. erklärt, daß alles getan sei, was man für sie tun könne. Damit wollte die Patientin sich nicht zufrieden geben. Die Krankheit war für sie eine Krise gewesen. Ihr war bewußt geworden, wie ungesund sie zuvor gelebt hatte. Sie liebte zwar ihren Beruf sehr, aber die Arbeit war ihr häufig über den Kopf gewachsen; zwangsläufig hatte sie auch zuwenig Zeit gehabt, um sich zu erholen und für sich etwas zu tun. Sie hatte sich entschlossen, von nun an ein neues, gesünderes Leben zu führen. Um die besten Voraussetzungen dafür zu schaffen, wünschte sie sich eine bestmögliche Nachbehandlung. In einem Artikel hatte sie von der ganzheitlichen Therapie am Schwarzwald Sanatorium Obertal gelesen, und deshalb kam sie zu uns.

Der Immunstatus der Patientin war erfreulicherweise recht gut; es bestand nur eine sehr geringe Abwehrschwäche. Wir führten eine immunmodulierende Therapie mit Thymosand® durch, um die Abwehrkräfte zu stützen und zu stärken. Schützende Mikro-Nährstoffe fehlten, da sie schon vor der Operation nicht auf eine vollwertige

Ernährung geachtet und hinterher keinen großen Appetit gehabt hatte. Wir beseitigten diese Mangelzustände und verordneten der Patientin mit dem Präparat Antioxirell® das Pro-Vitamin Beta-Carotin sowie die Vitamine C und E als antioxidative Schutzfaktoren (siehe S. 99) für die Zellen. Zusätzlich erhielt die Patientin individuell angepaßt die Spurenelemente Selen und Zink und den Mineralstoff Magnesium.

Mit *Magnesium* hat es eine besondere Bewandtnis. Es ist nicht nur unentbehrlich für den Stoffwechsel, sondern auch für die Funktion des Nervensystems. Mangelt es an ihm, wird sowohl die Widerstandsfähigkeit gegen Streß als auch die Abwehrkraft des Immunsystems geschwächt; denn Psyche, Nerven, Hormone, Immunsystem wirken sehr eng zusammen und beeinflussen sich gegenseitig, wie die neue Lehre von der Psycho-Neuro-Endokrino-Immunologie bewiesen hat. Leider mangelt es vielen Deutschen nach wie vor an Magnesium, bestätigt aufs neue eine Untersuchung der Universität Gießen.

Der gestaute Arm wurde mit einer Lymphdrainage behandelt, um die Beschwerden zu beseitigen, und gegen die schmerzhaften Verspannungen in Nacken und Schultern wurden Rückenmassagen verordnet; außerdem nahm die Patientin täglich an der Gruppen-Krankengymnastik teil. Am Ende ihres Aufenthalts im Schwarzwald Sanatorium Obertal hatte Frau A. R. keine Schmerzen mehr, und ihre äußere Haltung hatte sich gebessert.

Dasselbe galt für ihre innere Haltung, die wir im Rahmen unserer ganzheitlichen Therapie ebenfalls positiv beeinflussen konnten. In ausführlichen Gesprächen konnten wir der Patientin eine Vorstellung vermitteln von der ihr innewohnenden Kraft und sie dazu anleiten, sich mit folgenden Formeln gewissermaßen selbst Mut zum Gesundwerden zuzusprechen:

»Ich kann ungeahnte Kräfte in mir selbst mobilisieren. Ich bin meiner Erkrankung nicht hilflos ausgeliefert.

Ja, ich habe noch Schmerzen, ich fühle mich noch nicht wohl. Ich habe immer wieder Phasen, in denen ich verzweifelt und unglücklich bin. Doch ich habe die Kraft, das zu überwinden. Ich kann zur Zeit nicht so am Leben teilnehmen, wie es mir idealerweise vorschwebt. Das macht mir zeitweise Angst und Sorgen. Ich fühle mich manchmal alleingelassen, zeitweise ohnmächtig, hoffungslos, einsam.

Aber gerade darum ist es nötig, daß ich alle meine Kräfte mobilisiere. ›Kranksein‹ läßt mir Zeit dazu. Es bleibt mir nichts anderes übrig, als mir diese Zeit zu nehmen.
Ich besinne mich auf mich selbst und auf meine Stärken. Ich kenne meine Schwächen, und ich kann mich trotzdem akzeptieren. Ich nehme Unwichtiges nicht mehr so wichtig.
Ich verlange nichts Unmögliches. Für den Augenblick akzeptiere ich, daß ich krank bin. Aber ich habe Mut und Hoffnung. Ich nehme mir die Zeit, meine Kräfte optimal zu nutzen.«

Frau A. R. hat den Brustkrebs besiegt. Sie ist nicht mehr krank, sie ist wieder ganz gesund geworden.

Migräne: Mehrere Mittel kombinieren, alle Auslöser meiden

Der Migräne haftet nach wie vor das Vorurteil an, die typische Krankheit überspannter Frauen zu sein, unangenehm zwar, aber nicht weiter besorgniserregend. Dagegen verwahrt sich die Deutsche Migräne- und Kopfschmerzgesellschaft: »Zugegeben: Frauen sind etwa viermal so häufig betroffen wie Männer. Das hängt wahrscheinlich mit den hormonellen Unterschieden zwischen den Geschlechtern zusammen ... Der Mythos, diese Kopfschmerzen seien eine ›Frauenkrankheit‹, ist besonders schädlich. Einerseits verhindert er, daß Männer deswegen zum Arzt gehen. Andererseits werden Frauen zu Unrecht stigmatisiert. Die eigentliche Botschaft in dieser Aussage ist nämlich, daß Migräne gar keine Krankheit ist, sondern nur das Zipperlein hysterischer und neurotischer Menschen. Dies macht die Krankheit zu einem moralischen Makel und lenkt von ihrer tatsächlichen Bedeutung ab.«
Migräne ist eine Krankheit, eine sehr schlimme sogar. Sie tritt in Anfällen auf, die einige Stunden bis mehrere Tage lang andauern, die wenige Male

im Jahr oder mehrmals im Monat einsetzen können. Der Schmerz ist überwiegend auf eine Seite des Kopfes begrenzt, wobei in seltenen Fällen die betroffene Seite von Anfall zu Anfall wechseln kann. Der Kopfschmerz beginnt meist in den frühen Morgenstunden oder schon in der Nacht und nimmt allmählich zu, sein Charakter ist pochend oder pulsierend, seine Intensität mäßig bis stark. Er kann von typischen Symptomen begleitet sein, insbesondere von Übelkeit und Erbrechen sowie von einer übermäßigen Empfindlichkeit gegen Licht und Geräusche. In etwa jedem zehnten Fall handelt es sich um eine sogenannte *Migräne mit Aura.* Diese ist mit Sehstörungen oder Kribbeln und Taubheitsgefühl in Armen und Beinen verbunden, die den Kopfschmerzen vorausgehen und sie auch begleiten können.

Migräne ist eine Volkskrankheit. Etwa jeder achte Erwachsene in den Industrieländern leidet darunter, hat eine internationale Studie ergeben; allein in Deutschland sind das mehr als sieben Millionen Menschen. Bei allen ist die *Lebensqualität* wesentlich beeinträchtigt. Während der Attacken besteht ein hoher Leidensdruck durch die Kopfschmerzen und Begleitsymptome sowie ein Gefühl der Hilflosigkeit diesem Leiden gegenüber. Darüber hinaus ist währenddessen das Familienleben durch Ruhehalten und Rücksichtnehmen beeinträchtigt, und die Leistungsfähigkeit ist derart eingeschränkt, daß Arbeit kaum noch oder überhaupt nicht mehr möglich ist. Hinterher kann die Angst vor dem nächsten Anfall die Aktivitäten einengen und dazu führen, daß bestimmte Tätigkeiten gemieden und Termine abgesagt werden.

Zum Arzt gehen dennoch erstaunlich wenige der Menschen mit einer Migräne. Nur etwa jeder dritte Betroffene ist in Behandlung; jeder fünfte war deswegen überhaupt noch nicht beim Arzt, und jeder zweite ist nach einer ersten Konsultation nicht wiedergekommen. Fazit: Die Mehrzahl der Patienten haben wenig Vertrauen in die Möglichkeiten einer Therapie der Migräne.

Frau D.W., 39 Jahre, Postbeamtin

Sie hatte ebenfalls schlechte Erfahrungen gemacht. Seitdem sie vor elf Jahren aus einem Dorf in der Eifel nach Freiburg im Breisgau versetzt worden war, litt sie unter einer Migräne mit allen charakteristischen Symptomen. Anfangs kamen die Attacken in den Tagen vor der Menstruation; sie waren jedoch nicht Teil von einem Prämenstruellen

Syndrom (siehe S. 132). Im weiteren Verlauf traten die Anfälle unabhängig von der Regel auf, sie wurden häufiger und dauerten länger. Die Beschwerden waren unerträglich, das Erbrechen dauerte zwei bis drei Tage lang. Jedesmal wurde Frau D. W. derart geschwächt, daß sie weitere Tage brauchte, um sich von der Erkrankung zu erholen.

Sie war deswegen in Behandlung gewesen. Der Arzt hatte ihr ein Präparat mit Ergotamin verschrieben. Dieses klassische Mittel gegen Migräne wird aus dem Mutterkorn gewonnen und ist in vielen Fällen gut wirksam. Es kann allerdings unerwünschte Wirkungen haben, etwa Durchblutungsstörungen. Anfangs hatte es Frau D. W. gut geholfen, später jedoch klagte sie über kalte Hände und Füße; das Ergotamin mußte deshalb abgesetzt werden. Sie erprobte verschiedene andere Medikamente, keines konnte die Migräne bessern. Selbst das neueste Mittel mit dem Wirkstoff Sumatriptan enttäuschte sie. Während es für viele Patienten eine große Hilfe ist, darf Frau D. W. es nicht anwenden – sie gehört zu den wenigen Menschen, bei denen es Herzbeschwerden verursacht.

Nach einem erneuten schweren Anfall der Migräne wollte sie Nützliches und Angenehmes verbinden: Um sich richtig zu entspannen und gründlich zu erholen und zugleich den Schwarzwald besser kennenzulernen, machte sie Urlaub in einem kleinen Hotel in Baiersbronn. Nach wenigen Tagen dort traf sie bereits wieder eine Attacke. Das Erbrechen war nun so schlimm, daß die resolute Wirtin nicht zögerte und ihren Gast umgehend ins Schwarzwald Sanatorium Obertal brachte.

Die Akutbehandlung erfolgte mit einer bewährten Methode. Zuerst mit einer Infusion, um den Verlust an Flüssigkeit und Elektrolyten durch das Erbrechen auszugleichen. Dann mit intravenösen Injektionen von Acetylsalicylsäure (unter dem Warennamen Aspirin® weltweit bekannt) gegen den Schmerz und von einem sogenannten Antiemetikum (wie Metoclopramid®) oder Domperidon gegen das Erbrechen. Diese Therapie zeigte rasch Wirkung, die Beschwerden besserten sich.

Nachdem der Anfall überstanden war, wurde eine andere Behandlung begonnen mit dem Ziel, Rückfälle der Migräne zu verhindern. Das ist zu erreichen, indem mehrere Methoden der natürlichen Medizin kombiniert werden:

Neuraltherapie (siehe S. 208), um das vegetative Nervensystem und darüber die Regulation der Blutgefäße zu harmonisieren. Das geschieht entweder mit der sogenannten Dornenkranzmethode: Wie ein Dornenkranz werden mehrere Injektionen rund um den Schädel gesetzt. Oder mit individuell angepaßten Injektionen in Austrittspunkte von Nerven im Bereich des Schädels.

Ozon-Sauerstoff-Eigenblut-Infusionen, um die Durchblutung in den kleinen Blutgefäßen (Mikrozirkulation) zu verbessern. Dazu wird etwas Blut der Vene im Ellenbogen entnommen, außerhalb des Körpers mit einem Ozon-Sauerstoff-Gemisch versetzt und sofort danach über dieselbe Vene zurück in den Kreislauf gegeben.

Sauerstoff-Aktiv-Therapie, um den gesamten Organismus wieder leistungsfähiger zu machen. Dabei wird etwa 15 Minuten lang über eine Maske ein Gemisch eingeatmet, das viel mehr Sauerstoff enthält als die normale Luft, und zugleich wird der Körper durch Treten auf einem Fahrradergometer belastet.

Thymus-Peptide im Thymosand® (siehe S. 191) zur allgemeinen Stärkung der körpereigenen Abwehr- und Ordnungskräfte.

Autogenes Training, um Streß besser bewältigen und ihn somit als Auslöser von Attacken der Migräne ausschalten zu können. Diese Methode zur aktiven, tiefgreifenden Entspannung kann im Schwarzwald Sanatorium Obertal erlernt werden; zur Unterstützung gibt es die Tonbandkassette »Aus der Ruhe kommt die Kraft«.

Die Vital-Plus-Therapie (siehe S. 195) kam in diesem Fall noch hinzu. Denn die laborchemischen Kontrollen hatten bei Frau D.W. einen erheblichen Mangel an Magnesium ergeben; infolgedessen kann die Regulation der Blutgefäße auch im Kopf gestört und das Risiko für Anfälle der Migräne erhöht sein. Das Defizit an diesem Mineralstoff wurde mit Präparaten rasch ausgeglichen; anfangs mit Injektionen, später durch orale Gaben. Der Patientin wurde empfohlen, künftig zweimal täglich jeweils einen Beutel Minerell® einzunehmen, um sowohl den Bedarf an Magnesium als auch an den anderen Bio-Elementen Calcium und Kalium sicher zu decken.

Nach drei Wochen wurde Frau D.W. entlassen. Nach fünf Wochen meldete sie sich telefonisch bei uns – überglücklich, da sie zwischenzeitlich keinen weiteren Anfall von Migräne erlitten hatte.

Ursachen

Migräne könnte sicher noch einfacher behandelt werden, wenn mehr über ihre Ursachen bekannt wäre. Bis heute ist nicht einmal genau zu erklären, warum viermal mehr Frauen darunter zu leiden haben. Es besteht ganz eindeutig ein Zusammenhang mit den weiblichen Sexualhormonen, insbesondere mit dem Östrogen. Dafür sprechen Tatsachen: In der Kindheit sind Mädchen und Jungen gleich häufig betroffen; mit der Pubertät, wenn die Sexualhormone wirksam zu werden beginnen, nimmt die Zahl der betroffenen Frauen stark zu, die der Männer ändert sich nicht; nach der Menopause, wenn die Wirkung der Sexualhormone nachläßt, werden die Anfälle von Migräne bei so manchen Frauen seltener und schwächer oder bleiben sogar ganz aus.

Bis heute sind auch die eigentlichen Ursachen der Migräne nicht eindeutig geklärt. Als sicher gilt, daß mehrere Faktoren an diesem Krankheitsgeschehen beteiligt sind: Eine angeborene Veranlagung; eine Störung von bestimmten Botenstoffen (Neurotransmitter) im Gehirn, vor allem des sogenannten Serotonins; eine Reihe von Auslösern (Triggerfaktoren), auf die noch eingegangen wird. Treffen diese Faktoren zusammen, kommt es zu einem Anfall der Migräne. Sehr wahrscheinlich geht er von Blutgefäßen im Kopf aus, und zwar in drei Phasen:

In der ersten Phase verengen sich Arterien. Das allein macht noch keine Schmerzen. Manche der Betroffenen sind in dieser Prodromalphase sogar sehr aktiv, geradezu aufgekratzt, und fühlen sich sehr wohl. Andere dagegen sind reizbar und verstimmt, fühlen sich abgeschlagen.

In der zweiten Phase erweitern sich die eben noch verengten Blutgefäße, und mehr Blut pulsiert in ihnen; prompt setzen die pochenden Kopfschmerzen ein.

In der dritten Phase quillt die Wand der Arterien auf, sie drückt nun auf Nerven und verursacht einen dumpfen, längerandauernden Schmerz. Erst wenn diese *Ödemphase* vorüber ist, vergehen die Beschwerden – bis zum nächsten Anfall.

Prophylaxe

Aus diesem Krankheitsgeschehen ergibt sich eine Möglichkeit zur Vorbeugung der Migräne: Der nächste Anfall könnte verhindert werden, indem sein Auslöser gemieden oder beseitigt wird. Weil viele der Betroffenen diesen selbst nicht kennen, sollten sie ein spezielles *Kopfschmerzen-Tagebuch* führen, in das sie alles eintragen, was sie essen und trinken, was an Besonderem in der Familie und bei der Arbeit geschieht, welche Veränderungen sie an sich feststellen, wann die Migräne auftritt, wie sie verläuft und wie lange sie dauert.
Häufige Auslöser der Migräne und bewährte Gegenmittel sind:

Schwankungen des Hormonspiegels im Menstruationszyklus. Bei dieser *menstruellen Migräne* treten die Anfälle regelmäßig vor oder zu Beginn der Periode auf. Sie sind zu verhindern, indem vom dritten Tag davor bis zum vierten Tag danach ein Spezial-Pflaster (Estraderm TTS®) getragen wird, aus dem Östrogen durch die Haut hindurch in den Körper gelangt. Bei manchen Frauen bessert sich die Migräne auch, wenn sie die Anti-Baby-Pille anwenden; es wird sogar empfohlen, das ohne Pause über drei Monate hinweg zu tun. Allerdings ist auf diese Wirkung kein Verlaß. Im Gegenteil: Es gibt Frauen, bei denen sich eine bereits bestehende Migräne verschlechtert, und solche, bei denen die Anfälle überhaupt erst beginnen, wenn sie die Pille nehmen. Dauern diese noch nach drei Zyklen an, sollte entweder auf ein Präparat mit einem geringeren Hormongehalt umgestellt oder – besser noch – eine ganz andere Methode zur Empfängnisverhütung angewendet werden.
Alkohol. Es sind zumeist nicht die Promille, die Migräne auslösen, sondern gewisse Zusatzstoffe in den Getränken. So können Bier und Schnaps gut verträglich sein, während vor allem Rotwein wegen der Folgewirkung gefürchtet ist. Die Auslöser in ihm sind Farbstoffe aus den Trauben, sogenannte Flavonoide, von denen er sehr viel mehr enthält als Weißwein, der deshalb in dieser Hinsicht bekömmlicher ist. Wer derart empfindlich reagiert, der sollte zumindest Rotwein gänzlich meiden und ohnehin wenig Alkohol trinken.
Nahrungsmittel. Es sind ganz bestimmte Inhaltsstoffe, welche die Durchblutung im Kopf empfindlich stören können, und die dann vom Speisezettel gestrichen werden sollten: Tyramin und Phenylethylamin in

reifem Käse, Schokolade, geräuchertem Fleisch, Zitrusfrüchten, Hering, Senf; Natriumnitrit in Frankfurter Würstchen; Natriumglutamat in Sojasauce und damit in vielen chinesischen Gerichten. Wer anfällig für Migräne ist, der sollte zudem regelmäßig essen, über den Tag verteilt fünf bis sechs kleinere Portionen; auf diese Weise ist ein allzu großer Abfall des Blutzuckerspiegels zu verhindern, der ebenfalls einen Anfall auslösen kann.

Streß, wobei es individuell sehr verschieden ist, welche äußere Belastung die Migräne auslösen kann. Bei manchen Menschen genügt grelles Licht oder ein unangenehmer Geruch, bei anderen ist es ein Wetterumschlag oder ungewohnte körperliche Arbeit, bei weiteren zuwenig Schlaf oder sogar ein Zuviel an Entspannung. So hat die *Wochenend-Migräne* ihre wichtigste Ursache im Wegfall der beruflichen Belastung und vergeht deshalb von selbst, wenn am Montag die Arbeit wieder beginnt. Ein weiterer Auslöser soll der Koffeinentzug sein, wenn am Wochende viel weniger Kaffee getrunken wird als während der Arbeitstage. Sind auch diese Triggerfaktoren bekannt, können sie gemieden und kann dadurch ein Anfall vermieden werden.

Darüber hinaus gibt es weitere Möglichkeiten im täglichen Leben, der Migräne vorzubeugen:

- Durch eine bedachte Planung des Tages und einen gleichmäßigen Ablauf der Arbeit, mit Wechsel zwischen Belastung und Entspannung, mit Ausgleichsbeschäftigungen am Feierabend, während des Wochenendes und Urlaubs – ein Hobby zu haben, ist sehr viel gesünder als gar nichts zu tun.
- Durch eine vollwertige Ernährung mit einem höheren Anteil an Frischkost (siehe S. 96) – vor allem abends maßvoll essen und wenig trinken.
- Durch ausreichenden Schlaf, wobei der gewohnte Schlaf-Wach-Rhythmus auch am Wochenende einzuhalten ist – wer am Sonntag viel länger im Bett bleibt, der riskiert einen Anfall.
- Durch regelmäßiges körperliches Training, drei- bis viermal pro Woche jeweils 20 bis 30 Minuten lang beim Laufen, Radfahren, Schwimmen – Gehen mit flottem Schritt genügt auch.
- Durch Maßnahmen zur Entspannung, mit deren Hilfe sich Streß besser bewältigen läßt – durch Autogenes Training.

Gegenmaßnahmen

Aus Erfahrung sind alle genannten Maßnahmen gut geeignet zur Vorbeugung der Migräne. Eine Garantie für Gesundheit sind sie natürlich nicht. Deswegen sollte jeder Betroffene wissen, was bei einem neuerlichen Anfall zu tun ist, um die Kopfschmerzen und Begleitsymptome noch abwenden zu können oder sie zumindest erträglicher zu machen.

- Bereits beim Auftreten von Vorzeichen die Medikamente einnehmen. Zuerst das Mittel gegen Übelkeit und Erbrechen, 15 bis 20 Minuten später das Schmerzmittel. Zäpfchen oder Brausetabletten sind zu bevorzugen, weil sie schneller zur Wirkung gelangen als Tabletten und zudem den empfindlichen Magen schonen.
- Spätestens beim Einsetzen der charakteristischen Symptome sich in ein ruhiges, abgedunkeltes Zimmer zurückziehen und hinlegen, gleichmäßig atmen und – so man kann – aktiv entspannen mit Hilfe des Autogenen Trainings.
- Hausmittel gegen Migräne nutzen: Eine Tasse starken Kaffee mit dem Saft einer halben Zitrone trinken. Kohlenhydratreiche Nahrungsmittel (wie Kekse, Kuchen, trockene Semmel) essen, falls man Appetit darauf hat. Mit den Fingerspitzen auf die große Arterie in der Schläfe (Arteria temporalis) drücken. Einen Eisbeutel auf die Stirn legen – jeweils eine halbe bis eine Minute lang, dazwischen zwei bis drei Minuten Pause, insgesamt vier- bis fünfmal; verwendet werden können spezielle Gel-Packungen aus Kunststoff, die im Kühlschrank zu lagern sind, oder auch kleingestoßene Eiswürfel aus dem Tiefkühlfach, die in eine kleine Plastiktüte gesteckt werden.
- Nach häufig auftretenden, sehr schweren Anfällen eventuell vorbeugend Mittel anwenden, damit diese künftig nicht mehr so oft kommen und nicht mehr so quälend sind. Mitunter ist das durch regelmäßige Einnahme von Magnesium zu erreichen. Genügt das nicht, kann der Arzt individuell ein Medikament zur Prophylaxe verschreiben; beispielsweise die sogenannten Beta-Blocker, die eigentlich für die Behandlung von Bluthochdruck und von kranken Herzen bestimmt sind, aber auch gegen Migräne gute Erfolge erreichen können.

Myome: Behandeln nur bei Beschwerden

Wer diese Zahl zum ersten Mal vernimmt, der ist zu Recht erschrocken: Etwa jede vierte Frau im Alter über 35 Jahren hat einen Tumor im Unterleib. Wer mehr darüber weiß, der kann beruhigt sein: Diese Geschwülste, um die es in diesem Kapitel geht, sind in aller Regel gutartig und meist sehr klein und bereiten in sehr vielen Fällen überhaupt keine Beschwerden, so daß sie eher zufällig bei gynäkologischen Untersuchungen entdeckt werden. Und wenn sie erkannt sind, dann werden sie nicht unbedingt mit einer Operation entfernt. Das war früher üblich; heute neigt man dazu, den weiteren Verlauf der Veränderung bei regelmäßigen Nachuntersuchungen mit Hilfe modernster Technik wie Ultraschall zu kontrollieren und nur dann einzugreifen, wenn das wirklich erforderlich geworden ist. Auch das ist eine sanfte Medizin!

Diese Tumoren heißen Myome. Es sind gutartige Geschwülste der Gebärmutter, die überwiegend aus Muskelfasern sowie aus etwas Bindegewebe bestehen, und es sind die weitaus häufigsten Tumoren der Geschlechtsorgane überhaupt. Warum sie entstehen, ist noch nicht geklärt. Sehr wahrscheinlich wirken mehrere Faktoren zusammen, die normale Muskelzellen der Gebärmutter unmäßig wachsen lassen. Zu ihnen gehört eine gewisse Veranlagung, die als »erhöhte Wachstumspotenz« bezeichnet wird; es könnte sich dabei um ein Freiwerden von Wachstumsenergie handeln, die normalerweise für die Schwangerschaft bereitgestellt ist, vermuten Gynäkologen. Von großer Bedeutung ist ein relatives Überwiegen der Wirkung der Östrogen-Hormone im Körper der Frau; dafür sprechen die Tatsachen, daß bei Kindern noch keine Myome entstehen, weil ihre Eierstöcke ja auch noch keine Hormone produzieren, und daß bei Frauen nach den Wechseljahren keine neuen hinzukommen; im Gegenteil: Weil dann die Östrogene aus den Eierstöcken immer weniger werden, können sich die gutartigen Geschwülste in der Gebärmutter verkleinern und sich buchstäblich gesundschrumpfen.

Erscheinungsformen

Alle Myome können an jeder Stelle in der Muskelwand der Gebärmutter entstehen. Sie können dort verbleiben (= *intramurale Myome*), nach außen (= *subseröse Myome*) wachsen oder nach innen in die Gebärmutterhöhle (= *submuköse Myome*), sich an den Seiten der Gebärmutter entwickeln (= *intraligamentäre Myome*) oder im Muttermund sitzen (= *zervikale Myome*). Myome können so klein wie ein Stecknadelkopf bleiben, jedoch auch größer als ein Apfel werden und schlimmstenfalls den Bauchraum nahezu ausfüllen, was glücklicherweise sehr selten ist. Ihr Gewebe kann sich zwar verändern, nämlich erweichen bzw. verhärten, aber bösartig werden Myome sehr selten: Nur bei vier von 1000 Patientinnen entsteht eine Krebsgeschwulst daraus.

Bei jeder fünften der betroffenen Frauen werden die Myome niemals irgendwelche Beschwerden bereiten; für sie besteht wirklich kein Grund zur Beunruhigung. Je größer allerdings die an sich gutartigen Geschwülste heranwachsen, desto wahrscheinlicher werden sie Symptome verursachen. Das sind vor allem Blutungsstörungen (siehe auch S. 182): Übermäßig starke Menstruationsblutungen (= Hypermenorrhoe), weil sich die Gebärmutterwand nicht mehr kräftig genug zusammenziehen kann, um die Schleimhaut abzustoßen; verstärkte und auch verlängerte Blutungen (= Menorrhagie), weil der Wiederaufbau der Schleimhautschicht länger dauert; seltener längere Zwischenblutungen (= Metrorrhagie) durch kleine Verletzungen der Schleimhautschicht. Kommt es dabei zu starken Blutverlusten, kann eine Anämie (siehe S. 30) die Folge sein.

Drücken Myome auf Blase oder Darm, können sie häufigeren Harndrang bzw. eine Verstopfung verursachen. Kreuzschmerzen sind ebenso eine mögliche Folge wie Ischiasbeschwerden – falls diese lange andauern und der Neurologe keine Ursache dafür findet, sollte die Patientin sich von einer Frauenärztin/einem Frauenarzt gynäkologisch untersuchen lassen. Heftige, wehenartige Schmerzen wie bei einer Dysmenorrhoe (siehe S. 63) können durch ein Myom während der Menstruationsblutung ausgelöst werden oder durch unkoordinierte Muskelkontraktionen der Gebärmutter.

Behandlung

Werden Myome sehr groß oder bestehen bereits derartige Beschwerden, ist es Zeit zum Handeln. Dafür gibt es zwei Möglichkeiten.

Therapie mit Anti-Hormonen, die sich gegen das relative Überwiegen der Wirkung der Östrogene richten. Sie müssen für ein halbes Jahr alle vier Wochen injiziert werden. Mit ihnen ist zwar eine Verkleinerung der Geschwülste um mehr als die Hälfte zu erreichen; weil sie aber künstlich einen gleichen Zustand wie im Klimakterium schaffen, treten während der Behandlung auch Wechseljahrsbeschwerden (siehe S. 170) auf.

Eine Operation, bei der die Myome gänzlich entfernt werden. Bestenfalls ist das mittels der sogenannten Laparoskopie (= Bauchspiegelung) möglich; bei dieser Methode genügen mehrere kleine Einschnitte durch die Bauchdecke, um kleine Instrumente zur Beobachtung und zum Herausschälen der Myome einzuführen, was die Patientin wesentlich weniger belastet. Anderenfalls kann von der Scheide aus operiert werden, oder die Bauchwand muß oberhalb der Blase aufgeschnitten und in vielen Fällen die ganze Gebärmutter samt der Myome entfernt werden (= Hysterektomie).

Dieser radikale Eingriff ist natürlich eine große Belastung für die Frau. Sie sollte sich jedoch nicht einreden lassen, daß ihr nun etwas fehlt; zumal dann nicht, wenn sie ohnehin keine Kinder mehr haben will. Sie sollte positiv darüber denken, so wie es viele Frauen in derselben Situation tun, weil sie sich nun freier fühlen; sie sind tatsächlich frei von den regelmäßigen Belastungen während der Menstruation und auch frei von der Angst vor einer Krebserkrankung dieses Organs. Und außerdem: Eine Frau bleibt eine Frau – auch ohne Gebärmutter. Denn die Eierstöcke bleiben ja erhalten, und sie sind es, die ganz überwiegend die typisch weiblichen Sexualhormone produzieren.

Es gibt noch einen weiteren Grund, der Anlaß zur Therapie der Myome sein sollte. Er besteht bei den Frauen, die selbst die gutartigen Geschwülste in der Gebärmutter als eine ständige Bedrohung ihrer Gesundheit empfinden. Durch dieses andauernde negative Gefühl wird nicht nur das psychische Wohlbefinden wesentlich beeinträchtigt; es kann auch zu einer verminderten Durchblutung im Unterleib führen, infolgedessen zu einer örtlichen Abwehrschwäche des Immunsystems und darüber zu einer erhöhten Anfälligkeit für Zellschäden und für Infektionen (siehe auch S. 84). In diesen Fällen genügt es nicht, etwa den Patientinnen zu sagen, sie sollten sich »nicht verrückt machen«. Falls diese Angst nicht durch aufklärende Gespräche genommen werden kann, ist es wirklich besser, bei ihnen die Myome als Wurzel des Übels zu entfernen.

Noch eine gute Nachricht: Frauen, die Myome haben bzw. hatten, kommen etwa fünf Jahre später ins Klimakterium (siehe S. 170), bleiben also körperlich etwas länger jünger. Das ist eine Tatsache aus der ärztlichen Erfahrung, eine wissenschaftliche Erklärung gibt es auch dafür noch nicht.

Osteoporose: Fünf Faktoren stärken die Knochen

Ob eine Frau in Gefahr ist, nach den Wecheljahren an den Folgen einer Osteoporose zu leiden, ist ihr bereits in die Wiege gelegt. Ein einziges von den schätzungsweise 100 000 Genen ihres gesamten Erbmaterials ist von entscheidender Bedeutung dafür. Es ist verantwortlich für die Ausbildung der sogenannten Vitamin-D-Rezeptoren in der Membran der Knochenzellen. An diese spezifischen Empfänger bindet sich das Vitamin D und wirkt dort wie ein Hormon als Botenstoff: Es veranlaßt die Zelle, den Mineralstoff Calcium aufzunehmen und daraus Knochensubstanz aufzubauen.

Australische Wissenschaftler haben eine kleine Variante dieses Gens entdeckt, die von großer Bedeutung für die Gesundheit ist: Frauen mit dem *Genotyp bb* haben bis ins hohe Alter relativ feste Knochen, während beim *Genotyp BB* nach den Wechseljahren die Knochen viel rascher an Substanz verlieren. Das ist die Erklärung für die Tatsache, daß zwar alle Frauen in das Klimakterium kommen, aber danach nur jede dritte bis vierte an einer Osteoporose erkrankt.

Zur Zeit ist man bemüht, diese grundlegende Erkenntnis in die ärztliche Praxis umzusetzen. Es wird ein spezieller *Gentest* entwickelt, mit dem die derart gefährdeten Frauen bereits in jungen Jahren erkannt werden

können. Dann wäre es ihnen möglich, ganz gezielt und frühzeitig schon dem »Knochenschwund« vorzubeugen. Übrigens: Für eine genetische Vorprogrammierung spricht auch die Erfahrung, daß farbige Frauen so gut wie nie an Osteoporose erkranken.
Solange dieser Test noch nicht verfügbar ist, sollten alle Frauen sich bemühen, ihre Knochen möglichst lange fest und stark zu erhalten; denn keine von ihnen kann wissen, ob nicht auch sie die Erbanlage für das Entstehen der Osteoporose in sich trägt. Die besten Mittel und Methoden dafür werden hier genannt; zuvor jedoch grundsätzliche Informationen für ein besseres Verständnis dieser Vorbeugung (ausführlicher noch ist alles Wissenswerte über Osteoporose in dem Buch »Aufrecht durchs Leben« beschrieben).

Erscheinungsformen

Osteoporose ist »eine Krankheit, die durch Verlust von Knochenmasse, -struktur und -funktion charakterisiert ist. Sie prädisponiert zu Frakturen und Skelettverformungen mit den Folgen chronischer Schmerzen und Bewegungseinschränkungen. Im Verlaufe der Krankheit treten überwiegend Wirbelkörper- und/oder Extremitätenfrakturen auf«. So präzise haben das deutsche Experten in dem sogenannten Consensus-Papier von Bad Pyrmont definiert. Von den etwa sieben Millionen Betroffenen in Deutschland sind mehr als 90 Prozent Frauen. Einer der wichtigsten Gründe dafür ist ein Mangel an den typisch weiblichen Geschlechtshormonen. In den Wechseljahren erlöschen langsam die Funktionen der Eierstöcke (= Ovarien), und sie produzieren von nun an immer weniger Östrogene. Das hat auch Folgen für den Knochenbau. Es wird im Darm weniger Calcium aus den Nahrungsmitteln aufgenommen, zudem wird mehr von dem Mineralstoff aus den Knochen ausgelagert und mit dem Harn ausgeschieden. Bei den Frauen mit der entsprechenden Erbanlage wird noch mehr Knochenmasse abgebaut als bei der natürlichen Alters-Osteoporose; binnen fünf Jahren kommt es zu einem Verlust von zehn Prozent und mehr. So entsteht eine krankhafte *postmenopausale Osteoporose*.
Männer sind von Natur aus mehr geschützt davor. Sie haben nicht nur ohnehin stärkere Knochen, in denen etwa 50 Prozent mehr Calcium eingelagert ist; sie erleben auch keine Wechseljahre im eigentlichen

Sinne, weil ihr Geschlechtshormon Testosteron bis ins hohe Alter produziert wird. Sollten sie dennoch an Knochenschwund erkranken, handelt es sich in der Mehrzahl der Fälle um eine *sekundäre Osteoporose* als Folge anderer Faktoren wie Langzeitbehandlung mit Cortison, Mißbrauch von Alkohol und Nikotin, Leber- oder Darmerkrankungen, Mangel an Calcium und an Bewegung.

Der Knochenschwund nach den Wechseljahren betrifft zuerst das mehr schwammartig aufgebaute Knocheninnere, und es kommt insbesondere zu Einbrüchen der Wirbelkörper. Später erfaßt er auch die kompakten Röhrchenknochen der Gliedmaßen, vor allem die der Oberschenkel. Die derart veränderten Knochen behalten zwar ihre äußere Form, aber ihre innerer Struktur wird derart morsch und wabenartig spröde, daß sie bereits bei geringer Belastung brechen können. Geschieht das mit dem Oberschenkel, kann das sogar zum Tode führen: Von den etwa 65 000 Betroffenen in jedem Jahr in Deutschland sterben innerhalb von sechs Monaten bis zu 20 Prozent an Komplikationen wie Lungenentzündung (= Pneumonie), und jeder zweite kann sich nach dem Oberschenkelhalsbruch nur noch mit Hilfe von Krücken fortbewegen. Die Veränderungen der Wirbelkörper führen zu chronischen Rückenschmerzen, zur Verkrümmung der Wirbelsäule, verbunden mit Abnahme der Körpergröße um bis zu 18 Zentimeter, und zu Wirbelbrüchen. Sind mehrere Wirbel gebrochen, ist die betroffene Frau gezwungen, weit vornübergebeugt zu gehen – was mit dem häßlichen Wort »Witwenbuckel« bezeichnet wird. Die Angst, durch Wirbelbrüche eine Querschnittslähmung zu erleiden, ist glücklicherweise fast immer unbegründet: Der Rückenmarkskanal sowie die Öffnungen, durch welche die Nerven vom Rückenmark austreten, bleiben in diesen Fällen weitgehend erhalten; auch die Nerven selbst werden nur selten geschädigt.

Prophylaxe

Der Verlauf der Osteoporose ist nicht schicksalhaft, Vorbeugung bietet eine große Chance gegen diese häufigste Veränderung der Knochen. Würden alle Maßnahmen konsequent genutzt, schätzen Fachleute, würden etwa 60 Prozent weniger Frauen nach den Wechseljahren daran erkranken. Um diesen Nutzen bestmöglich zu erreichen, sind zwei Voraussetzungen zu beachten.

Zum einen ist Vorbeugung besonders wichtig für jene Frauen, die erfahrungsgemäß ein größeres Risiko für Osteoporose haben als andere. Das sind die Frauen, in deren Familie bereits Fälle von Knochenschwund aufgetreten sind, die eine sehr schlanke Figur und eine auffallend helle Haut haben, bei denen die Pubertät erst relativ spät begonnen hat. Solange der entsprechende Gentest noch fehlt, müssen die bedrohten Frauen anhand dieser Risikofaktoren erkannt werden.
Zum anderen muß die Vorbeugung gegen Osteoporose bereits in jungen Jahren beginnen. Denn in der Kindheit und Jugend wird die Knochenmasse fürs spätere Leben aufgebaut, dann wird am meisten Calcium aus der Nahrung aufgenommen und in die Knochen eingebaut. Bereits im Alter von 30 Jahren ist das Maximum an Knochendichte erreicht, und ab 40 beginnen altersbedingte Veränderungen des Skeletts. Von nun an wird zwar bei allen Menschen mehr Knochenmasse abgebaut als aufgebaut, aber bei denen mit der entsprechenden Erbanlage mehr als bei allen anderen. In jedem Fall jedoch sollte versucht werden, den Abbau möglichst gering zu halten und möglichst viel von der Knochenmasse zu erhalten. Bewährte Maßnahmen zur Vorbeugung der Osteoporose sind:

Ausreichend Calcium! Junge Menschen benötigen täglich mindestens 1000 bis 1200 Milligramm von diesem Mineralstoff, ältere nach den Wechseljahren sogar 1200 bis 1500 Milligramm, weil bei ihnen im Darm weniger davon aufgenommen, mehr ungenutzt ausgeschieden wird. Gerade die Menschen, die Calcium als Baumaterial für die Knochen am nötigsten haben, erhalten zuwenig davon: 70 Prozent der jungen Frauen im Alter zwischen 15 und 35 Jahren nehmen nicht die empfohlene Tagesdosis zu sich, hat eine Untersuchung in Deutschland ergeben. Ein Grund für dieses Defizit ist die Sorge um die schlanke Figur: Weil insgesamt weniger Kalorien aufgenommen werden, erhält der Körper zwangsläufig nicht genügend von diesem Mineralstoff. 1 Liter Vollmilch enthält etwa 1200 Milligramm Calcium, leider auch 660 Kalorien; günstiger sind fettarme Milchprodukte.
Milch und Milchprodukte sind die wichtigsten Calciumlieferanten, weshalb mehr fettarme Milch getrunken, mehr fettarmer Käse und Joghurt gegessen werden sollten (die unverändert viel vom Mineralstoff enthalten). Gute Quellen dafür sind auch Kresse, Brokkoli, Sojabohnen, Spinat, Grünkohl, Haselnüsse, Mandeln, Haferflocken, Bohnen. Ganz ohne Kalo-

rien kann Calcium mit speziellen Präparaten aufgenommen werden, die rezeptfrei in allen Apotheken erhältlich sind. Dazu gehört das Minerell®, das am Schwarzwald Sanatorium Obertal mit dem Vital-Plus-Programm (mehr darüber auf S. 195) entwickelt worden ist und hier auch im Rahmen der Fünf-Faktoren-Therapie (darüber gleich mehr) angewendet wird. Zur Vorbeugung von Osteoporose würde es genügen, von jungen Jahren an ausreichend Calcium mit einer gesunden Ernährung aufzunehmen; weil das kaum geschieht, sollte täglich das Calcium aus zwei Beuteln Minerell® eingenommen werden, um die Versorgung zu sichern.

Bewußte Ernährung! Dazu gehört es, den Verzehr bestimmter Nahrungsmittel einzuschränken, weil sie die Aufnahme von Calcium behindern bzw. dessen Ausscheidung vermehren. Spinat, Rhabarber, Tomaten, Paprika und auch Weizenkleie binden den Mineralstoff derart fest an sich, daß er kaum noch aus dem Darm ins Blut gelangen kann. Ein Übermaß an Kochsalz und an tierischem Eiweiß bewirkt, daß mehr Calcium über die Nieren ausgeschieden wird – wenngleich Eiweiß in normaler Menge erforderlich ist, um Calcium in die Knochen einzubauen.

Ein besonderes Problem ist *Phosphor,* das vor allem mit Fleisch und Wurstwaren, Schmelzkäse, Schokolade, Cola-Getränken und anderen Soft Drinks aufgenommen wird. Zuviel davon hemmt zwar die Resorption von Calcium im Darm und steigert dessen Abbau aus den Knochen. Aber gänzlich kann auf dieses Spurenelement nicht verzichtet werden, weil eine bestimmte Menge davon für den Aufbau der Knochen erforderlich ist. Der beste Kompromiß ist es, fast ebensoviel Calcium wie Phosphor aufzunehmen – am besten mit Milch, weil sie beide Elemente im Verhältnis 1,3 : 1 enthält und zudem das Casein deren Aufnahme fördert. Ohne Milch und Milchprodukte ist aus der Nahrung allein keine ausreichende Versorgung mit Calcium möglich.

Regelmäßige Bewegung! Körperliche Aktivität trainiert nicht nur die Muskulatur, sondern stärkt auch die Knochen. Bei stärkerer Belastung und größerer Blutzufuhr lagern sie vermehrt Calcium ein und bilden mehr Substanz. In jungen Jahren ist dieser vorbeugende Effekt am besten mit Hilfe der Ausdauersportarten Laufen, Radfahren, Schwimmen zu erreichen, mindestens drei- bis viermal in der Woche jeweils 20 bis 30 Minuten lang. In fortgeschrittenem Alter läßt sich durch Spazierengehen mit flottem Schritt – ebensooft und ebensolange wie beim Sport – der Abbau von Knochenmasse vermindern. In speziellen Untersuchungen konnte bewiesen werden, daß selbst die Bewegung in Tanzkursen und bei Gartenarbeit gut wirksam ist zur Vorbeugung der Osteoporose.

Genügend Vitamin D! Es unterstützt im Darm die Aufnahme von Calcium aus den Nahrungsmitteln, so daß normalerweise genügend Baustoff für die Knochen zur Verfügung steht, und es veranlaßt als ein Botenstoff die Zellen dazu, mit ihm neue Knochenmasse aufzubauen. Für junge Frauen ist es leicht, den Bedarf daran zu decken: Es genügt, sich zwei- bis dreimal in der Woche jeweils 10 bis 15 Minuten lang mit unbedecktem Gesicht, bloßen Händen und Unterarmen im Freien aufzuhalten; währenddessen entsteht unter Einwirkung der Sonnenstrahlung in der Haut eine Vorstufe, aus der von den Nieren genug von dem eigentlichen Vitamin D gebildet wird. Ältere Menschen, deren Haut ohnehin weniger von der Vitamin-Vorstufe synthetisiert, oder behinderte Menschen, die ans Haus gebunden sind, können sich Vitamin D mit Nahrungsergänzungsstoffen zuführen; beispielsweise mit dem bereits genannten Präparat Minerell®, das außerdem noch Calcium sowie weitere wichtige Mineralstoffe und Vitamine enthält (siehe S. 195).

Wenig Genußmittel! Das gilt insbesondere für *Alkohol,* der sehr wahrscheinlich direkt die Zellen schädigt, die den Knochen aufbauen, sowie für *Nikotin,* das auch die Durchblutung des Knochengewebes stört und dadurch die Zufuhr von Baustoffen behindert. Wie sehr gerade Zigaretten der Osteoporose Vorschub leisten, haben amerikanische Mediziner ganz exakt errechnet: Eine Frau, die ein Päckchen Zigaretten pro Tag raucht, hat nach 20 Jahren im Gegensatz zu nichtrauchenden Frauen gleichen Alters eine um 5 bis 10 Prozent geringere Knochendichte und deshalb ein um 44 Prozent größeres Risiko, in den folgenden zehn Jahren einen Oberschenkelhalsbruch zu erleiden. Auch *Koffein* läßt die Knochen brüchiger werden, weil es die Ausscheidung von Calcium steigert. Wer das verhindern will, der hat die Wahl: Entweder täglich nur ein, zwei Tassen Kaffee trinken oder aber zu jeder Tasse Kaffee ein Glas Milch, um mehr Calcium aufzunehmen.

Soweit die bewährten Mittel und Methoden zur Vorbeugung der Osteoporose, mit denen in jungen Jahren begonnen werden sollte und die das Leben lang fortzuführen sind. Wird diese Chance nicht genutzt, vergrößert sich das Risiko, an dem Knochenschwund zu erkranken. Er beginnt in der

Regel schleichend; Beschwerden sind zumeist erst Jahre später zu verspüren, wenn bereits ein großer Teil der Knochensubstanz abgebaut ist. Deshalb sind zwar Frauen erst im Alter zwischen 60 und 70 Jahren am häufigsten davon betroffen. Aber jede Frau, die älter als 40 ist und häufig Rückenschmerzen hat, sollte sich von einem Arzt gründlich untersuchen lassen. Ursache der Symptome könnte, muß jedoch nicht unbedingt, die Osteoporose sein.

Behandlung

Die Behandlung von Osteoporose hat zwei Ziele: Sie soll die ständig stärker werdenden Rückenschmerzen beseitigen oder zumindest mindern und die Veränderungen in den Knochen als deren Ursache stoppen und soweit wie möglich rückgängig machen. Diese Ziele sind nicht mit einer Therapie allein zu erreichen, dafür müssen mehrere Methoden kombiniert werden. Sie sind am Schwarzwald Sanatorium Obertal in der *Fünf Faktoren Therapie* zusammengefaßt. Mit dieser Form der sanften Medizin sind bereits gute Erfolge gegen Osteoporose erzielt worden.

Der erste Faktor: Bewegung! Wohldosierte, gezielte, individuell festgelegte Bewegungsübungen sind die Voraussetzung für alle anderen Maßnahmen. Vorzugsweise sind das gymnastische Übungen unter Anleitung der Krankengymnastin, außerdem Spazierengehen, Wandern und vor allem Schwimmen, mindestens zweimal in der Woche, weil dabei der Auftrieb des Wassers die geschädigte Wirbelsäule entlastet und Bewegungen erlaubt, die nahezu die gesamte Muskulatur trainieren. Patientinnen, die daran noch nicht teilnehmen können, absolvieren isometrische Übungen, bei denen lediglich die Muskulatur angespannt und dadurch gekräftigt wird, was auch den Knochenaufbau fördert.
Der zweite Faktor: Baustoffe für die Knochen! Erforderlich ist vor allem mehr *Calcium,* das – begünstigt durch die Bewegungsübungen – vermehrt in die Knochen eingebaut wird und diese wieder stärker macht. Die Dosierung wird ganz individuell festgelegt. Manche Patientinnen benötigen anfangs sehr viel davon, weil bei ihnen ein deutlicher Mangel an dem Mineralstoff besteht, der möglichst rasch beseitigt werden sollte. Allerdings muß die Dosis genau abgestimmt sein, weil zuviel des Guten von Schaden sein kann: Calcium im Übermaß führt zu einem Mangel an

Magnesium, der wiederum Herzrhythmusstörungen und Wadenkrämpfe zur Folge haben kann.
Dieser Teil der Behandlung geschieht überwiegend im Rahmen und mit den Präparaten der Vital-Plus-Therapie (siehe S. 195); ebenso die Zufuhr weiterer Mineralstoffe und auch Vitamine. Anfangs kann es mitunter erforderlich sein, Calcium nicht allein mit dem Präparat Minerell®, sondern auch mit Injektionen zu verabreichen, um ein großes Defizit daran in kurzer Zeit zu beseitigen. Zusätzlich angewendet werden, je nach Bedarf, *Phosphor* (siehe S. 127), *Mangan, Zink* und weitere Mineralstoffe, *Vitamin D* (siehe S. 128), das ebenfalls in Minerell® enthalten ist, sowie *Vitamin C* für den Aufbau von Kollagenfasern in den Knochen – entweder allein und hochdosiert in Form von Ascorell® (gibt es auch in der Apotheke) oder kombiniert mit anderen Vitaminen und Mineralstoffen in Minerell®.
Der dritte Faktor: Östrogene! Tabletten mit diesen weiblichen Geschlechtshormonen sind das Mittel der Wahl, um gleich nach den Wechseljahren das Ausbleiben der körpereigenen Östrogene aus den Eierstöcken auszugleichen und negative Folgen dessen von vornherein zu verhindern (mehr darüber in dem Beitrag über Wechseljahrsbeschwerden, ab S. 170). Wird diese *Substitutionstherapie* rechtzeitig begonnen und mindestens fünf Jahre fortgeführt, verringert sich bei einer Frau nach den Wechseljahren das Risiko eines Oberschenkelhalsbruches um 50 Prozent und das von Wirbelkörperbrüchen um 90 Prozent.
Selbst wenn es bereits zu ersten Einbrüchen von Wirbelkörpern gekommen ist, sind Östrogene als Medikament noch von Nutzen. Sie erreichen, daß wieder etwas mehr Knochenmasse aufgebaut und dadurch die Gefahr von Knochenbrüchen verringert wird. Das bestätigen klinische Untersuchungen und auch Behandlungsergebnisse bei uns am Schwarzwald Sanatorium Obertal.
Für die Therapie wird das Östrogen-Präparat zeitweise mit einem Gestagen-Hormon kombiniert; das entspricht den natürlichen Gegebenheiten im Menstruationszyklus der Frau (siehe S. 179). Die Patientin steht derweilen unter genauer gynäkologischer Kontrolle. Das ist nötig, um Gegenanzeigen (= Kontraindikationen) wie eine erhöhte Neigung zur Bildung von Blutgerinnseln auszuschließen bzw. um unerwünschte Wirkungen auf Blutdruck, Blutgerinnung, Geschlechtsorgane zu erkennen und zu beenden. Derartige Nebenwirkungen sind heutzutage recht selten, weil es besser verträgliche Hormonpräparate gibt als früher.

Der vierte Faktor: Fluoride! Das sind Verbindungen mit dem Mineralstoff Fluor. Richtig angewendet, regen sie die Zellen dazu an, mehr neue Knochenmasse aufzubauen. Um diese *Mineralisation* zu unterstützen, werden zusätzlich Calcium und Vitamin D verordnet; wobei die Fluoride abends und das Calcium tagsüber eingenommen werden – gleichzeitig genommen, würde das Calcium die Resorption der Fluoride hemmen.
Richtig angewendet, bedeutet allerdings auch, daß drei Bedingungen erfüllt sein müssen: Die Dosis der Fluoride darf nicht zu hoch sein und auch nicht ohne Unterbrechungen eingenommen werden, sonst könnten kleine Risse in Knochenbälkchen entstehen und Gelenke schmerzhaft anschwellen lassen. Die Dauer der Behandlung ist auf einige Jahre begrenzt, damit sich nicht zuviel Fluor im Körper ansammeln kann. Der Verlauf der Therapie muß in regelmäßigen Abständen durch Röntgenaufnahmen kontrolliert werden. Das ist besonders wichtig. Denn die Fluoride bilden in manchen Fällen fleckförmige Verdichtungen in Knochen, die an diesen Stellen leichter brechen könnten; ist das geschehen, muß diese Behandlung abgesetzt werden.
Der fünfte Faktor: Calcitonin! Dieses Arzneimittel gegen Osteoporose ist eigentlich ein körpereigenes Hormon. Es wird in der Schilddrüse und in den Nebenschilddrüsen gebildet. Es senkt einen erhöhten Calciumspiegel des Blutes, indem es dafür sorgt, daß mehr Calcium in die Knochen eingebaut wird. Bei der Behandlung wirkt Calcitonin doppelt gut: Einerseits am Knochen, indem es den weiteren Abbau seiner Substanz hemmt; andererseits im Gehirn, indem es einen schmerzstillenden (= analgetischen) Effekt erreicht. Calcitonin wird deshalb in schweren Fällen angewendet, in denen die Osteoporose rasch voranschreitet, bereits ein großes Ausmaß erreicht hat und starke Beschwerden bereitet.
Relativ neu in der Behandlung der Osteoporose sind die sogenannten Biphosphonate, die zuvor in der Therapie von schweren Knochenerkrankungen eingesetzt worden sind. Sie hemmen ebenfalls den Abbau der Knochen, müssen jedoch intermittierend – also mit Unterbrechungen – angewendet werden.

Soweit die Fünf-Faktoren-Therapie, mit der gute Erfolge erreicht werden; vordringlich geht es darum, die Patientinnen von ihren Schmerzen zu befreien. Die Behandlung muß jedoch von ihnen zu Hause konsequent fortgesetzt werden, und zwar mit den Bewegungsübungen, die von der

Krankengymnastin empfohlen worden sind, mit den Präparaten der Vital-Plus-Therapie, die rezeptfrei in allen Apotheken erhältlich sind, gegebenenfalls mit den Arzneimitteln, die vom Arzt verordnet werden.
Um den Verlauf der Osteoporose zu kontrollieren, gibt es mehrere Möglichkeiten. Spezielle *Dichtemessungen* (Osteodensitometrie) erfassen den gegenwärtigen Zustand der Knochen; über den weitergehenden Abbau der Knochen gibt der Laborwert des sogenannten Teloeptids (ICTP) Auskunft. Die Behandlung der Osteoporose wird sich über Jahre hinziehen, oft sogar das Leben lang. Es hat lange gedauert, bis die Knochen so porös, spröde, brüchig geworden sind, und es braucht auch seine Zeit, diesen Abbau zu stoppen und wieder neue Knochensubstanz zu schaffen.

Prämenstruelles Syndrom: Mit Nährstoffen und Mönchspfeffer gegen die Ursachen

Frau R. D., 29 Jahre, Hausfrau und Mutter von drei Kindern
Wie so viele andere Frauen hatte sie in jedem Monat dieselben Beschwerden. Einige Tage vor der Menstruation begannen Kopfschmerzen, Übelkeit, ein schmerzhaftes Spannungsgefühl in der Brust, ungewöhnliche Stimmungsschwankungen. Sobald die Monatsblutung einsetzte, vergingen die Symptome von selbst – um vier Wochen später erneut aufzutreten. Sie litt unter dem sogenannten Prämenstruellen Syndrom, das die »Tage vor den Tagen« so schwer machen kann.

Wie bei so vielen der betroffenen Frauen wurde auch im Falle von R. D. die Erkrankung von ihrem Umfeld nicht akzeptiert. Sie wurde als wehleidig, ständig kränkelnd, unzuverlässig angesehen. Gegen diese falsche Einschätzung wandte sich im Jahre 1994 die Fachzeitschrift »TW Gynäkologie« in einem Artikel mit dem vorsätzlich provozierenden Titel »Sind Frauen zeitweise geisteskrank?« Dieser bezog sich auf einen Beitrag zur

»Lehre vom periodischen Irresein« mit der Überschrift »Untersuchungen über das Irresein zur Zeit der Menstruation«, den der deutsche Psychiater Richard von Krafft-Ebing bereits 1878 veröffentlicht hatte – und dem offensichtlich heute noch eine gewisse Bedeutung beigemessen wird.

Ursachen und Symptome

Das doppelte Leid der Frauen hat vor allem zwei Gründe: Zum einen die Ungewißheit über die Ursachen des Prämenstruellen Syndroms und zum anderen der Streit über die Symptome, die zu diesem Komplex gehören. Doch beides muß nicht sein.

Als Ursache wird heute ein zeitweiliges unausgewogenes Verhältnis der Östrogen- und Gestagen-Hormone zueinander in der zweiten Hälfte des Menstruationszyklus (siehe S. 179) angesehen. Normalerweise überwiegt in dieser Zeit der Einfluß von Gestagen, während der des Östrogens zurückgeht. Ist jedoch die Wirkung vom Östrogen unangemessen groß, weil sie zu lange andauert, kommt es zum Prämenstruellen Syndrom. Dessen eigentlicher Auslöser ist sehr wahrscheinlich eine fehlerhafte Steuerung des Menstruationszyklus durch den sogenannten Hypothalamus im Zwischenhirn über die Hypophyse als »Chefdrüse« des gesamten Hormonsystems (auch darüber mehr auf S. 179).

Als Symptome des Prämenstruellen Syndroms hat ein eigens eingesetztes Komitee von amerikanischen Medizinern und Psychiatern insgesamt *elf Beschwerden* anerkannt. Für die Diagnose müssen mehr als fünf von ihnen vorhanden sein, darunter mindestens eines von den ersten vier; zudem sollen sie länger als zwei Zyklen andauern und neu auftreten, dürfen also keine Verstärkung bereits bestehender Beschwerden sein. Diese Symptome sind:

1. Stark gedrückte Stimmung, Gefühl der Hoffnungslosigkeit.
2. Deutliche Angst, Spannung.
3. Ausgeprägte gefühlsmäßige Schwankungen (affektive Labilität) wie etwa plötzliche Traurigkeit.
4. Anhaltende und deutliche Verärgerung oder Reizbarkeit.
5. Vermindertes Interesse an Arbeit, Erziehung, Freunden, Freizeitbeschäftigung.
6. Konzentrationsschwierigkeiten.

7. Lethargie (Verlangsamung der psychischen Aktivitäten).
8. Deutliche Veränderungen des Appetits.
9. Schlaflosigkeit (Insomnie) oder vermehrtes Schlafbedürfnis (Hypersomnie).
10. Gefühl der Niedergeschlagenheit oder des Kontrollverlustes.
11. Spannung oder Schwellung der Brüste, Kopfschmerzen, Gelenk- oder Muskelschmerzen.

Charakteristisch für das Prämenstruelle Syndrom ist auch, daß dieser Komplex der Symptome im psychischen und körperlichen Bereich regelmäßig sieben bis zehn Tage vor Beginn der Menstruation einsetzt und am ersten oder zweiten Tag der Regel spontan abklingt. Schätzungsweise 30 bis 40 Prozent aller Frauen sind davon betroffen, 5 Prozent besonders stark.

Behandlung

Wie so viele Frauen hatte auch Frau R. D. bisher keine wirksame Hilfe gefunden. Sie hatte resigniert und sich damit abgefunden, alle vier Wochen kein ganz normaler Mensch zu sein. Eine Freundin überredete sie schließlich dazu, mit ihr in das Schwarzwald Sanatorium Obertal zu kommen. Die gründliche körperliche und laborchemische Untersuchung erbrachte einen sehr guten Gesundheitszustand, bis auf eine gewisse Gereiztheit. Die Patientin war sehr mißtrauisch Ärzten gegenüber und machte uns unmißverständlich klar, daß sie von einer Behandlung mit Chemie nichts wissen wolle.

Das brauchte sie auch nicht zu befürchten. Wir behandelten Frau R. D. mit einer *ganzheitlichen Therapie,* für die mehrere natürliche Methoden kombiniert wurden:

Die Orthomolekulare Medizin mit den Präparaten der Vital-Plus-Therapie (siehe S. 195). Mit ihnen wurden das *Vitamin* B_6, der Mineralstoff *Magnesium,* die *Omega-6-Fettsäuren* anfangs in sehr hoher Dosierung verabreicht, so daß sie ähnlich wie Arzneimittel wirkten. Von diesen drei Mikro-Nährstoffen ist nämlich aus Erfahrung bekannt, daß sie an den Ursachen eines Prämenstruellen Syndroms ansetzen und darüber die Beschwerden wesentlich bessern, sogar gänzlich beseitigen können. Das

Vitamin B_6 kann sowohl dafür sorgen, daß in der Leber wieder genügend Östrogen abgebaut und dadurch sein Überwiegen vermindert wird, als auch dafür, daß im Gehirn ausreichend Botenstoffe (Neurotransmitter) verfügbar sind, um den Menstruationszyklus regelrecht zu steuern. Der Mineralstoff Magnesium wirkt entspannend auf das Nervensystem und auf die Muskulatur, so daß durch ihn beispielsweise Muskelkrämpfe der Gebärmutter verhindert werden können. Die Omega-6-Fettsäuren gehören zu den essentiellen Fettsäuren, auf deren ausreichende Zufuhr der Körper angewiesen ist, unter anderem zur Bildung der sogenannten Prostaglandine; diese wiederum haben als »Gewebshormone« vielfältige Aufgaben im Organismus zu erfüllen. Ein Mangel an bestimmten Prostaglandinen verstärkt Symptome des Prämenstruellen Syndroms, das Einnehmen der Omega-6-Fettsäuren kann diesen Mangel verhindern.

Eine Phytotherapie mit natürlichen Wirkstoffen aus der Heilpflanze *Vitex agnus castus*, auch Mönchspfeffer genannt (siehe S. 214). Sie selbst sind zwar keine Hormone, sie wirken aber auf die Steuerung des Drüsensystems durch Hypothalamus und Hypophyse ein. Dadurch kann erreicht werden, daß in der zweiten Zyklushälfte in den Eierstöcken (Ovarien) mehr Gestagen-Hormon gebildet wird und infolgedessen das Östrogen nicht länger überwiegt (genauer ist das auf S. 59 beschrieben). Mit einem Präparat aus dem Mönchspfeffer wird also das Prämenstruelle Syndrom an seiner Ursache behandelt.

Gesprächstherapie. In ausgedehnten Gesprächen konnten wir das Vertrauen der Patientin gewinnen. Es gelang uns, mehr über ihre familiären Probleme zu erfahren und ihr entsprechende Hilfen für deren Bewältigung zu geben; insbesondere für die Schwierigkeiten im Verhältnis zu ihrer Schwiegermutter.

Autogenes Training. Mit dieser Art von Selbstsuggestion läßt sich eine aktive, tiefgreifende Entspannung und darüber auch eine Besserung von psychischen Störungen bei einem Prämenstruellen Syndrom erreichen. Im Schwarzwald Sanatorium Obertal ist es unter Anleitung in Einzel- und Gruppenübungen zu erlernen.

Gymnastik und Bewegung. Körperliche Aktivitäten sind nicht nur ein gutes Mittel, auf natürliche Weise die Psyche und auch die Muskulatur zu entspannen. Sie können sogar über das Gehirn hilfreich wirken; indem von ihm sogenannte Endorphine als körpereigene Schmerzmittel freigegeben werden oder von dort mit den sogenannten Releasing-Hormonen (siehe S. 179) das Hormonsystem künftig besser gesteuert wird.

Diesen Nutzen kann Frau R. D. aus eigenem Erleben bestätigen. Nachdem sie sich anfangs nichts als Ruhe wünschte und mit dieser Begründung jegliche körperliche Aktivität verweigert hatte, ließ sie schon bald keine Gymnastikstunde aus und nahm an allen Wanderungen in den schönen Schwarzwald teil.
Von dem Erfolg unserer ganzheitlichen Therapie war sie derart angetan, daß ihr Mann ins Schwarzwald Sanatorium Obertal kam – nicht nur, um sie zu besuchen, sondern auch, um selbst eine Aktivtherapie mitzumachen. Bei dieser Gelegenheit berichtete er, daß seine Mutter sehr glücklich darüber war, ihrer Schwiegertochter durch Betreuung der Kinder die Behandlung ermöglicht und dadurch zu deren Erfolg beigetragen zu haben. Das ließ auf eine gute Lösung gewisser familiärer Probleme hoffen, denn die Krankheit der Frau hatte die Beziehung belastet.
Seitdem sind mehr als zwei Jahre vergangen. Gelegentlich meldet sich Frau R. D. Nicht etwa, um sich über das Prämenstruelle Syndrom zu beklagen, sondern um sich aufs neue dafür zu bedanken, daß der Erfolg unserer Therapie nach wie vor andauert. Allerdings trägt sie ihren Teil dazu bei. Sie wendet das Autogene Training weiterhin an und macht auch regelmäßig die gymnastischen Übungen, die sie bei uns gelernt hat. Sie besorgt sich regelmäßig die Präparate des Vital-Plus-Programms, um ihre Ernährung durch ausreichend Vitamine, Mineralstoffe, Spurenelemente zu ergänzen – insbesondere mit dem Vitamin-B-Komplex einschließlich Vitamin B_6 aus einer Brausetablette Vicorell® pro Tag sowie Magnesium aus zweimal täglich einem Beutel Minerell®. Der Vitamin-B-Komplex hat für sie noch einen guten Nutzen: Er sorgt für ein stabiles Nervenkostüm.

Selbsthilfe

Was unsere ehemalige Patientin heute tut, kann auch anderen Frauen helfen, die Beschwerden eines Prämenstruellen Syndroms zu lindern und besser zu ertragen. Für die Selbsthilfe sollten sie sich an dieses Programm halten:

Die Ernährung gezielt ändern. Wenig Salz gebrauchen, weil es zusätzlich Flüssigkeit im Körper festhält. So wenig raffinierten Zucker wie möglich mit Süßigkeiten, Gebäck, Limonaden aufnehmen, weil dieser sowohl mehr Vitamine für seinen Stoffwechsel benötigt als auch die Ausscheidung von Magnesium vermehrt. Reichlich Obst, Gemüse, Frischkost verzehren und regelmäßig die Ernährung durch die Vitamine, Mineralstoffe, Spurenelemente aus dem Vital-Plus-Programm (siehe S. 195) ergänzen. Noch vor den »Tagen vor den Tagen« ein, zwei Tage einlegen, an denen gefastet oder nur Reis bzw. Obst gegessen wird, um den Körper zu entwässern und zu entschlacken.

Die Psyche und den Körper entspannen. Autogenes Training kann in Volksschulen und speziellen Instituten erlernt werden: Gymnastikkurse bieten viele Sportvereine und alle Fitneß-Center an; körperliches Training kann von jeder Frau ganz individuell nach Feierabend und am Wochenende durchgeführt werden. Mit wenig Umständen sind gute Erfolge mit dem sogenannten Walking zu erreichen. Das ist nichts anderes als Gehen mit flottem Schritt, anfangs mit einem Tempo von 4 bis 6 km/h, später von höchstens 8 km/h; wird es drei- bis viermal in der Woche jeweils 30 bis 60 Minuten lang durchgeführt, ist seine Wirkung auf Körper und Psyche ebenso nützlich wie die vom wesentlich anstrengenderen Jogging.

Bewährte Hausmittel gebrauchen. Feuchte Wärme gegen Krämpfe im Unterleib:

Eine Wärmflasche in ein feuchtwarmes Tuch wickeln, auf den Unterleib legen, darüber noch ein trockenes Leinentuch und außen herum eine leichte Wolldecke.

Tee aus Kräutern zur Entwässerung gegen das unangenehme Spannungsgefühl:

Birkenblätter mit doppelt soviel Bohnenschalen sowie jeweils halb soviel Schachtelhalm, Schafgarbe, Pfefferminzblätter mischen; davon 2 Teelöffel mit ¼ Liter kaltem Wasser ansetzen, langsam bis zum Kochen erhitzen, durchseihen; zwei- bis dreimal täglich jeweils 1 Tasse davon trinken.

Ein warmes Vollbad zur Entspannung:

10 bis 20 Minuten lang in Wasser mit einer Temperatur von 36 bis 38 Grad – und danach ins Bett gehen.

Sollte jedoch diese Selbsthilfe nicht die gewünschte Wirkung haben, sollten sich die Beschwerden noch verstärken oder sogar neue Symptome hinzukommen, ist es an der Zeit, die Gynäkologin/den Gynäkologen um ärztliche Hilfe zu bitten.

Umwelterkrankungen: Gerade Frauen können viel dagegen tun

Frauen sind viel empfindsamer gegenüber Bedrohungen der Gesundheit aus der Umwelt. Das bestätigt eine Untersuchung der Universität Düsseldorf, nach der 62 Prozent von ihnen Schadstoffe in Luft, Wasser, Nahrungsmitteln als Ursache von Krankheiten verdächtigen, während nur 39 Prozent der Männer dasselbe annehmen. Nach den Gründen für diese Einstellung wurde nicht gefragt, eine »engagiertere Grundhaltung« der Frauen in diesem Bereich wurde vorausgesetzt. Sie resultiert offensichtlich aus Eigenschaften, die als typisch weiblich gelten, wie der »Funktion des Behütens« und der »Neigung, sich Sorgen machen zu dürfen«. In dieser Beziehung sind sie durchaus positiv. Es war schließlich auch eine Frau, nämlich die amerikanische Biologin Rachel Carson, die im Jahre 1962 mit ihrem Buch »Der stumme Frühling« als erste weltweit das Bewußtsein weckte »gegen die rücksichtslose und unverantwortliche Vergiftung der Erde, die der Mensch gemeinsam mit allen anderen Geschöpfen bewohnt«. Damals wurde sie heftig angefeindet wegen ihres konsequenten Einsatzes gegen den unmäßigen Gebrauch von Pflanzenschutzmitteln; heute ist man ihr sehr dankbar, einen nachhaltigen Anstoß zu einem besseren Schutz der Umwelt und damit der Menschen gegeben zu haben.

Frauen sind noch stärker gefährdet durch Schadstoffe aus der Umwelt als Männer. Dringen Schwermetalle oder Schädlingsbekämpfungsmittel in ihren Körper ein, können diese bereits in niedrigen Konzentrationen durch eine chronische Belastung, unter anderem das Hormonsystem ungünstig beeinflussen. Indem sie selbst wie schwache Östrogene wirken, greifen sie in das diffizile Zusammenspiel der Sexualhormone ein; sie können Funktionen stören und Krankheiten verursachen. Eine Folge dessen, die zunehmend häufiger wird, ist Unfruchtbarkeit – worüber im nächsten Beitrag ausführlich berichtet wird.

Es gibt viele weitere Beweise dafür, daß Schadstoffe aus der Umwelt den Menschen krank machen. Es würde jedoch den Rahmen dieses Buches sprengen, diese komplexe Thematik umfassend darzustellen. Es begrenzt sich auf die Aspekte der Umweltmedizin, die speziell die Gesundheit der Frau betreffen – durch welche Einwirkungen dieser Art sie vor allem gefährdet ist und welche Möglichkeiten der sanften Medizin es gibt, sie davor zu schützen bzw. sich selbst zu wehren.

Erscheinungsformen und ihre Ursachen

Je intensiver Mediziner und Naturwissenschaftler nach Schuldigen fahnden, desto häufiger entlarven sie Schadstoffe als Ursachen von Frauenkrankheiten. *Brustkrebs* bietet ein Beispiel dafür. Seit Jahren wird diese Erkrankung immer häufiger, was mit veränderten Verhaltensweisen und klassischen Risikofaktoren allein nicht zu erklären ist. Jetzt besteht ein sehr begründeter Verdacht, daß *chlorierte Kohlenwasserstoffe* (abgekürzt: CKW) am Entstehen von Brustkrebs zumindest mitbeteiligt sind. Den Wirkmechanismus haben Forscher vom Nationalen Krebsinstitut der USA entdeckt: Die Chemikalien aus der Umwelt verstärken im Körper die Umwandlung des Hormons Östradiol in eine andere Form, und dieses 16-alpha-Hydroxyöstron veranlaßt die Zellen im Gewebe der Brust, sich vermehrt zu teilen. CKW sind in Lösungsmitteln, in Vorprodukten von Kunststoffen, in Holz- und Pflanzenschutzmitteln enthalten. Blutproben von Frauen, die an Brustkrebs erkrankt waren, enthielten denn auch wesentlich höhere Mengen eines Abbauproduktes von DDT. Dieses Pestizid darf zwar in den meisten westlichen Industrieländern nicht mehr hergestellt und angewendet werden, aber bis in die 60er Jahre ist es bedenkenlos über die Felder ausgestreut worden. Frauen, die damals dem DDT stärker ausgesetzt waren, etwa in der Landwirtschaft, haben es nach wie vor in ihrem Körper. Sie können heute noch, nach einer symptomfreien Latenzzeit von 20 bis 30 Jahren, an Brustkrebs erkranken. Sie sollten deshalb unbedingt die regelmäßigen Kontroll- und Vorsorgeuntersuchungen nutzen, damit diese Erkrankung möglichst frühzeitig erkannt und dann bestmöglich behandelt werden kann (mehr darüber auf S. 104).

Auch die Zunahme der Fälle von *Osteoporose* (siehe S. 123) und Endometriose (siehe S. 70) wird zu einem gewissen Teil auf die Zunahme von Belastungen aus der Umwelt zurückgeführt. Daß Osteoporose bei den Frauen, die rauchen, häufiger auftritt, ist demzufolge durch ein Übermaß an *Cadmium* mitbedingt. Dieses Schwermetall wird insbesondere von den Tabakpflanzen aus dem Boden und aus dem Staub auf ihren Blättern aufgenommen. Zigaretten enthalten also sehr viel davon, und beim Rauchen gelangt etwa die Hälfte dessen aus dem Tabak in den Körper. Dort bewirkt Cadmium bereits in geringer Konzentration, daß mehr Calcium ausgeschieden wird, so daß es den Knochen fehlt und diese brüchiger werden; in größeren Mengen schädigt es darüber hinaus noch die Nieren.

Daß bei immer mehr Frauen eine *Endometriose* auftritt, soll auch die Schuld zweier besonders gefährlicher Schadstoffe sein, und zwar der *Dioxine* (die als Nebenprodukt in der Chlorchemie anfallen bzw. bei Verbrennung von Kunststoffen entstehen und die zu den giftigsten Substanzen überhaupt gehören) und der polychlorierten Biphenyle PCB (die als Hydrauliköl, Isolationsflüssigkeit, Weichmacher, Imprägniermittel verwendet worden sind). Amerikanische Wissenschaftler haben in Tierversuchen eindeutig nachweisen können, daß minimale Dosierungen von Dioxinen vermehrt dazu führen, daß Schleimhaut aus der Gebärmutter auch in der Bauchhöhle auftritt. Deutsche Mediziner haben bei Frauen mit solch einer Endometriose eindeutig höhere Werte von PCB gemessen. Sie vermuten als Ursache der Erkrankung eine Beeinträchtigung des Immunsystems durch die Schadstoffe aus der Umwelt, was in weiteren Untersuchungen geklärt werden soll.

Daß Umweltbelastungen einen erheblichen negativen Einfluß auf das *Immunsystem* des Menschen haben können, ist eine anerkannte Tatsache.

Einzelne Schadstoffe müssen nicht einmal die festgelegten Grenzwerte deutlich überschreiten, um solch eine Wirkung zu erreichen; in geringeren Mengen schon können mehrere Substanzen gemeinsam durch Interaktionen denselben Schaden anrichten. Verstärkt wird dieser noch durch weitere Faktoren, die auf das Abwehrsystem einwirken, wie vermehrte Einstrahlung von *ultraviolettem Licht* und erhöhte Belastung durch *Ozon* in der Atemluft sowie einen Mangel an bestimmten Vitaminen und Mineralstoffen, die als sogenannte Co-Enzyme für körpereigene Abwehrmaßnahmen unentbehrlich sind.

Wie komplex gerade diese Zusammenhänge sind, soll am Beispiel vom *Vitamin C* kurz erläutert werden. Es wird unter anderem von den Makrophagen (= große Freßzellen) benötigt, um die Erreger und Fremdstoffe, die sie verschlungen haben, endgültig zu vernichten. Es mangelt dem Immunsystem jedoch häufig daran, und das hat zwei Gründe: Zum einen wird mit den Lebensmitteln nicht genügend Vitamin C aufgenommen, weil diese ohnehin weniger von dem Mikro-Nährstoff enthalten als angenommen wird und weil bei Transport und Lagerung noch viel davon verlorengeht. Zum anderen wird vom Organismus mehr Vitamin C verbraucht, als immer noch für ausreichend erachtet wird; etwa um die Nitrate, die aus künstlichen Düngemitteln von den Feldern in Lebensmittel und Wasser gelangen, zu blockieren und dadurch zu verhindern, daß aus ihnen und aus Bestandteilen von Eiweiß (= Amine) im Magen die krebserzeugenden Nitrosamine entstehen. Das Vitamin C, das für diesen internen Umweltschutz verbraucht wird, fehlt zwangsläufig der Immunabwehr.

Durch Umweltbelastungen gestört und geschwächt werden sowohl das *spezifische Immunsystem* (dessen B-Lymphozyten die spezifischen Antikörper gegen Erreger bilden und dessen T-Lymphozyten das Ausmaß der Immunabwehr regulieren) als auch das *unspezifische Immunsystem* (zu dem unter anderem große Freßzellen und Natürliche Killerzellen gehören, die sich gegen alles Fremde wenden). Ist das geschehen, ist die Gesundheit des Menschen gefährdet. Folge dessen können bei beiden Geschlechtern so weit verbreitete Erkrankungen sein wie Allergien, Arteriosklerose, Rheuma, Stoffwechselstörungen, bestimmte Krebsleiden und insbesondere bei Frauen eine erhöhte Anfälligkeit für Infektionen der Harn- und Geschlechtsorgane (siehe S. 71 und 84) sowie Unfruchtbarkeit (siehe S. 150).

So weit, so schlecht. Doch was ist zu tun? Grundsätzlich ist eine Kehrtwende nötig, um das ökologische Gleichgewicht zwischen Mensch und Umwelt wiederherzustellen, und zwar so bald wie möglich. Ökologische Landwirtschaft, umweltfreundliche Technologien, entsorgungsgerechte Produkte – um nur einige Punkte zu nennen – müssen weltweit zu einer Selbstverständlichkeit werden. Solange diese Forderung nicht verwirklicht ist, wird es eine vordringliche Aufgabe der Ärzte sein, die Gefährdung des Menschen durch seine Umwelt zumindest zu begrenzen. Dazu gehört es, bereits entstandene Erkrankungen bestmöglich zu behandeln sowie vorbeugend Schädigungen der Gesundheit abzuwenden.

Behandlung

Dieses Ziel haben wir Ärzte am Schwarzwald Sanatorium Obertal uns gesetzt. Wir behandeln jeden Patienten individuell nach einem *ganzheitlichen Konzept,* das nicht auf ein Organ begrenzt ist, sondern die Gesamtheit von Körper, Seele und auch seine Umwelt erfaßt. Daraus ergibt sich, daß nicht allein die Erkrankung behandelt wird, sondern auch die Lebensumstände der Patienten in die Therapie einbezogen werden und gegebenenfalls ihnen geholfen wird, diese zu ändern. Bei der Behandlung von Umwelterkrankungen umfaßt dieses Konzept im wesentlichen drei Schwerpunkte:

Die richtige Ernährung (siehe auch S. 96), die vollwertig sein sollte, mit reichlich Frischkost. Das bedeutet, in Stichworten: Alle Nährstoffe in der richtigen Relation, nicht zuviel Fett und Eiweiß, ausreichend Kohlenhydrate mit genügend unverdaulichen Faserstoffen, soviel wie möglich Vitamine, Mineralstoffe, Spurenelemente, nicht zuviel Kalorien, keine unnötigen Zusätze, schonende Zubereitung. Weil die richtige Ernährung die Grundlage einer jeden gesunden Lebensführung ist, werden alle Patienten am Schwarzwald Sanatorium Obertal dazu angeleitet, wie sie diese auch zu Hause einhalten können.

Die Vital-Plus-Therapie, um den erhöhten Bedarf an Vitaminen, Mineralstoffen, Spurenelementen zu decken – was mit den Lebensmitteln allein nicht immer sicher ist (die Präparate gibt es rezeptfrei in der Apotheke; mehr darüber auf S. 195). Mit ihren vier Säulen werden ganz individuell jedem Patienten die richtigen Nährstoffe in der richtigen

Dosierung zugeführt. Die Dosierung kann anfangs sehr hoch sein, so daß die Vital-Plus-Therapie mit zusätzlichen Präparaten ergänzt wird. Das hat vor allem zwei Gründe: erstens, um möglichst rasch große Mangelzustände gezielt zu beseitigen; zweitens, damit bestimmte Nährstoffe wie Medikamente wirken, und das mit gutem Erfolg: Viel Vitamin C hilft, den Körper von Blei und Cadmium zu entgiften, und mehr Selen schleust vermehrt Quecksilber aus dem Organismus.
Sind diese Ziele erreicht, wird die Behandlung mit einer ebenfalls individuell festgelegten Erhaltungsdosis fortgesetzt. Sie garantiert, daß der Organismus stets über genügend Nährstoffe verfügt, um sich gegen die Schadstoffe aus der Umwelt zur Wehr zu setzen. Weil diese immer und überall vorhanden sind, muß nach der Therapie die Nahrungsoptimierung mit Vitaminen, Mineralstoffen, Spurenelementen zu Hause weiterhin durchgeführt werden.
Mitunter genügen Nährstoffe allein nicht zum Ausschleusen von Umweltgiften, dann müssen Medikamente zu Hilfe gezogen werden; bei schweren Vergiftungen zum Beispiel sogenannte Chelatbildner, die mit Metallen eine besonders stabile Verbindung eingehen, oder auch weniger belastende schwefelhaltige Verbindungen, wie sie von der Behandlung der Bronchitis her bekannt sind (ACC) – und das unter dem Schutz von Vitaminen, Mineralstoffen, Spurenelementen, die zusätzlich gegeben werden.
Die Immun-Therapie mit Thymosand®, die zunehmend größere Bedeutung erlangt (mehr darüber auf S. 191). Mit Injektionen von Thymuspeptiden greift sie direkt in das Immungeschehen ein. Sie bewirkt eine Immunmodulation, also eine Harmonisierung des körpereigenen Abwehrsystems; ist dieses durch Einwirkungen aus der Umwelt geschwächt oder gestört, werden seine Funktionen wieder normalisiert und dadurch gestärkt. Auf diese Weise werden grundlegende Voraussetzungen für das Gesundwerden und das Gesundbleiben der Patienten geschaffen. Um diesen Zustand zu stabilisieren, lohnt es sich, die Immun-Therapie mit Thymosand® in regelmäßigen Abständen zu wiederholen, und dadurch auch Rückfällen vorzubeugen.

Grundsätzlich wird die Behandlung von Umwelterkrankungen, um es noch einmal zu betonen, individuell den Gegebenheiten angepaßt. Das galt auch für den folgenden interessanten Fall:

Frau K. P., 56 Jahre, Hausfrau

Sie hatte während der Wechseljahre (siehe S. 170) sehr zu leiden gehabt. Sie war ständig müde, schlapp und reizbar gewesen und längst nicht mehr so leistungsfähig wie zuvor; äußerst unangenehme Hitzewallungen quälten sie bei Tag und Nacht. Erst als die Hormone, die nun fehlten, ihrem Körper von außen zugeführt wurden, besserte sich der Zustand. Seitdem sie diese Präparate einnahm, war sie wieder, wie sie sagte, »ganz die alte«; sie hatte Aktivität und Leistungsfähigkeit neu gewonnen. Da kam es ihr gerade recht, daß eine Freundin um Hilfe bat. Diese konnte die Arbeit in ihrer chemischen Reinigung allein nicht mehr bewältigen; nicht nur, weil das Geschäft so gut ging, sondern vor allem, weil sie in letzter Zeit wegen Mißempfindungen (Parästhesien) in Armen und Beinen nicht immer voll arbeitsfähig war.

Frau K. P. sagte zu; halbtags unter Leuten zu sein und zusätzlich etwas eigenes Geld zu haben, reizte sie. Etwa vier Monate lang ging auch alles gut, dann kamen die alten Beschwerden wieder – die Hitzewallungen, die Schlafstörungen, der Leistungsabfall, die Reizbarkeit. Darunter litt auch das Verhältnis zu ihrer Freundin, zumal deren Beschwerden schlimmer wurden und diese deshalb häufiger unleidlich, mitunter fast psychisch auffällig war. Diese mußte schließlich sogar mit akuten Vergiftungserscheinungen ins Krankenhaus eingeliefert werden. Als nach der Ursache dafür geforscht wurde, stellte sich heraus, daß in der chemischen Reinigung die Entlüftungsanlage defekt gewesen war und deshalb die Besitzerin über lange Zeit hinweg zuviel Perchlorethylen eingeatmet hatte.

Perchlorethylen (abgekürzt: PCE) ist ein chlorhaltiges Lösungsmittel, das unter anderem zur Reinigung von Textilien verwendet wird. Auf den Menschen hat es eine betäubende Wirkung, es kann Schäden an Leber und Nieren anrichten. Um diese Risiken so gering wie möglich zu halten, wurden im Jahre 1986 sehr strenge Vorschriften für die Verwendung von PCE erlassen.

Die Krankheit ihrer Freundin hatte Frau K. P. sehr nachdenklich gestimmt. Sie beschloß, etwas zu tun, damit es ihr nicht ebenso ergeht. Sie hörte sich um und erfuhr, daß im Schwarzwald Sanatorium Obertal im Rahmen der ganzheitlichen Betreuung auch umweltmedizinische

Aspekte berücksichtigt werden; deshalb kam sie zu uns. Außerdem hoffte sie, wieder von den Hitzewallungen befreit zu werden, die sie auf den vermehrten Streß durch die Unstimmigkeiten mit der Freundin zurückführte.

Eine gründliche Untersuchung ergab keine krankhaften Veränderungen, abgesehen von einer leichten Vergrößerung der Leber mit einer Aktivierung ihrer Enzyme. Diese sogenannte Enzyminduktion war eine Folge der Einwirkung des Perchlorethylen gewesen; mit ihr versuchte der Körper, den Schadstoff schneller abzubauen und so dessen Gefährlichkeit zu verringern. Allerdings bewirkte die Enzyminduktion auch, daß die Hormone aus dem Präparat gegen die Wechseljahrsbeschwerden ebenfalls schneller unwirksam wurden – und deshalb diese alten Symptome aufs neue auftreten konnten. Im Blut war eine leicht erhöhte Konzentration von PCE nachzuweisen.

Zur Behandlung verordneten wir eine schonende Gewichtsabnahme, um den gut fettlöslichen Schadstoff zu mobilisieren; um zu verhindern, daß er im Körper zurückgehalten wird, regten wir den Gallefluß an, und als eine Art Entgiftungsschutz verabreichten wir gleichzeitig mit Präparaten der Vital-Plus-Therapie (siehe S. 195) die Vitamine C und E und Beta-Carotin, die Mineralstoffe Calcium und Magnesium, das Spurenelement Selen sowie Gamma-Linolensäure. Zur Ausleitung der Schadstoffe gaben wir unterstützend homöopathische Medikamente. Zur Stärkung und Anregung einzelner Organe wurde die Patientin mit ausgewählten Immun-Seren (siehe S. 194) behandelt; zur allgemeinen Aktivierung nahm sie regelmäßig an dem Bewegungstraining teil.

Der Zustand von Frau K. P. besserte sich zusehends – zumal nun auch wieder die Hormone aus dem Präparat wirksam genug waren, um die Wechseljahrsbeschwerden zu beseitigen. Sie hoffte nun, daß zwischenzeitlich auch ihre Freundin wieder gesund geworden war; sehr wahrscheinlich waren auch deren psychische Veränderungen auf das gefährliche Reinigungsmittel zurückzuführen. Sollte das der Fall sein, wollte sie künftig wieder in der chemischen Reinigung mitarbeiten. Diesmal würde ihre Gesundheit dort nicht derart gefährdet sein; sie hatte bereits erfahren, daß eine gänzlich neue Entlüftungsanlage eingebaut worden war, die alle Anforderungen erfüllt.

Prophylaxe

Umwelterkrankungen müssen nicht unbedingt sein; Vorbeugung ist möglich, Fatalismus ist unangebracht. Kein Mensch ist den Schadstoffen gänzlich schutzlos ausgeliefert, jeder kann sich gegen sie wehren. Dabei helfen ganz natürliche Gegenmittel, und das sind vor allem Vitamine, Mineralstoffe, Spurenelemente. Wer sie nicht regelmäßig als Mittel zur Nahrungsoptimierung gebraucht, was sehr viel nützlicher wäre, der sollte sie mindestens zweimal im Jahr in einer Art *Vorbeugungs-Kur* anwenden:

> **Jeweils vier bis sechs Wochen lang täglich mindestens 200 IE (Internationale Einheiten) Vitamin E (mit 1 Kapsel Tocorell®), mindestens 250 Milligramm Vitamin C (mit 1 Messerspitze Ascorell®), zusätzlich Selen und Zink (aus mindestens 4 Kapseln Aminorell®) einnehmen.**

Die genannten Präparate gibt es rezeptfrei in jeder Apotheke. In Gebieten und Regionen, die sehr stark mit Umweltschadstoffen belastet sind, genügt diese Intervalltherapie nicht; hier sollten diese natürlichen Gegenmittel ständig eingenommen werden.
Vorbeugung gegen Umwelterkrankungen ist vor allem eine Sache der Frauen. Denn Umweltschutz fängt zu Hause an – und damit auch der Schutz des Menschen vor Schadstoffen aus der Umwelt. Frauen haben vielfältige Möglichkeiten dafür bei der Ernährung, bei der Kleidung, bei der Einrichtung, bei der Haushaltsführung. Hier einige Ratschläge, um diese zu nutzen – ihrer Familie zuliebe und auch für sich selbst.

Bei der Ernährung kommt es vor allem darauf an, die Grundsätze einer gesunden vollwertigen Kost zu verwirklichen, die bereits genannt worden sind (ab S. 96). Zusätzlich noch einige spezielle Hinweise:

- *Obst und Gemüse* bevorzugen, das hierzulande im Freien wächst, möglichst aus dem kontrolliert biologischen Anbau. Diese saisongerechte Ernährung verringert die Belastung mit Schadstoffen, denn Pflanzen aus dem Gewächshaus enthalten mehr Nitrate. Allerdings: Obst und Gemüse meiden, das nahe an stark befahrenen Straßen angebaut oder gelagert oder verkauft wird, weil es mit Schadstoffen belastet ist.
- *Obst und Gemüse* unmittelbar vor dem Verzehr bzw. der Zubereitung gründlich unter fließendem Wasser waschen, besonders intensiv die Sorten mit gekräuselter oder behaarter oder rauher Oberfläche (wie

Grünkohl, Pfirsich, Salat), auf der sich Schadstoffe sehr hartnäckig halten. Von Kohl und Salat die äußeren Blätter nicht verwerten. Im Zweifelsfall Obst und Gemüse schälen (und den Verlust an Vitaminen, Mineralstoffen, Spurenelementen durch Einnahme der Nahrungsergänzungsmittel ausgleichen).

- *Innereien* nur gelegentlich verzehren. Leber und Nieren von Rind und Schwein höchstens einmal in drei Wochen, weil diese besonders viel Cadmium anreichern; Innereien von Wildtieren gänzlich vermeiden, weil sie oft noch Quecksilber und weitere Schadstoffe enthalten.
- *Pilze* sind ebenfalls mit Vorsicht zu genießen. Wachsen sie im Freien, enthalten sie womöglich zuviel Cadmium oder Quecksilber. Mehr als eine Portion von 200 bis 250 Gramm pro Woche sollten deshalb Erwachsene nicht essen, und Kinder nur die Hälfte.
- *Eisen.* Insbesondere Frauen sollten darauf achten, daß sie genügend Eisen aufnehmen. Mangelt es daran, droht ihnen nicht nur eine Anämie (siehe S. 28), sondern auch eine Vergiftung mit Cadmium, weil dann nämlich mehr von diesem Schwermetall vom Körper aufgenommen wird. Schützend wirken dann auch Vitamin C und Calcium. Gute Quellen für Eisen sind Fleisch sowie Hirse, Sojabohnen, Weizenkeime, Haferflocken, Haselnüsse, Vollreis, Feldsalat.

Bei der Kleidung heißt es: richtig einkaufen und pflegen. Bereits beim Kauf darauf achten, daß sie ein *Gütesiegel* trägt, entweder »Schadstoffgeprüft nach Öko-Tex Standard 100« oder »M. S. Z.« (= Markenzeichen schadstoffgeprüfter Textilien). Das Gütesiegel garantiert, daß die Gewebe kaum Pestizide, Formaldehyd, Schwermetalle enthalten und daß sie frei von Farbstoffen sind, die Allergien oder Krebs auslösen. Fehlt ein Gütesiegel, sollte das Kleidungsstück vorsichtshalber erst gewaschen, dann getragen werden.

- Keine Kleidungsstücke kaufen, die als »bügelfrei« oder »knitterfrei« angepriesen werden; es besteht begründeter Verdacht, daß deren Gewebe kritische Rückstände enthalten, die schädlich sein könnten.
- Nicht in die *chemische Reinigung* gehören Kleidungsstücke, die direkt am Körper getragen werden wie Blusen, Hemden, Pullover. Die anderen sollten vor dem Tragen mindestens einen Tag lang im Freien aufgehängt werden, damit die Reinigungsmittel gründlich auslüften.

Für die Einrichtung gibt es ebenfalls einige Hinweise. Solche Möbel bevorzugen, die möglichst aus Vollholz oder zumindest aus Spanplatten der Emissionsklasse E 1 hergestellt sind, weil diese ohne Formaldehyd geklebt sind; sicherheitshalber vom Verkäufer einen *Möbelpaß* verlangen, in dem das bestätigt ist.

- Löcher in alten Möbeln sind nur dann Anzeichen für Befall mit *Holzwürmern,* wenn täglich frisches Bohrmehl herausrieselt. Ist das der Fall, gibt es anstelle chemischer Gegenmittel Heißluftverfahren, um die Schädlinge zu beseitigen; häufig genügt es vollauf, das befallene Möbelstück für einige Zeit in die Sauna zu stellen.
- In trockenen Innenräumen keine Holzschutzmittel anwenden, die zur Vorbeugung von *Insekten-* und *Pilzbefall* bestimmt sind – und deshalb im Wohnzimmer ohnehin unnötig sind.
- Beim Kauf von Teppichböden auf das *Teppich-Gütesiegel* achten; sie in der Wohnung nicht verkleben, sondern am Rand mit Nagelleisten befestigen. Wolle, Ziegenhaar, Kokos, Sisal bzw. Mischgewebe daraus sind als Material künstlichen Fasern vorzuziehen.

Für die Haushaltsführung lautet der wichtigste Grundsatz:

- *Mehr frische Luft!* Das erscheint banal und ist doch ungemein wichtig für die Gesundheit; immerhin stellte das frühere Bundesgesundheitsamt bei einer Untersuchung fest, daß in manchen Wohnungen mehr Schadstoffe konzentriert waren als an verkehrsreichen Straßen. Deshalb gilt: Alle ein bis zwei Stunden die Fenster der Räume für jeweils drei bis fünf Minuten weit öffnen. Diese Stoßlüftung ist nützlicher, als ständig einen Fensterspalt offen zu halten; besonders wichtig ist sie morgens nach dem Aufstehen, mittags nach dem Kochen, abends vor dem Schlafengehen.
- In Wohnräumen *nicht rauchen* oder zumindest diese noch öfter lüften. Zigaretten gefährden bekanntlich nicht nur die Raucher selbst, sondern bedrohen auch die Gesundheit der Mitmenschen; als Passivraucher reagieren besonders empfindlich schwangere Frauen und kleine Kinder, die deshalb häufiger unter Allergien, Bronchitis, Mittelohrerkrankungen leiden.
- Die Innenluft mit Hilfe von *Zimmerpflanzen* verbessern, die Schadstoffe abfangen und unschädlich machen. Als besonders nützlich erwie-

sen haben sich zu diesem Zweck Philodendron, Amaryllis, Chrysanthemen, Gerbera sowie Efeu und Grünlilie, die insbesondere der Atemluft die schädlichen Kohlenwasserstoffe aus dem Zigarettenrauch entziehen (wird etwas Aktivkohle in die Topferde gemischt, ist dieser Effekt noch gesteigert).

- Ein besonderes Problem sind die vielen *chemischen Reinigungsmittel* im Haushalt, die gefährliche Substanzen enthalten und deshalb die Gesundheit gefährden können. Für alle jedoch gibt es natürliche Alternativen: Als Glasreiniger klares Wasser mit einem Spritzer Essig oder Brennspiritus; zum Metall- und Silberputzen Schlämmkreide oder Scheuermittel; für die Bodenpflege milde Allzweckreiniger wie Seifenflocken; fürs WC die Klobürste und das weit geöffnete Fenster. Sie sind allesamt nicht nur gesünder, sondern auch noch billiger!

Es gibt noch viele weitere gute Ratschläge, wie Belastungen des Körpers aus der Umwelt gemieden bzw. gemindert werden können. Sie alle aufzuführen, würde den Rahmen dieses Buches sprengen – darüber gibt es spezielle Veröffentlichungen (in der Buchhandlung danach fragen).

Unfruchtbarkeit: Neue Chancen für ein Wunschkind

Nie zuvor ist so vielen Frauen und auch Männern der Wunsch nach einem Kind unerfüllt geblieben: Während vor 25 Jahren noch 6 bis 8 Prozent aller Paare ungewollt kinderlos waren, sind heute mehr als doppelt so viele unfruchtbar, nämlich 15 bis 20 Prozent. Die Gründe dafür liegen ganz offensichtlich in Veränderungen während dieser Zeit; vor allem darin, daß Belastungen durch psychische Faktoren sowie durch Schadstoffe aus der Umwelt zugenommen haben – worüber in diesem Kapitel eingehend berichtet wird.

Als *unfruchtbar* gilt ein Paar, laut Definition der Weltgesundheitsorganisation WHO, wenn es nach ein bis zwei Jahren des Zusammenlebens mit regelmäßigem Geschlechtsverkehr noch immer ohne Wunschkind ist. *Sterilität* ist der Begriff für das Unvermögen, ein Kind zu zeugen bzw. zu empfangen, während das Wort *Infertilität* die Unfähigkeit der Frau, ein Kind auszutragen, bezeichnet. Wenn ein Paar sich Kinder wünscht, jedoch keine bekommt, muß die Ursache dafür bei beiden Partnern gesucht werden. In etwa der Hälfte der Fälle wird sie bei der Frau zu finden sein, etwas weniger häufig beim Mann, der Rest betrifft beide Partner oder bleibt ungeklärt.

Die Diagnose »Unfruchtbarkeit« ist für jede betroffene Frau ein schwerer Schock. Sie reagiert darauf mit einer Vielfalt von Gefühlen. Mit Verzweiflung und Trauer darüber, daß ihr das verwehrt wird, was sie sich so sehr gewünscht hat und was anderen Frauen gewährt wird. Mit Zweifeln am Selbstwert, weil sie sich ohne Kind nicht als richtige Frau empfindet. Mit Schuldgefühlen, daß die Unfruchtbarkeit die Strafe für Fehlverhalten sei, etwa für eine vorhergegangene Abtreibung. Mit dem Gefühl des Verlustes, weil nun das Leben sich nicht so gestalten läßt, wie es geplant gewesen ist. Mit dem Gefühl der eigenen Ohnmacht, nichts dagegen tun zu können, und auch mit einem Gefühl der Wut auf die Ärzte, die das bisher nicht ändern konnten.

Die meisten Frauen brauchen Monate und Jahre, bis sie diese Krise bewältigt haben. Erschwert und verlängert wird dieser Prozeß allzu häufig durch Auseinandersetzungen mit anderen Menschen. Mit dem Partner, der sich nicht damit abfinden will, keinen Stammhalter zu haben. Mit der Familie, für die Frausein noch immer mit Muttersein gleichgesetzt wird. Mit der Gesellschaft, die nach wie vor dem Vorurteil anhängt, daß Kinderlosigkeit stets die »Schuld« der Frau sei.

Sogar viele Frauen glauben das. Anders ist es nicht zu erklären, daß sie über Jahre hinweg selbst langwierige Diagnosen und eingreifende Therapien auf sich nehmen – bis sich möglicherweise herausstellt, daß die Ursache der Unfruchtbarkeit überhaupt nicht bei ihnen liegt. Richtig dagegen ist: Bleibt ein Paar ungewollt kinderlos, sollte sich zuerst der Mann untersuchen lassen; am besten von einem Andrologen (der das Pendant zum Gynäkologen ist) oder von einem Arzt für Urologie (der traditionell auf Bau und Funktion der männlichen Geschlechtsorgane spezialisiert ist). Das ist nicht nur zu empfehlen, weil die Untersuchungen bei ihm wesentlich einfacher und billiger sind, sondern auch deshalb, weil mitunter allein sein Entschluß dazu einen ganz erstaunlichen Erfolg haben kann: Die belastete Beziehung zwischen den Partnern entspannt sich, so daß es gelegentlich spontan zu einer Schwangerschaft kommt.

Psychische Faktoren

Sie sind nämlich die häufigsten Ursachen ungewollter Kinderlosigkeit. Das bestätigen die Untersuchungen bei den Frauen, die sich deswegen einer Gynäkologin/einem Gynäkologen anvertrauen. Diese Feststellung ist eine grundlegende Voraussetzung für die Therapie: Unfruchtbarkeit ist ein ganzheitliches Geschehen, bei dem die Gesamtheit von Körper und Seele behandelt werden muß – und nicht allein die Geschlechtsorgane.

Ursachen

Mögliche Ursachen dieser Art gibt es viele. Es können ungelöste Konflikte in der Beziehung zum Partner oder zu den Eltern ebenso sein wie Aggressivität gegen andere oder gegen sich selbst, Probleme mit der eigenen Identität und sogar die unbewußte Ablehnung einer Schwangerschaft, übermäßiger Streß im Beruf oder in der Familie. Wird der Wunsch nach einem Kind zu einem alles beherrschenden Verlangen, entsteht eine

Art Leistungszwang. Wirkt sich die Therapie mit langen Wartezeiten und rigorosen Vorschriften bis ins Intimleben sehr belastend aus, können diese als zusätzliche Störfaktoren den Zustand sogar noch verstärken. Dafür gibt es den Gegenbeweis: So manche Frau, die nach langen Jahren alle Bemühungen um ihr Wunschkind als hoffnungslos aufgegeben oder bereits ein anderes Kind adoptiert hat, wird nun gänzlich unverhofft doch noch Mutter.

Wie psychische Faktoren eine sogenannte *psychogene Sterilität* der Frau verursachen können, ist bekannt. Sie greifen vor allem in das komplizierte Regelsystem der Hormone ein. Ihr Ansatzpunkt ist mitten im Kopf der sogenannte Hypothalamus; dieser Teil des Zwischenhirns gilt als Bindeglied zwischen Psyche und Körper. Er sendet *Gonadotropin-Releasing-Hormone* (abgekürzt: GnRH) als Botenstoffe an die dicht unter ihm befindliche Hypophyse; diese etwa erbsengroße »Chefdrüse« steuert die Funktion der anderen Drüsen im Körper. Sie reagiert auf den Befehl von oben, indem sie eigene Hormone an die Eierstöcke (= Ovarien) aussendet: Das *luteinisierende Hormon* (abgekürzt: LH) und das *follikelstimulierende Hormon* (abgekürzt: FSH) veranlassen und regulieren die Produktion der weiblichen Sexualhormone Östrogen und Gestagen sowie die Reifung von Eibläschen (= Follikel) und die Entwicklung einer Eizelle (= Ovum). In einem komplizierten Rückkopplungsmechanismus hemmen und fördern sich diese Hormone gegenseitig (mehr darüber auf S. 179).

Stören psychische Faktoren die Funktion des Hypothalamus, wird zwangsläufig das Reproduktionssystem für die Fortpflanzung in Mitleidenschaft gezogen. Die Funktion der Eierstöcke wird gestört, so daß es zu Störungen der Reifung von Follikel und der Entwicklung der Eizelle kommt, bis hin zum Ausbleiben des Eisprungs (= Anovulation). Derartige hormonelle Ursachen sind in bis zu 60 Prozent der Fälle der Grund für die Unfruchtbarkeit der Frau. Selbst wenn gesunde, reife Eizellen entstehen, können dieselben Faktoren eine Schwangerschaft noch auf andere Weise verhindern. Indem sie über das Gehirn als übergeordneter Instanz das vegetative Nervensystem beeinflussen, das viele lebenserhaltende Vorgänge im Körper regelt, bewirken sie eine Fehlsteuerung der Eileiter (= Tuben). Folge dessen können eine Verkrampfung der Muskulatur (= Spasmus) und dadurch bedingt ein Verschluß sein, so daß Samenfäden (= Spermien) durch sie nicht bis hinauf zur Eizelle gelangen, oder eine Störung ihrer gleichmäßigen Bewegungen (= Peristaltik), so daß sie eine befruchtete Eizelle nicht rechtzeitig zur Einnistung (= Nidation) in die Gebärmutter transportieren. Auch in diesen Fällen ist die betroffene Frau unfruchtbar.

Behandlung

Das ärztliche Gespräch, das Aussprache, Aufklärung, Beratung umfaßt, ist die wichtigste Maßnahme gegen eine psychogene Sterilität: Die Aussprache über alles, was »auf der Seele lastet«; die Aufklärung, daß Unfruchtbarkeit kein Makel ist und daß keine bedrohliche Erkrankung dahintersteckt; die Beratung, daß beispielsweise ein ausgedehnter Urlaub bzw. eine Kur sehr hilfreich sein kann. Das allein kann genügen, um psychische Störfaktoren auszuschalten, so daß endlich eine gesunde, befruchtungsfähige Eizelle heranreift, oder um innere Verkrampfungen zu lösen, so daß mit ihnen auch die Krämpfe im Eileiter vergehen und endlich der Weg für die Spermien für eine Befruchtung frei ist.

Das ärztliche Gespräch ist die erfolgreichste Maßnahme gegen eine psychogene Sterilität, wie unter anderem die Erfahrungen einer »Kinderwunsch-Sprechstunde« in Berlin bestätigen: Von 1000 unfruchtbaren Frauen wurde nahezu jede zweite bereits nach den ersten ärztlichen Gesprächen schwanger, ohne jede medizinische Behandlung; bei einem weiteren Viertel kam es in der Zeit, in der eine genaue Diagnose körperlicher Ursachen gestellt werden sollte, ebenfalls zur Schwangerschaft. Nur 28 Prozent der Patientinnen mußten behandelt werden.

Psychotherapie, deren erklärtes Ziel es ist, unbewußte Konflikte als Ursache körperlicher Störungen bewußtzumachen und auf diese Weise zu lösen.

Autogenes Training, das die Belastungen durch einen übermäßigen Streß sehr viel besser ertragen läßt und auch Folgen für die Fruchtbarkeit abwenden kann.

Andere Störungen des Regelsystems der Hormone

Hormonelle Störungen als Ursache der Unfruchtbarkeit sind zwar überwiegend, aber nicht ausschließlich auf psychische Faktoren zurückzuführen. Es kommen dafür noch weitere Gründe in Frage, zum Beispiel diese:

Ursachen

Erkrankungen anderer Drüsen wie Über- oder Unterfunktion der Schilddrüse (= Hyper- bzw. Hypothyreose), der Nebennieren, der Bauchspeicheldrüse (= Pankreas) mit Zuckerkrankheit (= Diabetes mellitus). Werden diese Grundleiden erfolgreich behandelt, normalisiert sich auch der Hormonhaushalt der betroffenen Frau.

Nebenwirkungen von Medikamenten, etwa gegen Depressionen, Bluthochdruck, Epilepsie. Sie bewirken, daß im Körper der Frau zuviel von dem Hormon Prolaktin entsteht, das als »Milchhormon« die Muttermilch entstehen läßt und während der Stillzeit eine Schwangerschaft verhindert; werden sie abgesetzt, vergeht auch diese *Hyperprolaktinämie* wieder. Die Anti-Baby-Pille kann ebenfalls hormonelle Störungen und damit eine zeitweilige Unfruchtbarkeit zur Folge haben. Wird sie bereits von jungen Jahren an über lange Zeit angewendet, wird durch ihre Hormone das körpereigene Hormonsystem gewissermaßen ruhiggestellt, und es kann sich kein eigener Hormonrhythmus entwickeln. Wird später die Pille wegen Kinderwunsch abgesetzt, kann zunächst der Menstruationszyklus gestört sein und der Eisprung ausbleiben. In der Regel jedoch normalisiert sich das Hormonsystem der Frau binnen weniger Monate; die Pille macht nicht auf Dauer unfruchtbar.

Übergewicht kann durchaus die Ursache von Unfruchtbarkeit sein, insbesondere bei den Frauen, die bereits seit ihrer Jugend zuviel wiegen und die bevorzugt süße Sachen verzehren. Das Übermaß an rasch resorbierbaren Kohlenhydraten aus Süßigkeiten, Eis, Kuchen bewirkt nämlich im Stoffwechsel eine Überreaktion, bei der sehr viel von dem Hormon Insulin (= Hyperinsulinämie) freigesetzt wird; damit kommt eine Art Kettenreaktion in Gang, die letztendlich dazu führt, daß im Körper der Frauen sowohl zuviel weibliche Östrogene als auch zuviel männliche

Androgen-Hormone entstehen. Äußerlich ist das den Betroffenen an unreiner Haut mit Akne sowie an vermehrter Behaarung im Gesicht (Damenbart) anzusehen. Innerlich kann es zum Entstehen von Zysten in den Eierstöcken (= Polyzystisches Ovarialsyndrom), zu Störungen bei der Reifung der Eibläschen sowie bei der Entwicklung der Eizellen kommen – und dadurch bedingt zur Unfruchtbarkeit.

Behandlung

Diese Sterilität läßt sich gut ursächlich behandeln: Je mehr vom Übergewicht »abgespeckt« wird, desto eher normalisiert sich das Hormonsystem und desto wahrscheinlicher wird eine Schwangerschaft. Anzustreben ist das *Normalgewicht;* es errechnet sich anhand der Formel: Körpergröße in Zentimetern minus 100 (eine 165 Zentimeter große Frau sollte demzufolge nicht mehr als 65 Kilogramm wiegen). Allerdings sollte das Übergewicht in einem gehörigen Abstand vor einer Schwangerschaft abgebaut werden; während des Abnehmens werden nämlich gespeicherte Substanzen freigesetzt, die dem Kind schaden könnten.
Zudem kommt es nicht nur darauf an, wieviel eine Frau wiegt, sondern es muß auch darauf geschaut werden, wie ihr Körper gebaut ist: Ein »Apfel-Typ« (bei dem das Übergewicht vor allem am Bauch sitzt, ähnlich wie beim Mann) hat größere Schwierigkeiten abzunehmen und geringere Chancen, schwanger zu werden, als ein »Birnen-Typ« mit der typisch weiblichen Figur (bei dem sich das Fett überwiegend an den Hüften und den Oberschenkeln ablagert, jedoch die Taille verhältnismäßig schlank geblieben ist).
Bleiben diese Mittel und Methoden ohne den erhofften Erfolg, können weitere Möglichkeiten genutzt werden, um hormonelle Störungen als Ursache der Unfruchtbarkeit zu beseitigen und um einen Eisprung als natürliche Voraussetzung für eine Schwangerschaft auszulösen.

Die sanfte Medizin sollte in erster Linie das Verfahren der Wahl sein.
Phytotherapie (siehe S. 213), in bestimmten Fällen mit Wirkstoffen aus dem Mönchspfeffer *(Vitex agnus castus);*
Akupunktur (siehe S. 198), wobei die Körper-Akupunktur ebenso erfolgreich ist wie die Aurikulo-Akupunktur, bei der die Nadeln in bestimmte Punkte der Ohrmuschel gesetzt werden;

Homöopathie (siehe S. 208), auch mit Kombinationspräparaten, die unter anderem Substanzen aus der Tigerlilie *(Lilium tigrinum),* Kreuzkraut *(Senecio fuchsii),* Honigbiene *(Apis mellifica)* enthalten.

Hormonbehandlung. Es ist vielfach bestätigt worden, daß solch eine sanfte Medizin ebenso wirksam sein kann wie eine Therapie mit Hormonen, ohne deren unerwünschte Wirkungen zu haben. Zu diesen gehört eine übermäßige Anregung der Eierstöcke, von denen daraufhin nicht nur eine Eizelle freigesetzt wird, sondern mehrere zugleich – und statt des einen Wunschkindes Mehrlinge zur Welt kommen. Darüber hinaus kann das *Überstimulierungssyndrom* bedrohliche Komplikationen im Unterleib zur Folge haben, so daß stets eine genaue Kontrolle während der Behandlung erforderlich ist.

Bei einer Hormontherapie werden je nach Ursache der Unfruchtbarkeit die Hormone von Hypothalamus (GnRH) oder Hypophyse (LH, FSH), die im Körper fehlen, von außen zugeführt, bzw. es werden Arzneimittel eingesetzt, die ein Übermaß anderer, störender Hormone (Androgene, Prolaktin) beseitigen sollen. Eine solche Behandlung kann sich über Monate hinziehen, das strikte Einhalten von Zeitplänen verlangen und deshalb sehr belastend für die Frau sein. Grundsätzlich sollte eine Hormontherapie gegen Unfruchtbarkeit nur von einem Facharzt mit großen Erfahrungen auf diesem Gebiet durchgeführt werden.

Umweltfaktoren

Während die Auswirkungen von psychischen Faktoren bekannt und anerkannt sind, ist die Beeinträchtigung der Fruchtbarkeit durch Schadstoffe aus der Umwelt (siehe auch S. 140) erst in Ansätzen erforscht. Die bisherigen Resultate sind erschreckend: Fast jede zweite Frau, die sich wegen Unfruchtbarkeit behandeln ließ, hatte zuviel *Chlorkohlenwasserstoffe* (abgekürzt: CKW) im Körper, und andere waren mit *Schwermetallen* wie Blei, Cadmium, Quecksilber belastet. Das hat eine Untersuchung an der Universitäts-Frauenklinik Heidelberg ergeben.

Die CKW stammen unter anderem aus *Holzschutz-* und *Schädlingsbekämpfungsmitteln,* die zum Teil heute noch erlaubt sind (wie Lindan) oder bereits seit Jahren verboten sind (wie DDT und PCP). Im Körper der

Frau werden sie bevorzugt in den inneren Geschlechtsorganen angereichert: In den Eierstöcken, in denen sie die Reifung der Eibläschen und die Entwicklung der Eizelle stören; im Schleim vom Gebärmutterhals (= Zervix), in dem sie die Samenfäden lähmen und derart schädigen, daß diese kürzer leben; in der Schleimhaut der Gebärmutter, in der sie die Einnistung einer befruchteten Eizelle verhindern. Darüber hinaus können sie auf das Gehirn einwirken und von dort aus die hormonellen Regelsysteme stören – mit denselben Folgen wie psychische Faktoren.

Von den Schwermetallen ist *Quecksilber* in dieser Hinsicht besonders gefährlich. Es wird mit Nahrungsmitteln aufgenommen und kann sich aus dem Amalgam von Zahnfüllungen lösen. Durch Bakterien in Mund und Darm wird es in organische Quecksilbersalze umgewandelt, die mit dem Blutkreislauf in den ganzen Körper gelangen. Quecksilber reichert sich unter anderem in der Hypophyse an und stört dort die Steuerung des Hormonhaushalts durch das LH- und FSH-Hormon. *Blei* und *Cadmium* bewirken auf andere, noch nicht genau geklärte Weise ebenfalls eine hormonelle Störung.

Die Folge ist in jedem Fall dieselbe: Unfruchtbarkeit. Dazu genügen bereits derart geringe Mengen der Schadstoffe, daß sie keine anderen Symptome hervorrufen; ihre ständige, chronische Belastung mit sich gegenseitig verstärkenden Effekten ergibt diese Wirkung.

Übrigens: Davon sind nicht nur Frauen betroffen, auch Männer bleiben nicht verschont. Seit 20 Jahren haben sich sowohl die Anzahl als auch die Qualität der Spermien im Samenerguß (= Ejakulat) ständig verschlechtert, haben Wissenschaftler der Universität Kopenhagen (Dänemark) nachgewiesen. Sie machen ebenfalls »die zunehmende Chemisierung« der Umwelt dafür verantwortlich; manche Schadstoffe wirken ähnlich wie Östrogene und stören deshalb die Entwicklung der Samenfäden (= Spermatogenese). Sie rechnen zu diesen »Umwelt-Östrogenen« sogar die Hormone aus der Anti-Baby-Pille; deren Hormone gelangen aus dem Urin der Frauen in die Kläranlagen – und hier muß etwas getan werden.

Behandlung

Sind Schadstoffe aus der Umwelt schuld an der Unfruchtbarkeit, kann dagegen dasselbe *ganzheitliche Therapiekonzept* hilfreich sein, das am

Schwarzwald Sanatorium Obertal gegen andere Umwelterkrankungen mit gutem Erfolg angewendet wird – und das ab S. 142 genauer beschrieben ist. Neben der richtigen Ernährung und der Immun-Therapie mit Thymosand® kommt hierbei der Vital-Plus-Therapie mit Vitaminen, Mineralstoffen, Spurenelementen eine besondere Bedeutung zu. Sie ist wirksam gegen die Belastung durch Schwermetalle: Zusätzliche Gaben von Calcium und Vitamin C können den Körper von Blei befreien sowie die Aufnahme von Cadmium hemmen, während es von Zink ausgeschwemmt wird. Sie hilft auch, Störungen des Hormonsystems durch die chlorierten Kohlenwasserstoffe, die nur zum Teil aus dem Körper entfernt werden können, zu vermeiden oder zumindest zu verringern. Das Rezept:

Pro Tag mindestens 500 Milligramm Calcium (mit Minerell®), 2 Gramm Vitamin C (mit Ascorell®), 400 Internationale Einheiten Vitamin E (mit Tocorell®).

Die genannten Präparate sind rezeptfrei in allen Apotheken erhältlich. Außerdem sollte jede Frau dafür sorgen, daß ihr Körper über genügend *Folsäure* (siehe auch S. 34) verfügt – weil im Falle einer Schwangerschaft dieses Vitamin aus dem B-Komplex sie selbst vor einer Fehlgeburt bewahren und das Kind vor angeborenen Mißbildungen wie Hasenscharte und Wolfsrachen oder einer Spaltbildung der Wirbelsäule (= Spina bifida) schützen kann. Folsäure gibt es mit dem Präparat Folarell® ebenfalls ohne Rezept in jeder Apotheke.

Mit der Vital-Plus-Therapie werden weitere Schutz- und Ausscheidungsfunktionen gestärkt. Das trägt zur allgemeinen Gesundung bei – und damit steigen die Chancen für ein gesundes Kind. Das bestätigen gute Erfahrungen aus Behandlungsversuchen von Frauen mit einer *Eisenmangel-Anämie* (siehe S. 28). Niedrige Eisenspiegel im Blut, so wird vermutet, verhindern über körpereigene Regulationsmechanismen eine Schwangerschaft, um den Organismus vor weiteren Eisenverlusten zu bewahren. Die Patientinnen erhielten pro Tag 35 Milligramm Eisen, um den Mangel daran auszugleichen, und 200 Milligramm Vitamin C, um die Aufnahme des Spurenelements zu fördern. Zehn Wochen später wurden die ersten von ihnen schwanger; darunter einige, deren Sterilität zuvor über lange Zeit mit anderen Therapien erfolglos behandelt worden war.

Ein ganz anderer Fall als Bestätigung dafür ist uns im Schwarzwald Sanatorium Obertal bekannt (und in dem Buch »Vital Plus« beschrieben):

Frau K. J., damals 32 Jahre alt
Die Patientin war an einer chronischen Darmentzündung (= Colitis ulcerosa) erkrankt. Bedingt dadurch konnten im Darm nicht genügend Mikro-Nährstoffe aus den Nahrungsmitteln aufgenommen werden. Die Frau wünschte sich zwar sehnlichst ein Kind, hatte aber zugleich Angst davor, daß es wegen des Vitaminmangels mit Mißbildungen zur Welt kommen würde. Der Vitamin-Status ergab, daß es ihr an Vitamin B_2 und Vitamin B_{12} sowie an dem B-Vitamin Folsäure fehlte. Dieser Mangel wurde noch während des Aufenthalts im Schwarzwald Sanatorium Obertal ausgeglichen und für zu Hause wurde eine angemessene Zufuhr mit rezeptfreien Präparaten aus dem Vital-Plus-Programm empfohlen, um neuerlichen Mangelzuständen vorzubeugen. Ein Jahr später kam eine Geburtsanzeige: Es war ein Junge – und er war ganz gesund.

Sonstige Faktoren

Neben psychischen Faktoren sowie Schadstoffen aus der Umwelt gibt es eine Vielzahl weiterer Ursachen für die Unfruchtbarkeit der Frau. Vor der eigentlichen Therapie der Sterilität sollten sie durch gezielte Untersuchungen entweder ausgeschlossen oder aber festgestellt werden, um sie dann bestmöglich behandeln zu können. Dazu gehören:

Organische Veränderungen wie Myome (siehe S. 120), die als an sich gutartige Geschwülste das Einnisten der befruchteten Eizelle in der Gebärmutter behindern können, sowie Endometriose (siehe S. 70), bei der versprengte Schleimhaut aus der Gebärmutter auch die Eileiter blockieren kann. Werden diese Grundleiden erfolgreich behandelt, kommt es endlich auch zu einer Schwangerschaft.
Entzündungen der Geschlechtsorgane (ab S. 84), die auch wegen dieser Komplikation so rasch wie möglich behandelt werden sollten; seltener sind übergreifende Entzündungen benachbarter Organe wie des Blinddarms (= Appendizitis) schuld daran. Die Entzündungen können zu Verwachsungen der Eileiter führen, die den Weg der Samenfäden hinauf zur Eizelle und den Weg der Eizelle hinab in die Gebärmutter verschließen. Ist das geschehen, kann versucht werden, diesen Tubenverschluß mit Hilfe von Mikrochirurgie zu beseitigen.

Adhäsionen der Eileiter, bei denen ihre Wände nicht verwachsen, sondern miteinander verklebt sind. In diesen Fällen kann eine Methode zur Diagnose bereits als Therapie genügen. Das ist die sogenannte Pertubation, bei der Kohlendioxid durch die Gebärmutter eingeblasen wird, um die Durchgängigkeit der Eileiter zu prüfen. Der Druck dieses Gases allein vermag leichte Verklebungen zu lösen und dadurch den Weg zu einer Schwangerschaft freizumachen.

Der Zervixfaktor, in dem alle Ursachen einer Unfruchtbarkeit zusammengefaßt sind, die im Bereich des Gebärmutterhalses (= Zervix) zu finden sind. Das können organische Erkrankungen sein wie Entzündungen, die gezielt behandelt werden müssen, sowie funktionelle Störungen, die den Schleimpfropf in der Öffnung des Muttermundes betreffen. Normalerweise wird dieser zur Zeit des Eisprungs durchlässig, damit die Samenfäden passieren können. Bleibt jedoch der Zervixschleim undurchlässig, ist dieser Weg blockiert und eine Befruchtung unmöglich. Ein häufiger Grund dafür ist ein Mangel an Östrogen während der ersten Zyklushälfte; eine bewährte Therapie ist deshalb die Zufuhr des Hormons während dieser Zeit.

Eine immunologische Abwehrreaktion, die den Körper der Frau überempfindlich reagieren läßt gegen Samenfäden vom Mann. Das Immunsystem verkennt das körperfremde Eiweiß der Spermien als ein gefährliches Antigen und bildet dagegen spezifische Antikörper, die gezielt Samenfäden angreifen und zerstören, ehe diese eine Eizelle befruchten können. Im Prinzip entsteht und verläuft also diese *Sperma-Allergie* ebenso wie etwa ein Heuschnupfen (= Pollinosis) bei Überempfindlichkeit gegen bestimmte Pollen. Deshalb kann ebenso wie bei dieser Allergie auch in diesen Fällen als Therapie eine *Hyposensibilisierung* versucht werden: Mit Injektionen des Allergens in langsam ansteigender Dosierung soll das Immunsystem der Frau allmählich daran gewöhnt werden, so daß es mit der Zeit weniger Antikörper dagegen bildet oder überhaupt nicht mehr die Samenfäden vom Mann abwehrt. Diese Therapie ist nicht nur sehr langwierig und aufwendig, auch ihr Erfolg ist ungewiß.

Selbsthilfe

Ganz einfach und dennoch überraschend wirksam ist eine Selbsthilfe gegen diese immunologische Ursache der Unfruchtbarkeit. Das ist die *Karenz,* also das Meiden des Kontaktes mit dem Allergen, damit die Antikörper dagegen wieder abgebaut werden. Von dem betroffenen Paar wird nicht einmal sexuelle Enthaltsamkeit verlangt; ihm wird vielmehr empfohlen, konsequent Kondome beim Geschlechtsverkehr zu benutzen. Diese Maßnahme allein genügt nach Erfahrungen aus Amerika, um innerhalb von neun bis zwölf Monaten die Zahl der Antikörper gegen das Sperma derart zu reduzieren, daß in sehr vielen Fällen nun eine Befruchtung möglich ist.

»Unsanfte Therapien«

Zwar bedeutet auch diese Selbsthilfe eine Belastung der Partner und ihrer Beziehung zueinander, aber vor allem Frauen sind bereit, das alles und noch viel mehr auf sich zu nehmen, um sich endlich den Wunsch nach einem Kind zu erfüllen. Ob die ärztlichen Maßnahmen und das eigene Bemühen den so sehnlich erwarteten Erfolg haben werden, ist nie vorherzusagen. Die Chancen dafür sind nicht nur nach der Ursache, sondern auch von Fall zu Fall verschieden.

Eines jedoch ist sicher: Je älter eine Frau ist, desto geringer ist ohnehin die Wahrscheinlichkeit, daß sie schwanger wird. Im Alter von 30 Jahren beträgt sie 30 Prozent, mit 35 noch 11 Prozent und mit 40 Jahren nur ganze 3 Prozent. Die Konsequenzen dessen: Eine Frau sollte das Kind nicht zu spät in ihrem Leben einplanen bzw. möglichst bald zur Ärztin/zum Arzt gehen, falls dieser Wunsch sich nicht verwirklicht.

Selbst wenn die genannten Therapien der Unfruchtbarkeit vergebens waren, sind noch nicht alle Möglichkeiten gegen ungewollte Kinderlosigkeit erschöpft. So gibt es die *Insemination* für eine künstliche Befruchtung und die sogenannten Retortenbabys nach einer *In-vitro-Fertilisation.*

Bei einer Insemination wird Samen vor dem Gebärmuttermund deponiert bzw. direkt in die Gebärmutter eingebracht; das kann der Samen des eigenen Partners (= *homologe Insemination*) oder eines fremden Mannes (= *heterologe Insemination*) sein. Für eine In-vitro-Fertilisation werden die Eierstöcke durch Hormongaben übermäßig stimuliert, so daß mehrere Eizellen heranreifen und durch Punktion mit einer Nadel entnommen werden; nachdem sie außerhalb des Körpers von jeweils einem Samenfaden befruchtet worden sind und bereits ihre Entwicklung als Embryo begonnen haben, werden sie Tage später in die Gebärmutter eingepflanzt (= *Embryo-Transfer*). Die Chancen, daß neun Monate später ein Kind geboren wird, sind geringer als 1:10.

Diese Methoden sind alles andere als eine sanfte Medizin. Bei ihnen sind Liebe und Sex von Zeugung und Fortpflanzung getrennt; an die Stelle des natürlichen Geschehens treten Termine, Medikamente, Eingriffe, Zwänge. Sie bedeuten eine große zusätzliche Belastung, vor allem für die Frau und auch für den Mann. Sie sollten deshalb besonderen Fällen vorbehalten sein, die wirklich nicht anders zu behandeln sind. Der Entschluß dazu sollte stets gemeinsam, und zwar erst nach einer gründlichen medizinischen und psychologischen Beratung, gefaßt werden. Trotz aller widriger Umstände entschließen sich viele Paare zu diesem Schritt; man sollte Verständnis für sie haben.

Verstopfung: Nachhilfe in der »Darmschule«

Es ist eine Tatsache: Unter chronischer Verstopfung leiden viel mehr Frauen als Männer. In der ärztlichen Praxis klagen 59 Prozent der Patientinnen, jedoch nur 23 Prozent der Patienten darüber, hat eine Umfrage bei Internisten in München ergeben. Es gibt verschiedene Gründe für diese Differenz zwischen den Geschlechtern.

Ursachen und Erscheinungsformen

Zum einen sind das Fehler in der *Erziehung der Kinder*. Von Mädchen wird noch immer erwartet, daß sie sauberer sind als Jungen und sich nicht so schmutzig machen dürfen. Das erstreckt sich auch auf die ganz natürlichen Ausscheidungen; vieles, was damit zusammenhängt, wird von vornherein verdrängt oder weitgehend unterdrückt, häufig sogar als eklig und abstoßend hingestellt. Der Gang zur Toilette ist dann mit Scham belastet, er wird möglichst rasch erledigt oder immer wieder verschoben. Ein Darm jedoch, der nicht an regelmäßige Entleerung gewöhnt ist, wird immer träger – und damit zur Ursache für eine chronische Verstopfung.

Zum anderen sind körperliche *Schädigungen unter der Geburt* schuld daran. Weil bei der Entbindung der Beckenboden aufs höchste beansprucht wird, werden seine Muskeln und Bänder überdehnt. Sie können einen Großteil ihrer Elastizität einbüßen oder sogar einreißen. Bei wiederholten Schwangerschaften werden sie immer schlaffer. Infolgedessen kommt es zu einer Senkung (= Descensus), bei der nicht nur die Gebärmutter, sondern auch andere innere Organe nach unten sinken (siehe auch Blasenleiden, S. 48). Ein Darm jedoch, der nicht mehr richtig gelagert ist, kann nicht mehr ordentlich arbeiten – und das ist ein Grund dafür, warum viele Frauen nach Schwangerschaften eine chronische Verstopfung haben.

Und drittens sind nun einmal Frauen sehr viel empfindsamer gegenüber Störungen des Wohlbefindens (siehe auch S. 19). Sie messen deshalb auch Störungen der Darmfunktion größere Bedeutung bei und nennen diese Beschwerden eher der Ärztin/dem Arzt, als Männer das tun.

Recht häufig ergibt sich dann, daß es sich gar nicht um eine chronische Verstopfung handelt, sondern daß *zu hohe Erwartungen an die Darmtätigkeit* bestehen. Stuhlgang einmal an jedem Tag ist zwar wünschenswert, aber kein Muß. Dessen Häufigkeit ist individuell verschieden: Als normal gilt Stuhlgang sowohl dreimal am Tag als auch einmal in drei Tagen. Eine Obstipation (= Verstopfung) ist erst dann gegeben, wenn länger als drei Tage kein Stuhl ausgeschieden wird, dieser zudem geringer in der Menge sowie härter und trockener in der Beschaffenheit ist als üblich und deshalb Beschwerden beim Stuhlgang bereitet.

Tritt sie plötzlich auf, handelt es sich um eine *akute Obstipation.* Sie kann auf Veränderungen in Lebensgewohnheiten zurückzuführen sein; typisch dafür ist eine Verstopfung während der ersten Tage im Urlaub, die von selbst vergeht. Bestehen keine derart offensichtlichen Zusammenhänge, sollte die Ursache durch eine gründliche Untersuchung abgeklärt werden; es könnten, müssen aber nicht unbedingt organische Erkrankungen dahinterstecken, wie ein Darmverschluß (= Ileus) oder Darmpolypen.

Bei den meisten Frauen, die darunter leiden, besteht in der Regel eine *chronische Obstipation,* die bereits Jahre und Jahrzehnte andauert. Zwar müssen auch hierbei organische Ursachen ausgeschlossen und gegebenenfalls behandelt werden, beispielsweise eine Unterfunktion der Schilddrüse (= Hypothyreose); aber das ist glücklicherweise selten. In der überwiegenden Zahl der Fälle handelt es sich um eine *habituelle Obstipation,* also um eine gewohnheitsmäßige Verstopfung. Zu den bereits genannten Ursachen kommen hier noch schlechte Gewohnheiten hinzu, *zuwenig Bewegung* und vor allem *falsche Ernährung.* Sie führt dazu, daß der Dickdarm nicht ausreichend gefüllt ist, so daß der Nahrungsbrei ihn langsamer als sonst passiert; zugleich wird ihm noch mehr Wasser als üblich entzogen, was ihn härter und trockener werden läßt. Weil dabei zwar eine wichtige Funktion des Darmes gestört, aber das Organ selbst nicht krankhaft verändert ist, gilt diese chronische Verstopfung als eine funktionelle Störung. Sie ist an sich keine bedrohliche Erkrankung, jedoch für viele der betroffenen Frauen derart lästig, daß sie Hilfe suchen. Denn sie leiden sehr darunter, auch unter Beschwerden, die damit verbunden sind, wie Völlegefühl, Mundgeruch, Kopfschmerzen, Müdigkeit, Abgeschlagenheit.

Behandlung

Abführmittel

Die meisten Frauen, die eine chronische Verstopfung haben, greifen zu Abführmitteln (= Laxanzien), um den trägen Darm anzuregen. Davor muß eindringlich gewarnt werden. Nicht nur deshalb, weil sich damit lediglich vorübergehend der Zustand bessert, jedoch nichts an dessen Ursachen ändert, sondern vor allem deshalb, weil kein Abführmittel gänzlich harmlos ist. Alle Laxanzien reizen die Darmwand und können auf Dauer sogar selbst zur Ursache von Verstopfung werden. Sie bewirken nämlich, daß der Nahrungsbrei nun den Darm zu schnell passiert, so daß aus ihm nicht mehr genügend Nährstoffe aufgenommen werden können.

Mangel an dem Mineralstoff Kalium kann eine bedrohliche Folge sein. Alle Zellen des Körpers benötigen Kalium, um normal funktionieren zu können. Das wirkt sich auf die Muskulatur des Darms aus; sie wird derart geschwächt, daß sie den Stuhl noch langsamer weiterbewegt. Das führt in einen wahren Teufelskreis: Weil die Verstopfung nun noch ausgeprägter ist, werden noch mehr Abführmittel dagegen eingenommen, dadurch wird der Kaliummangel noch größer und die Darmbewegungen noch schwächer – und die Verstopfung wird noch schlimmer.

Dieser Mangel an Kalium kann weitere Folgen haben, beispielsweise Störungen in der Funktion des Herzmuskels, die zu Rhythmusstörungen führen. Zur Abklärung dieser Herzerkrankungen werden mit einem EKG (= Elektrokardiogramm) die schwachen elektrischen Impulse aufgezeichnet, welche die Arbeit des Herzmuskels steuern. Lassen sich daraus vereinzelte Extraschläge ablesen sowie sogenannte U-Wellen als leichte Schwankungen im Verlauf der Kurve erkennen, kann das auf einen Mangel an Kalium im Körper hindeuten.

Bestätigen laborchemische Untersuchungen diesen Verdacht, wird zunächst der Mangel an dem Mineralstoff rasch ausgeglichen, etwa mit der Vital-Plus-Therapie (siehe S. 195). Darüber hinaus und vor allem werden am Schwarzwald Sanatorium Obertal die Ursachen der chronischen Verstopfung beseitigt, und zwar mit den Mitteln und Methoden der *Darmschule* (die ausführlicher in dem Buch »Gesundheit aus dem Bauch« beschrieben ist).

Darmschule

Es sind vor allem zwei Lektionen zu lernen: Richtig essen und mehr bewegen!

Die richtige Ernährung muß mehr unverdauliche Faserstoffe enthalten. Daran mangelt es bei den meisten Deutschen bedenklich. Mindestens 30 Gramm sollten in der täglichen Nahrung enthalten sein; tatsächlich nimmt eine Frau durchschnittlich ganze 18,4 Gramm zu sich, ein Mann auch nur 21,4 Gramm.

Unverdauliche Faserstoffe werden von den Enzymen im Dünndarm nicht derart abgebaut, daß sie als Nährstoffe zu gebrauchen sind; sie wurden deshalb als überflüssig angesehen und *Ballaststoffe* genannt. Dieser Name ist falsch, denn unverdauliche Faserstoffe sind sehr nützlich, unter anderem gegen Verstopfung. Sie binden viel Wasser an sich, quellen deshalb auf und vergrößern so das Volumen des Nahrungsbreies. Das bedingt einen Reiz auf die Darmwand, der wiederum zu vermehrter Absonderung von Verdauungsenzymen sowie zu verstärkten Darmbewegungen führt, die den Nahrungsbrei rascher weiterbefördern. So werden Darmträgheit und Verstopfung auf ganz natürliche Weise beseitigt. Außerdem entstehen beim Abbau der Ballaststoffe durch die Darmbakterien nützliche und schützende Substanzen.

Unverdauliche Faserstoffe werden dem Darm nur mit Lebensmitteln aus Pflanzen zugeführt; sie bilden das Gerüst aus Stütz- und Füllgewebe, das ihnen Halt und Form gibt. Die besten Quellen dafür sind Getreideprodukte. Drei Scheiben Vollkornbrot enthalten etwa 15 Gramm dieser Ballaststoffe und decken somit die Hälfte des täglichen Bedarfs. Mit Abstand am meisten sind in der Weizenkleie enthalten, nämlich 42 Gramm in jeweils 100 Gramm. Pflanzliche Lebensmittel mit relativ viel unverdaulichen Faserstoffen sind:

Getreideprodukte und Backwaren: Knäckebrot, Weizenflocken, Vollkornprodukte, z. B. Roggenvollkornbrot, Gerstengraupen, Mehrkornbrot, Roggenbrot, Weizengrieß, Haferflocken, Vollkornnudeln.

Gemüse: Knollensellerie, Rettich, Brokkoli, Rotkohl, Rosenkohl, Wirsing, Blattspinat, Blumenkohl, Endiviensalat, Feldsalat, Kohlrabi.

Obst: Trockenobst aus Feigen, Pflaumen, Datteln, Aprikosen sowie Himbeeren, Johannisbeeren, Brombeeren, Birnen, Heidelbeeren, Avocado, Kiwi, Äpfel, Ananas, Pflaumen, Pfirsich.

Hülsenfrüchte: Weiße Bohnen, grüne oder gelbe Erbsen, Linsen.
Nüsse: Mandeln, Haselnüsse, Paranüsse, Erdnüsse.
Unter besonderer Berücksichtigung dieser Lebensmittel sollte die Ernährung auf eine vollwertige Kost umgestellt werden – nicht abrupt, sondern allmählich, wobei anfangs die Nahrung besonders gründlich gekaut werden muß. Auf diese schonende Weise lassen sich unangenehme Begleiterscheinungen der Umstellung zumindest vermindern. Völlegefühl und Blähungen entstehen, weil im Darm mehr Gase gebildet werden; sie vergehen in fast allen Fällen nach einiger Zeit von selbst.
Reichlich Flüssigkeit gehört auch zur richtigen Ernährung. Etwa 3 Liter pro Tag benötigt der Organismus; knapp die Hälfte dessen nimmt er aus Lebensmitteln auf, die fehlenden 1½ bis 2 Liter müssen ihm mit Getränken zugeführt werden. Fehlt es an Flüssigkeit, wird im Darm dem Nahrungsbrei mehr Wasser entzogen; das läßt den Stuhlgang härter werden und führt letztendlich zu einer Verstopfung bzw. verschlimmert sie.
Werden als Gegenmittel mehr unverdauliche Faserstoffe aufgenommen, gewinnt reichlich Flüssigkeit zusätzlich an Bedeutung. Sie ist erforderlich, damit die Ballaststoffe vollends aufquellen und bestmöglich wirken können und um zu verhindern, daß Weizenkleie im Darm verklumpt oder diesen sogar verschließt. Am besten ist es, über den Tag verteilt, regelmäßig jede Stunde ein Glas Wasser oder Mineralsaft oder ungesüßten Kräutertee zu trinken. Besonders gut geeignet zur Förderung der Verdauung ist der Kaffee am Morgen. Über einen »gastrokolischen Reflex« regt er prompt und nachhaltig den Darm zu verstärkter Tätigkeit an. Warum dieser Effekt bei den meisten Frauen ausgeprägter ist als bei Männern, konnte bis heute nicht geklärt werden.
Mehr Bewegung ist erforderlich, weil ein träger Mensch allzu häufig auch einen trägen Darm hat. Gegen Verstopfung hilfreich sind vor allem die Ausdauersportarten, die auch auf andere Weise geeignet sind, den Menschen gesund zu erhalten: Gehen mit flottem Schritt, Dauerlauf, Radfahren, Schwimmen, Rudern, Gymnastik. Sie sollten mindestens dreimal in jeder Woche jeweils 30 Minuten lang ausgeübt werden. Gerät der Mensch beim Sport außer Atem, holt er tiefer Luft als sonst; dabei flacht sich das Zwerchfell nach unten ab, drückt auf die Eingeweide und massiert diese gewissermaßen; dadurch wird auch der Darm dazu angeregt, den Nahrungsbrei schneller weiter- und hinauszubefördern.

Durch richtige Atmung kann an jedem Ort und zu jeder Zeit die Bewegung des Darms angeregt werden. Zum Beispiel durch diese Atemübung:

> Zuerst durch die Nase ausatmen und dabei den Bauch etwas einziehen; dann einen Augenblick warten, bis der Körper von selbst nach Luft verlangt; nun den Atem kommen lassen, ihn sachte durch die Nase einziehen und dabei Bauch und Brust sich ausdehnen lassen; die Luft nicht anhalten, sondern sogleich mit dem Ausatmen den nächsten Ablauf der Übung beginnen. Diese Atemübung ist mehrmals hintereinander auszuführen, zwei- bis dreimal täglich, zweckmäßigerweise jeweils nach den Mahlzeiten.

Natürliche Hilfsmittel

Ist eine chronische Verstopfung besonders hartnäckig, sind anfangs einige natürliche Hilfsmittel dagegen erlaubt. Sie sollen und können auch nicht die richtige Ernährung mit ausreichend Flüssigkeit sowie mehr Bewegung ersetzen, sondern diese unterstützen.

Leinsamen ist kein eigentliches Abführmittel und reizt deshalb auch nicht die Darmschleimhaut. Er wirkt vielmehr mit einem Schleimstoff, der im Darm aufquillt, und mit dem Leinöl, das den Stuhl gleitfähiger macht; außerdem hat er einen hohen Anteil an Ballaststoffen. Zur Anwendung:

> Anfänglich morgens und abends jeweils 1 Eßlöffel Leinsamen in Joghurt oder Müsli oder Apfelmus verrühren und gleich danach verzehren; nach einiger Zeit genügt 1 Eßlöffel pro Tag, der auch mit einem großen Glas Wasser eingenommen werden kann.

Salinische Abführmittel heißen so, weil Salze ihre Wirkstoffe sind, und zwar Natriumsulfat im *Glaubersalz* bzw. Magnesiumsulfat im *Bittersalz*. Sie binden Flüssigkeit im Darm, so daß der Nahrungsbrei weicher und voluminöser wird und die Darmbewegungen angeregt werden. Die Schleimhaut im Darm wird dabei vergleichsweise wenig gereizt, so daß salinische Abführmittel die kleinsten Übel sind. Sie haben allerdings einen unangenehmen Geschmack und müssen in reichlich Flüssigkeit gelöst werden; so lassen sie sich nicht nur leichter einnehmen, sondern wirken auch schneller, meist innerhalb weniger Stunden.

Milchzucker ist ein reines Naturprodukt, das aus Molke gewonnen wird. Er wird im Dickdarm von Bakterien in Glukose (= Traubenzucker) und Galaktose zerlegt sowie zu Milchsäure und Essigsäure abgebaut. Die beiden Säuren wirken sehr ähnlich auf den Darm wie Bittersalz und Glaubersalz, jedoch nicht so stark. Gegen Verstopfung kann der Milchzukker entweder mit 1 bis 4 Eßlöffel über den Tag verteilt eingenommen oder aber mit zwei anderen natürlichen Hilfsmitteln kombiniert werden. Das Rezept lautet:

1 Eßlöffel Leinsamen, 1 Eßlöffel Weizenkleie, 1 Eßlöffel Milchzucker mit Joghurt oder Milch oder Apfelmus zu einem Brei verrühren; einmal am Tag verzehren und hinterher reichlich Flüssigkeit trinken. Das hilft ganz sicher gegen eine chronische Verstopfung.

Darmerziehung

Wenn der Darm endlich wieder normal funktioniert, sollte dafür gesorgt werden, daß dieser Zustand erhalten bleibt. Das ist in erster Linie zwar mit richtiger Ernährung und reichlich Bewegung zu erreichen, aber auch Sache seiner Erziehung. Der Begriff ist in diesem Zusammenhang durchaus berechtigt: Mit einer sogenannten *Konditionierung* wird ein bedingter Reflex geschaffen, der den Darm künftig zu regelmäßiger Tätigkeit anhält. Für dieses Lernziel müssen – gemäß unserer Darmschule am Schwarzwald Sanatorium Obertal – vor allem zwei Voraussetzungen verwirklicht werden.

1. Tagtäglich zur selben Zeit auf die Toilette gehen. Selbst wenn man anfänglich nicht »muß«, gewöhnt sich der Darm in erstaunlich kurzer Zeit daran und funktioniert bald ebenso pünktlich.
2. Sich ausreichend Zeit dabei nehmen. Die beste Gelegenheit dafür ist zu Hause gegeben, gleich nach dem Frühstück, in aller Ruhe. Während der Arbeitszeit müßte das eventuell in aller Eile geschehen oder sogar gänzlich unterdrückt werden, weil keine Möglichkeit dafür besteht. Geschieht so etwas häufiger, kann der Darm aufs neue in seiner Tätigkeit gestört werden – und wieder mit einer Verstopfung reagieren.

Wechseljahrsbeschwerden: Es müssen nicht nur Hormone sein

Es ist keine Krankheit, sondern ein natürlicher Umstellungsprozeß: das *Klimakterium,* bekannter als »die Wechseljahre«. Und doch ist kaum eine andere Veränderung im Körper der Frau mit so vielen negativen Vorstellungen belastet wie das allmähliche Verlöschen der Funktion der Eierstöcke. Die Wechseljahre bedeuten heutzutage erfreulicherweise nicht mehr für alle Frauen – etwas überspitzt formuliert – den Anfang vom Ende. Zwar sind die Wechseljahre ein Wendepunkt im Leben einer jeden Frau. Sie kann nun keine Kinder mehr empfangen und gebären, was in diesem Alter eher erwünscht ist. Ein neuer Anfang ist möglich, ohne Verpflichtungen für die Kinder, wenngleich deren Auszug eine Leere hinterläßt, die zu füllen ist. Aber sie sind keineswegs das Ende der aktiven Lebenszeit. Wenn durchschnittlich im Alter von 51 Jahren die Regelblutung gänzlich ausbleibt, hat die Frau noch etwa 28 Jahre vor sich – das sind mehr als ein Drittel ihres Lebens!

Die Wechseljahre als solche beginnen etwa fünf Jahre früher mit der *Prämenopause,* das ist die Zeit vor der letzten Menstruation. Während alle anderen Drüsen ihre Hormone ein Leben lang produzieren, stellen die Eierstöcke (Ovarien) der Frau ihre Tätigkeit allmählich ein. Sie reagieren nicht mehr wie gewohnt auf die Hormone, mit denen der Hypothalamus im Zwischenhirn und die Hypophyse als übergeordnete »Chefdrüse« den Menstruationszyklus (siehe S. 179) steuern. Ihre Hormonproduktion ändert sich, es entsteht zunehmend weniger Östrogen und schließlich überhaupt kein Gestagen mehr. Der Zyklus wird unregelmäßiger, der Eisprung bleibt häufiger aus (Anovulation), die Regelblutungen beginnen früher oder später als sonst, sie können stärker oder schwächer sein. Die meisten Frauen bemerken ansonsten nichts von den Veränderungen in ihrem Körper. Einige jedoch verspüren bereits ab der Mitte ihrer 40er Jahre des öfteren Müdigkeit, Kopfschmerzen, Schwindel, Reizbarkeit, depressive Verstimmung.

Die *Menopause* ist der Zeitpunkt der letzten Regelblutung, die von den Eierstöcken geregelt wird. Sie zeigt an, daß deren Funktion nun zu schwach ist, um weiterhin den Menstruationszyklus aufrechtzuerhalten; sicherheitshalber wird noch ein ganzes Jahr als *Perimenopause* hinzugerechnet. Daraus ergibt sich: Im Alter von 51 + 1 Jahren ist bei jeder zweiten Frau die fruchtbare Zeit endgültig beendet. Bei den Frauen, deren erste Regelblutung (Menarche) relativ spät einsetzte, und bei denen, die viele Zigaretten rauchen, kann die Menopause bereits Jahre früher eintreten. Selbst nach diesem Zeitpunkt versuchen Hypothalamus und Hypophyse weiterhin, die Funktion der Eierstöcke anzuregen. Sie senden sogar sehr viel mehr Steuerungshormone aus als früher, jedoch ohne Erfolg. Die Produktion von Östrogen wird beständig geringer, das Defizit daran immer größer. Und das ist die wichtigste Ursache für die meisten Beschwerden während der Wechseljahre.

Folgeerscheinungen

Die Symptome des Klimakteriums können sehr vielfältig sein. Einige Gynäkologen wollen lediglich die Hitzewallungen sowie die Rückbildung der Geschlechtsorgane als *echte körperliche Beschwerden* zulassen, alle anderen Folgeerscheinungen wollen sie als psychische Störungen oder unspezifische Beschwerden verstanden wissen. Den betroffenen Frauen nutzt das nichts, es macht ihnen das Leiden nur noch schwerer – insbesondere, weil sie sich mit ihren Beschwerden nicht ernst genommen fühlen und ihnen der Eindruck vermittelt wird, »die spinnt ein bißchen«.
Die Frauen »spinnen« nicht. Während der Wechseljahre verändert sich ihr gesamter Organismus, und dazu gehört auch die – eben genannte – Rückbildung der Geschlechtsorgane: Die Eierstöcke werden kleiner, ebenso die Gebärmutter, deren Schleimhaut zudem viel dünner wird; die Scheide wird kürzer, ist weniger elastisch und trockener, so daß es beim Geschlechtsverkehr zu Schmerzen und kleinen Verletzungen kommen kann.
Weil sich durch den Mangel an Östrogen auch in Harnröhre und Harnblase die Schleimhaut zurückbildet, die Muskulatur starrer und die Durchblutung verringert wird, führt das oftmals zu *Beschwerden beim Wasserlassen,* zu *häufigem Harndrang* und *unwillkürlichem Harnabgang* (siehe S. 52), zu vermehrten *Infektionen der Harnwege* (siehe S. 71).
Die charakteristische und häufigste Störung während der Wechseljahre sind die *Wallungen* (Kongestionen). Das sind plötzliche Anfälle von Hitze,

die sehr oft mit Schweißausbrüchen verbunden sind. Sie beginnen im Gesicht, breiten sich über Nacken und Brustkorb auf dem Oberkörper aus. Sie dauern zumeist mehrere Minuten; weil sie auch während der Nacht auftreten, führen sie zwangsläufig zu erheblichen Schlafstörungen. Am schlimmsten sind diese Hitzewallungen in den drei Jahren nach der Menopause, sie können sich jedoch über mehr als fünf Jahre hinziehen. Gleiches gilt für die Vielzahl der anderen klimakterischen Beschwerden:

- Herzbeschwerden, die als übermäßiges Herzklopfen, Herzrasen, Herzstolpern, Herzdruck empfunden werden;
- Schlafstörungen, die auch unabhängig von den Hitzewallungen auftreten;
- depressive Verstimmung mit Stimmungsschwankungen, Mutlosigkeit, Traurigkeit, Weinerlichkeit, Antriebslosigkeit;
- Reizbarkeit, Nervosität, Ängstlichkeit;
- allgemeine Leistungsminderung durch Müdigkeit und Schwächezustände, Konzentrationsschwäche und Vergeßlichkeit, körperliche und geistige Erschöpfbarkeit;
- Nachlassen des sexuellen Verlangens (Libido);
- rheumaähnliche Beschwerden mit Schmerzen in Muskeln, Gelenken, Gliedmaßen.

Während die meisten dieser klimakterischen Beschwerden in den Jahren nach der Menopause (Postmenopause) allmählich wieder abklingen, dauern andere Veränderungen durch den Mangel an Östrogen lebenslang an. Sie können das Wohlbefinden der Frauen beeinträchtigen und ihre Gesundheit gefährden.

Die Haut verliert an Kollagen und elastischen Fasern. Sie wird dünner und trockener, es bilden sich Falten, und es kommt leichter zu Verletzungen.

Die Zusammensetzung der Blutfette wie Cholesterin und Triglyzeride ändert sich, so daß eine Arteriosklerose mit Verhärtung der Gefäßwände und Verringerung der Durchblutung entstehen kann. Während Frauen vor der Menopause wesentlich weniger anfällig für Herz-Kreislauf-Erkrankungen sind, ist ab Mitte der 60er Jahre ihr Risiko für Herzinfarkt und Schlaganfall ebenso groß wie das gleichaltriger Männer.

In den Knochen wird mehr Substanz abgebaut als aufgebaut. Nach der Menopause muß deshalb mit einem Verlust bis zu 1 Prozent jährlich gerechnet weerden, so daß es im Laufe der Zeit zu einer Osteoporose (siehe S. 123) kommen kann. Dieser »Knochenschwund« ist die Ursache von Brüchen der Wirbelkörper und einer Verkrümmung der Wirbelsäule (»Witwenbuckel«) sowie mitschuld an den gefürchteten Oberschenkelhalsfrakturen.

Glücklicherweise treten nicht alle klimakterischen Beschwerden gleichzeitig auf, und nicht alle Frauen haben unter Folgen der Wechseljahre zu leiden. Dafür gibt es keine Gesetzmäßigkeiten, das ist individuell ganz verschieden. Von Bedeutung dafür sind sowohl angeborene Veranlagungen als auch psychische Einwirkungen: Eine Frau, die ein erfülltes Leben in einer liebevollen Beziehung führt, wird wesentlich weniger Beschwerden während der Wechseljahre haben als eine Frau, in deren Ehe es kriselt und die ohne Aufgaben in Familie oder Beruf ist. Aus Erfahrung kennen Gynäkologinnen und Gynäkologen diese »Drittel-Regel«: Ein Drittel der Frauen durchlebt die Wechseljahre praktisch ohne Beschwerden; ein Drittel hat nur gelegentlich bzw. nicht sonderlich schwer unter Symptomen zu leiden; ein Drittel fühlt sich durch das Klimakterium körperlich und psychisch derart beeinträchtigt, daß ein normales Leben nicht mehr möglich und ärztliche Hilfe erforderlich ist.

Behandlung

Die Therapie der Wahl in diesen Fällen ist eine *Substitution:* Das *Östrogen,* das dem Körper der Frau fehlt, wird ihm mit Medikamenten von außen zugeführt; ist der Mangel an dem Hormon ausgeglichen, vergehen bzw. bessern sich die Symptome, die durch ihn entstanden sind. Die Erfolge der Hormontherapie sind beeindruckend: Hitzewallungen mit Schweißausbrüchen können in 90 Prozent der Fälle beseitigt werden, auch die Schlafstörungen hören auf, und es wird wieder mehr Knochensubstanz aufgebaut. Allerdings darf niemals Östrogen allein verabreicht werden, es muß zusätzlich Gestagen angewendet werden (ausgenommen sind nur die Frauen, die keine Gebärmutter mehr haben). Nur so kann – vergleichbar dem natürlichen Zyklus – ein regelmäßiges Abstoßen der Gebärmutterschleimhaut erreicht und ihrem unkontrollierten übermäßigen Wachstum vorgebeugt werden.

Diese Hormonsubstitution muß von einer Frauenärztin/einem Frauenarzt verordnet und überwacht werden. Denn nicht bei allen Frauen ist sie

angebracht; bei einer Neigung zu Thrombosen darf sie nicht angewendet werden. Andere Patientinnen vertragen sie nicht; sie klagen während der Therapie über Spannungsgefühl in der Brust, Schweregefühl der Beine, Kopfschmerzen, Gewichtszunahme. Eine Untersuchung hat ergeben, daß wegen solcher Nebenwirkungen 10 Prozent der Patientinnen die Hormonpräparate nur unregelmäßig anwendeten, weitere 20 Prozent die Therapie nach einiger Zeit abbrachen und an die 30 Prozent aus Angst davor mit dem Rezept erst gar nicht zur Apotheke gegangen sind.
Für alle Frauen, die eine Hormonsubstitutions-Therapie ablehnen bzw. nicht vertragen, gibt es andere Maßnahmen, mit deren Hilfe die Beschwerden während der Wechseljahre zumindest gemildert werden können. Sie werden im Rahmen einer ganzheitlichen Therapie auch bei uns am Schwarzwald Sanatorium Obertal angewendet.

Frau L. T., 49 Jahre, Buchhalterin

Sie kam eigentlich nur deshalb zu uns, weil in letzter Zeit häufig Harnwegsinfektionen (siehe S. 71) aufgetreten waren, die sie quälten und schwächten. Sie war bereits mehrmals mit Antibiotika behandelt worden, es war immer wieder zu Rückfällen gekommen. Nun wollte sie wegen dieser ihr unerklärlichen Infektanfälligkeit mit unserer Immun-Therapie behandelt werden. Sie hatte zwar auch unter klimakterischen Beschwerden zu leiden, wie Hitzewallungen und plötzlichen Schweißausbrüchen, Ein- und Durchschlafstörungen, Stimmungsschwankungen, und es war eine beginnende Osteoporose festgestellt worden. Aber Frau L. T. sah darin nichts anderes als ein unumgängliches Übel, das sie zu ertragen hatte. Mit dieser Begründung hatte sie bereits eine Behandlung mit Hormonen strikt abgelehnt. Den Entschluß änderte sie selbst dann nicht, als die Symptome des Klimakteriums derart stark wurden, daß sie tagelang nicht arbeiten konnte; raffte sie sich dennoch dazu auf, kamen Kopfschmerzen noch hinzu.
Unsere Patientin war sehr erstaunt, als wir ihr erklärten, daß auch die wiederholten Infektionen Folgen von Veränderungen während der Wechseljahre waren: Der Mangel an Östrogen läßt die Schleimhaut der Harnwege schrumpfen und trockener werden, so daß sie weniger widerstandsfähig ist gegen Erreger. Die Behandlung erfolgte mit einer Kombination verschiedener Methoden, die entsprechend der Diagnose ausgewählt worden waren.

Grundlage war eine Immun-Therapie mit Thymosand® (siehe S. 191). Sie harmonisiert das gesamte System der körpereigenen Abwehrkräfte, darüber hinaus unterstützt sie wichtige Ordnungsprinzipien im Organismus. Speziell gegen die wiederholten Infektionen der Harnwege wurde ein weiteres Immuntherapeutikum angewendet, um die lokalen Abwehrkräfte in diesem Bereich zu stärken. Es enthält veränderte Koli-Bakterien, die sowohl zur normalen Darmflora gehören als auch die häufigsten Erreger von Harnwegsinfektionen sind. Werden sie eingenommen, reagiert zunächst das Immunsystem im Darm, und es entstehen spezifische Plasmazellen; diese wandern über Lymphbahnen und Blutgefäße in die Harnwege, um deren Schleimhaut künftig mit Antikörpern vom Typ IgA (Immunglobulin A) besser gegen die krankmachenden Koli-Bakterien zu schützen. Dieser überaus wichtige, jedoch vielen Menschen unbekannte Teil des Immunsystems ist ausführlich beschrieben in dem Buch »Gesundheit aus dem Bauch«. Zusätzlich wurde von uns ein spezieller Nieren- und Blasentee zusammengestellt, den die Patientin regelmäßig trank, sowie Vitamin C mit dem Präparat Ascorell® verordnet, von dem sie dreimal täglich eine große Messerspitze voll zu sich nahm.

Die laborchemischen Untersuchungen hatten ergeben, daß es Frau L. T. an den Mineralstoffen Calcium und Magnesium sowie an den Spurenelementen Selen und Zink mangelte. Ein wichtiger Grund dafür war ihre rein vegetarische, allerdings nicht bestmöglich zusammengesetzte Ernährung gewesen. Wir glichen diesen Mangel mit speziellen Präparaten rasch aus und empfahlen der Patientin, künftig die vier Säulen der Vital-Plus-Therapie (siehe S. 195) regelmäßig einzunehmen, um neuerliche Lücken in der Versorgung mit lebenswichtigen Mikro-Nährstoffen von vornherein zu verhindern. Besonderen Wert legten wir auf eine ausreichende Zufuhr von Calcium und Vitamin D, um die Osteoporose zu stoppen. Das gelang, wie eine laborchemische Untersuchung bestätigte: Das sogenannte Telopeptid (ICTP) als ein verläßlicher Maßstab dafür hatte sich normalisiert. Eine spätere Knochendichtemessung ergab, daß die Knochenfestigkeit sogar wieder zugenommen hatte.

Die klimakterischen Beschwerden der Patientin ließen sich mit zwei bewährten Methoden der natürlichen Medizin bessern. Zum einen mit Immun-Seren (siehe S. 194). Sie wurden so ausgewählt, daß ihre Antikörper den Stoffwechsel und die Funktion wichtiger Organe wieder aktivierten. Schwerpunkt der Therapie waren die Injektionen mit dem Ovar-Serum. Es regt die Eierstöcke an, selbst wieder etwas mehr Östrogen zu produzieren; dieses körpereigene Hormon ist das beste, es hat keinerlei Nebenwirkungen. Zum anderen mit einem Phytotherapeutikum (siehe S. 213). Seine natürlichen Wirkstoffe werden aus der Heilpflanze Traubensilberkerze *(Cimicifuga racemosa)* gewonnen. Im Körper der Frau wirken sie ähnlich, wenngleich schwächer als Hormone. Als sogenannte Phyto-Östrogene können sie den Ausfall der Geschlechtshormone teilweise ausgleichen und die dadurch verursachten Beschwerden lindern.

Eine solche Behandlung kann noch ergänzt werden, beispielsweise durch das homöopathische Kombinationspräparat Dularell®. Es enthält Arzneigrundstoffe aus Buschmeister *(Lachesis mutus)* und kanadischer Blutwurzel *(Sanguinaria canadensis)*, die gegen klimakterische Beschwerden samt Hitzewallungen und Herzklopfen wirksam sind.

Unsere Therapie zeigte gute Wirkung bei Frau L. T.; als sie nach vier Wochen unsere Privatklinik verließ, hatte sie kaum noch unter Symptomen des Klimakteriums zu leiden. Um diesen guten Zustand zu erhalten, hatten wir bereits während der Therapie begonnen, die Patientin auf ein möglichst gesundes Leben danach vorzubereiten – mit Mitteln, die allen anderen Frauen in gleicher Situation zu empfehlen sind:

Mit viel Bewegung, die nicht nur durch den Wechsel von Belastung und Entlastung den Wiederaufbau der Knochensubstanz fördert, sondern auch auf Steuerungszentren im Gehirn einwirkt und darüber Wechseljahrsbeschwerden lindert. Frauen, die in jeder Woche insgesamt drei Stunden lang trainierten, hatten um die Hälfte weniger Hitzewallungen als Frauen, die keinerlei Sport trieben; das hat eine Untersuchung in Schweden ergeben. Gut geeignet dafür sind Radfahren, Schwimmen in Rückenlage, Joggen oder Gehen mit flottem Schritt. Wir empfahlen unserer Patientin zudem, die Gymnastik, mit der bei uns im Schwarzwald Sanatorium Obertal begonnen worden war, zu Hause fortzuführen.

Mit einer vollwertigen Kost (siehe S. 96), die reichlich frisches Obst und Gemüse und nicht zuviel Fett enthält, deren Kaloriengehalt dem Bedarf angepaßt ist. Weil unsere Patientin sich weiterhin lakto-vegetarisch ernähren wollte, wurde das im Speisenplan berücksichtigt; unter anderem durch betont viel Magermilchprodukte, die reichlich Calcium für die Knochen bei wenig Kalorien enthalten. Weil der Gehalt der Nahrungsmittel an Vitaminen, Mineralstoffen, Spurenelementen gemeinhin geringer ist als angenommen wird, sollten diese Mikro-Nährstoffe mit Präparaten zur Nahrungsoptimierung, soweit notwendig, regelmäßig eingenommen werden, etwa mit dem Vital-Plus-Programm (siehe S. 195). Insbesondere ist darauf zu achten, daß der Organismus stets über genügend von den sogenannten Antioxidantien (siehe S. 99) verfügt. Dazu gehören die Vitamin-Vorstufe Beta-Carotin, die Vitamine C und E, das Spurenelement Selen, die alle in dem Präparat Antioxirell® (rezeptfrei, Apotheke) enthalten sind. Sie schützen den Körper nicht nur gegen Erkrankungen, die im Alter bedrohlicher werden, sondern können erwiesenermaßen auch vorzeitiges Altern verhindern.

Die Wechseljahre sind, um es noch einmal zu betonen, nicht der Anfang vom Ende. Sie können sogar der Beginn eines neuen Lebens sein. Wie jedoch die Jahre und Jahrzehnte nach der Menopause tatsächlich verlaufen, liegt zum großen Teil in der Hand der Frauen selbst.

Insbesondere Frauen haben Angst vor dem Altern und ergeben sich wehrlos ihrem vermeintlichen Schicksal. Sie glauben, daß ohnehin »alles aus und vorbei« sei, daß sie »vom Leben nichts mehr zu erwarten« haben, daß sie zum »alten Eisen« gehören. Manche versteigen sich sogar zu der Ansicht, daß eine Frau nach den Wechseljahren keine Frau mehr sei. Das ist falsch und schlimm zugleich: Wer so denkt, der handelt und verhält sich auch so, und es besteht die Gefahr, nicht nur alt, sondern auch krank zu werden.

Der Blick in den Spiegel kann das Gegenteil beweisen: Eine Frau jenseits der 50 ist durchaus attraktiv. Sie muß heutzutage nicht mehr dunkle, strenge Kleidung tragen, sondern kann sich chic und modisch kleiden. Mitunter genügt ein neues Outfit, um sie selbst davon zu überzeugen, daß sie gar nicht so alt ist, wie sie meint. Das gibt ihr neuen Mut zum und neue Lust am Leben. Diesem äußeren Erscheinungsbild muß ein innerliches positives Selbstbild entsprechen, das bestimmt ist von Selbstvertrauen, Aktivität, Optimismus. Das ist leicht verlangt, jedoch schwer getan. Zumal die Zeit der biologischen Veränderungen häufig auch eine Zeit sozialer Umstellungen ist, die zusätzlich belastend sein können. Die Kinder verlassen das Haus und hinterlassen eine Leere im Gefühlsleben. Die Eheleute

sind nun auf sich allein gestellt, so daß alte Konflikte wieder aufbrechen oder neue entstehen können. Eine Rückkehr in den Beruf ist nach den vielen Jahren der Unterbrechung schwierig und in Anbetracht der Wirtschaftslage kaum möglich.
Diese und weitere Wechsel erfordern eine Neuorientierung der Frau für das nächste Drittel ihres Lebens. Dafür bestehen häufig auch gute Voraussetzungen. Nachdem sie Jahrzehnte nur für ihre Familie gearbeitet hat, ist eine Mutter jetzt von der Fürsorge für den Nachwuchs befreit; sie kann nun mehr an sich denken und mehr für sich tun. Frauen, die diese Möglichkeiten in die Tat umsetzen wollen, dürfen keinen Patentrezepten vertrauen. Das neue Leben nach den Wechseljahren sollte ganz individuell nach den eigenen Neigungen und Fähigkeiten gestaltet werden – wie, das müssen sie selbst entscheiden. Die einen engagieren sich in sozialen oder karitativen Organisationen und empfinden im Dienst am Nächsten eine große Befriedigung. Andere besuchen Tanzkurse oder Lehrgänge der Volkshochschule, sind aktiv im Sportverein oder auch in der Lokalpolitik, fühlen sich ausgefüllt durch diese Termine und Aufgaben. Dritte machen endlich das, was sie schon immer tun wollten, aber aus Mangel an Zeit und Gelegenheit lassen mußten; so bietet sich jetzt beispielsweise die Chance, künstlerische Talente, die bislang ungenutzt geblieben sind, zu hegen und zu pflegen, sei es beim Malen oder Musizieren. Es gibt sicher noch viele andere Möglichkeiten. Frauen, die sie finden und nutzen, werden bestätigen: Die Wechseljahre bedeuten die Befreiung vom Dienenmüssen, vom Kindergebären, vom Versorgenmüssen, von der Last der Menstruation mit ihren Problemen. Sie bedeuten einen Gewinn für ein neues, positives Lebensgefühl.

Zyklusstörungen: Was wieder zur Regel verhilft

Im Alter zwischen 13 und 14 Jahren erlebt ein Mädchen sie zum ersten Mal, und von nun an wiederholt sie sich mehr als 35 Jahre lang, bis sie im Alter um die 50 für immer ausbleibt – die Menstruation bzw. Monatsblutung, auch Regel oder Periode oder »die Tage« genannt. Sie markiert eine wichtige Phase im Leben einer Frau: Nach der ersten Menstruation (= Menarche) beginnt die geschlechtsreife Zeit, in der eine Empfängnis (= Konzeption) möglich ist; spätestens mit der letzten Monatsblutung (= Menopause) endet diese. Sie ist der spürbare und sichtbare Ausdruck von komplizierten Vorgängen, die normalerweise stets gleich ablaufen. Dieser Menstruationszyklus hat nur eine, jedoch ungemein wichtige Augabe, nämlich den Körper der Frau auf eine Schwangerschaft vorzubereiten; bleibt diese aus, beginnt er von neuem. Er verläuft nicht immer so regelmäßig, wie die meisten Frauen es erwarten. Er kann mit Problemen und Störungen verbunden sein, die als um so belastender empfunden werden, je weniger über sie bekannt ist. Mehr Wissen ist auch in diesen Fällen eine große Hilfe – und das soll hier vermittelt werden.

Ablauf des Menstruationszyklus

Der Zyklus, der sich ständig wiederholt, wird vom Kopf gesteuert. Genauer gesagt, vom sogenannten Hypothalamus; das ist ein Teil des Zwischenhirns, der unter dem Thalamus (= Sehhügel) liegt. Er ist das Bindeglied zwischen dem übergeordneten limbischen System, dem Sitz der Emotionen, und damit zwischen Psyche und Körper. Zum einen wird er vom Denken, Fühlen, Empfinden des limbischen Systems beeinflußt, was für das Entstehen von bestimmten Zyklusstörungen von großer Bedeutung sein kann; zum anderen kontrolliert er lebenswichtige Regulationsvorgänge im Körper, darunter das endokrine System der Drüsen und ihrer Hormone.

Als obere Instanz sendet der Hypothalamus seine *Releasing-Hormone* aus; ihr Name ist von dem englischen Wort »release« abgeleitet, was »freilassen, freigeben« bedeutet. Speziell auf die Funktion der Keimdrüsen (= Gonaden) ausgerichtet sind die *gonadotropen Releasing-Hormone* (kurz: Gonadotropine, abgekürzt: GnRH). Sie haben nur einen kurzen Weg, denn gleich unterhalb vom Hypothalamus liegt die Hypophyse, die deshalb auch Hirnanhangdrüse genannt wird. Sie ist etwa so groß wie eine Erbse und steuert die Tätigkeit aller anderen Drüsen im Körper. Auf Anweisung aus dem Hypothalamus gibt sie ihrerseits Gonadotropin-Hormone frei, die mit dem Blut zu den Eierstöcken gelangen und dort den Menstruationszyklus in genau festgelegter Reihenfolge ablaufen lassen.

Das erste von ihnen ist das *follikelstimulierende Hormon* (abgekürzt: FSH). Mit seinem ausreichenden Anstieg beginnt am ersten Tag der Menstruation der neue Zyklus. Das FSH wirkt auf die Eierstöcke (= Ovarien), in denen ein riesiger Vorrat von 400 000 unreifen Eizellen lagert. Daraufhin beginnen zwar mehrere von ihnen zu wachsen, aber nur eine Eizelle entwickelt sich in einem Zyklus vollends. Sie ist von einem dünnen Häutchen (= Follikel) umgeben, das nun selbst Hormone bildet; es sind die Follikelhormone, die als *Östrogene* wohlbekannt sind. Etwa vom fünften Tag des Zyklus an bewirken sie Veränderungen in der Gebärmutter: Ihre Schleimhaut wird neu aufgebaut und viel besser durchblutet, damit sich im Falle einer Schwangerschaft die befruchtete Eizelle hier einnisten kann.

Diese Follikelphase dauert etwa 14 Tage. Währenddessen ist die Eizelle reif und das Eibläschen so groß wie eine Kirsche geworden; es produziert jetzt das Maximum an Östrogenen, so daß der FSH-Spiegel sinkt. Zu diesem Zeitpunkt greift erneut die Hypophyse in den Zyklus ein. Sie sendet mehr von ihrem *luteinisierenden Hormon* (abgekürzt: LH) an die Eierstöcke und löst so den Eisprung (= Ovulation) aus: Das Eibläschen platzt und schwemmt mit seiner Flüssigkeit die Eizelle in einen der Eileiter, in dem sie von dem eindringenden Samenfaden (= Spermium) befruchtet werden kann.

Manche Frauen verspüren den Eisprung als *Mittelschmerz,* der durch eine leichte Reizung des Bauchfells entsteht. Jede Frau kann durch Messen der *Basaltemperatur* den Termin selbst feststellen: Etwa einen Tag nach dem Eisprung steigt die Körpertemperatur, gleich morgens noch im Bett gemessen, um 0,4 bis 0,6 Grad Celsius an und bleibt bis zur nächsten Menstruation leicht erhöht. Dieses Wissen um den Beginn der fruchtbaren Tage kann sowohl für die Planung der natürlichen Empfängnisverhütung

als auch zur Bestimmung der günstigsten Zeit für die Befruchtung (= Konzeptionsoptimum) genutzt werden.
Nach dem Eisprung wird das geplatzte Eibläschen durch das luteinisierende Hormon zu einer Drüse umfunktioniert, zum sogenannten *Gelbkörper* (= Corpus luteum); er heißt so, weil eingelagerte Fetttröpfchen ihn gelblich färben. Seine Hormone sind die *Gestagene*, die den Körper der Frau weiter auf eine mögliche Schwangerschaft vorbereiten: In der Gebärmutter wird die Schleimhaut aufgelockert und mit Nährstoffen angereichert; in der Brust verstärken sich die Milchdrüsengänge. Darüber hinaus werden auch vom Gelbkörper Östrogene abgesondert.
Diese Gelbkörperphase dauert meistens zehn bis 14 Tage. Währenddessen werden die besten Voraussetzungen für den Beginn einer Schwangerschaft geschaffen. Wird die Eizelle nicht befruchtet, bildet sich der Gelbkörper vom 24. Zyklustag an zurück und vernarbt. Geschieht das früher, mangelt es in den letzten Zyklustagen an Gestagenen, während die Östrogene die Oberhand gewinnen; Folgen einer solchen *Gelbkörperinsuffizienz* können Zyklusstörungen und Unfruchtbarkeit (siehe S. 150) sein.
Am 28. Tag des Zyklus sinkt die Hormonproduktion in den Eierstöcken auf ihren Tiefpunkt. Weil nun Gestagen fehlt, fällt die Gebärmutterschleimhaut zusammen, bricht an einigen Stellen auf und wird abgestoßen. Die Menstruation beginnt. Sie dauert etwa drei bis vier Tage, wobei die Blutung am zweiten und dritten Tag am stärksten ist. Und bereits am ersten Tag dieser Periode beginnt der nächste Zyklus: Die Hypophyse sendet aufs neue ihr follikelstimulierendes Hormon FSH an die Eierstöcke aus.
So, wie die Regel hier beschrieben ist, ist sie fast eine Ausnahme. Abweichungen von den genannten Durchschnittswerten sind derart häufig, daß sie schon wieder normal sind. Die Menstruation kann zwischen einem und fünf Tagen dauern, und dabei können zwischen 45 und 90 Milliliter Blut verlorengehen. Auf diese Daten ist Verlaß; sie wurden aus den Angaben von über mehr als 7500 Perioden gewonnen. Nur bei einer von 100 Frauen dauert der Menstruationszyklus genau 28 Tage; Schwankungen der Abstände zwischen zwei Regelblutungen von 25 bis 35 Tagen gelten ebenfalls als normal.

Zyklusstörungen

Im Grunde genommen hat jede Frau ihren eigenen Rhythmus, der von ihrer Individualität bestimmt ist und der von ihrem Alltag nicht zu trennen ist. Sie sollte deshalb stets bedenken, daß alles, was von außen auf sie einwirkt, auch ihren Menstruationszyklus beeinflussen kann. Jede Reise und jeder Ehekrach, jede Veränderung und jede Belastung kann bewirken, daß der Zyklus länger oder kürzer dauert, daß die Blutung schwächer oder stärker ist. Sobald sich jedoch die äußeren Umstände normalisiert haben, verläuft auch der Zyklus wieder wie gewohnt. Zudem gibt es physiologische Gründe für solche Störungen, und zwar bei zwei Gruppen von Frauen. Die eine sind die jungen Mädchen, bei denen sich der Zyklus noch nicht stabilisiert hat und es deshalb während der ersten Jahre nach der Menarche noch nicht regelmäßig zu einem Eisprung kommt. Die andere sind die Frauen im Alter über 40, bei denen bereits die Tätigkeit der Eierstöcke nachzulassen beginnt und die Funktion des Gelbkörpers schwächer wird.

Solange diese Unregelmäßigkeiten vorübergehend sind, besteht im allgemeinen kein Grund zur Besorgnis; dennoch sollte sich die betroffene Frau gründlich gynäkologisch untersuchen lassen. Das gilt für jeden Fall, in dem der Zyklus mit Schmerzen und Beschwerden verbunden ist, wie bei der Dysmenorrhoe (siehe S. 63) und beim Prämenstruellen Syndrom (siehe S. 132) bzw. wenn in seinem Verlauf ständig Blutungsstörungen oder Rhythmusstörungen auftreten; über diese andauernden Zyklusstörungen wird hier informiert.

Blutungsstörungen sind Störungen von Stärke, Dauer, Häufigkeit der Blutungen; es sind vor allem sehr schwache Blutungen (= *Hypomenorrhoe*), sehr starke Blutungen (= *Hypermenorrhoe*), sehr lange Blutungen (= *Menorrhagie*).

Sehr starke Blutungen sind solche, bei denen sechs und mehr Binden oder Tampons am Tag nicht ausreichen, um das Blut aufzufangen. Von *sehr langen Blutungen* spricht man, wenn diese länger als sieben Tage andauern. Beide Blutungsstörungen sind in den meisten Fällen organisch bedingt; beispielsweise durch Myome (siehe S. 120) oder Endometriose (siehe S. 70), durch Entzündungen, Polypen, Tumoren der Gebärmutter, allerdings auch durch das Tragen eines Intra-Uterin-Pessars (= Spirale) zur Empfängnisverhütung sowie nach dem Ausbleiben des Eisprungs (= Anovulation). Davon betroffene Frauen müssen gründlich untersucht werden, damit eine solche Ursache erkannt und als Grundleiden behandelt werden kann; gelingt das mit Erfolg, normalisiert sich auch die Menstruation. Das ist außerdem erforderlich, um einer Komplikation vorzubeugen: Bei beiden Blutungsstörungen besteht die Gefahr, daß die Frau mit der Zeit zuviel Blut verliert und deshalb an einer Anämie (siehe S. 28) erkrankt.

Bei sehr schwachen Blutungen werden nur zwei oder noch weniger Binden pro Tag verbraucht. Ist die Blutung zwar zu schwach, aber regelmäßig, ist sie kein Symptom einer organischen Erkrankung. Es besteht deshalb auch kein zwingender Anlaß für eine Behandlung. Sie ist eine häufige Erscheinung bei Gebrauch der modernen Anti-Baby-Pille: Weil die Schleimhaut der Gebärmutter geringer aufgebaut wird, genügt eine schwächere Blutung, um sie abzustoßen.

So manche Frau mit einer Hypomenorrhoe ist dennoch verunsichert. Sie befürchtet, daß eine zu schwache Blutung ihren Körper nicht genügend »reinigt« und daß zu viele Giftstoffe in ihm zurückbleiben. Diese Ansicht ist zwar erwiesenermaßen falsch, hält sich aber hartnäckig. Wenn jedoch die Blutung nicht richtig in Gang kommt (was häufig mit Mißempfindungen, sogar Schmerzen verbunden sein kann), ist es sinnvoll, die Durchblutung im Unterleib anzuregen und dadurch die Regelblutung zu verstärken.

Geeignet sind zum Beispiel ansteigende Fußbäder:

Beide Füße in 33 Grad Celcius warmes Wasser stellen; während 15 bis 20 Minuten immer wieder heißes Wasser nachgießen, so daß die Temperatur auf höchstens 42 Grad ansteigt; danach die Füße abtrocknen und warm halten, eine Pause von 15 bis 30 Minuten machen.
Täglich einmal in der Woche vor der zu erwartenden Blutung.

Oder einen Tee aus Heilpflanzen anwenden:

Beifuß, Frauenmantel, Weiße Taubnessel, Johanniskraut zu gleichen Teilen mischen; jeweils 1 Eßlöffel dieser Mischung mit 1 Tasse heißem Wasser übergießen, 5 Minuten ziehen lassen, durchseihen. Während der Blutung mehrmals täglich 1 Tasse davon trinken.

Rhythmusstörungen im Menstruationszyklus bestehen, wenn der Abstand zwischen den Blutungen zu lang (= *Oligomenorrhoe*) oder zu kurz (= *Polymenorrhoe*) ist oder wenn die Blutung ganz ausbleibt (= *Amenorrhoe*).

Zu lange Zyklen dauern mehr als 36 Tage, *zu kurze* weniger als 22 Tage. Die Ursachen sind in vielen Fällen psychische Faktoren (auf die bei der Amenorrhoe näher eingegangen wird), was selbstverständlich durch eine gründliche körperliche Untersuchung abgeklärt werden muß; nur so kann ausgeschlossen werden, ob nicht doch eine organische Störung, etwa eine Unterfunktion der Schilddrüse (Hypothyreose), dahintersteckt. Fühlt sich die betroffene Frau wohl und stört sie diese Unregelmäßigkeit nicht, müssen weder Oligo- noch Polymenorrhoe unbedingt behandelt werden. Ausnahmen davon sind zu machen, falls die Frau sich ein Kind wünscht, weil bei normaler Zyklusdauer sowohl die Befruchtung der Eizelle als auch ihre Einnistung in die Gebärmutter besser möglich sind, bzw. falls die Polymenorrhoe mit sehr starken Blutungen verbunden ist, um eine Anämie (siehe S. 28) zu verhindern.

Übrigens: Gegen diese Zyklusstörungen wirkt die Anti-Baby-Pille wie ein Arzneimittel. Weil durch ihre Hormone die Eierstöcke gewissermaßen stillgelegt sind und stets dieselbe Hormonmenge über dieselbe Zeit von außen zugeführt wird, verläuft der Zyklus immer gleich; er ist stets gleich lang und auch die Blutung ist gleich stark.

Bleibt die zuvor mehr oder weniger regelmäßig eingetretene Periode länger als drei Monate hintereinander *aus,* ist jede betroffene Frau alarmiert. Sie wertet diese Amenorrhoe als Anzeichen dafür, daß in ihrem Körper »irgend etwas nicht stimmt«. Und sie hat recht damit. Die einzige natürliche Ursache dafür ist eine Schwangerschaft; hat sie begonnen, ist kein weiterer Menstruationszyklus nötig und keine Blutung mehr möglich. Zur Untersuchung gehört deshalb ein Schwangerschaftstest. Bleibt er negativ, kommt eine ganze Reihe von Gründen in Frage. Glücklicherweise sind das nur relativ selten organische Störungen.

Eine Amenorrhoe ist in rund 80 Prozent der Fälle die Folge von funktionellen Faktoren. Das können ungelöste Konflikte, andauernder Streß oder völlige Erschöpfung, Kummer und Sorgen, sexuelle Probleme ebenso sein wie Schock, Unfall, Mangelernährung, schwere Allgemeinerkrankungen. Sie alle können zu Störfaktoren im Menstruationszyklus werden: Von der Großhirnrinde aus beeinflussen ihre Reize den Hypothalamus, infolgedessen wird die Hypophyse fehlgesteuert, darüber zwangsläufig die Funktion der Eierstöcke und auch das Zusammenwirken ihrer Hormone gestört. Amenorrhoe ist eine häufige Folge dessen; auf diesen Zusammenhang zwischen psychischen Faktoren und hormonellen Änderungen weisen medizinische Bezeichnungen hin wie »Notstands-Amenorrhoe« und »Lager-Amenorrhoe« (die allerdings auch auf Mangelernährung zurückzuführen sein kann).

Behandlung der Zyklusstörungen

Früher wurden gegen diese Zyklusstörungen sogleich Hormone verordnet. Heute denken die meisten Ärztinnen/Ärzte anders darüber. Sie haben die Erfahrung gemacht, daß mit dieser Therapie den meisten der Frauen nicht wirklich zu helfen ist. Durch Injektionen und Tabletten werden auch in diesen Fällen lediglich Symptome beseitigt, während der eigentliche Hintergrund unverändert bestehen bleibt und deshalb dieselben Beschwerden immer wieder auftreten können. Heute kommt es als erstes und vor allem darauf an, die psychischen Ursachen der Amenorrhoe zu behandeln.

Das ärztliche Gespräch, ausführlich und behutsam geführt, ist ein Mittel der Wahl. Es soll der Patientin dazu verhelfen, die auslösenden Störfaktoren zu erkennen, und ihr dabei helfen, diese zu beseitigen bzw. zu bewältigen. Das kann unter anderem geschehen, indem sie lernt, die eigene Person so zu akzeptieren, wie sie nun einmal ist, oder indem sie das Autogene Training erlernt, um Streß besser bewältigen zu können. Eine große Hilfe für die Patientin ist oft schon das Gefühl, daß sich die Ärztin/der Arzt ernsthaft bemüht, die ursächlichen Faktoren aufzudecken. Wie wertvoll diese Gesprächstherapie ist, können die Frauen am besten beurteilen, die mit ihrer Hilfe von der Amenorrhoe befreit worden sind. Eine solche Gesprächstherapie hat natürlich ihre Grenzen. Sind unbewußte Konflikte die Ursache der Amenorrhoe, ist eine regelrechte Psychotherapie angezeigt, um diese Konflikte bewußtzumachen und zu lösen.

Eine Hormonbehandlung kann erforderlich sein. Dann sollten bevorzugt Präparate mit natürlichen Wirkstoffen aus Heilpflanzen angewendet werden. Extrakte aus dem Mönchspfeffer (siehe S. 59) sind vor allem in den Fällen von Amenorrhoe erfolgreich, in denen es an Gelbkörperhormonen mangelt, jedoch ausreichend Östrogene vorhanden sind. Diese

»Phytohormone« greifen in das komplizierte Wechselspiel zwischen Hypothalamus und Hypophyse gezielt ein. Daraufhin wird von der Hypophyse wieder mehr luteinisierendes Hormon abgesondert, und in den Eierstöcken wird wieder mehr Gestagen produziert, so daß auch wieder ein normaler Menstruationszyklus in Gang kommt. Neben dieser Wirkung haben diese natürlichen Substanzen einen weiteren Vorteil: Sie sind keine Sexualhormone und haben deshalb auch keine der Nebenwirkungen, wie sie bei Östrogen-Gestagen-Präparaten auftreten können.

Die Homöopathie (siehe S. 206) kennt ebenfalls Mittel, um die Funktion der Eierstöcke anzuregen; beispielsweise das Monopräparat Phosphorus D 4, speziell bei einer sogenannten Post-pill-Amenorrhoe, wenn nach Absetzen der Anti-Baby-Pille die Blutung ausbleibt, sowie homöopathische Kombinationspräparate mit Bestandteilen wie Kreuzkraut (= *Senecio fuchsii*) und Kuhschelle (= *Pulsatilla*).

Die Bindegewebsmassage mit ihren speziellen Griffen in ganz bestimmter Reihenfolge, und zwar unter Berücksichtigung gewisser Reiz- und Reaktionspunkte.

Selbsthilfe

Gegen eine Amenorrhoe und auch bei anderen Zyklusstörungen kann jede der betroffenen Frauen selbst einiges tun, um über eine körperliche und psychische Stabilisierung ihren Zustand zu bessern. Aus Erfahrung sind folgende Maßnahmen gut geeignet dafür:

Eine vollwertige, ausgewogene, ausreichende Ernährung (siehe S. 96). Einseitige Kost und zuwenig Kalorien können den Zyklus stören; ausgedehnte Hungerkuren und insbesondere Magersucht führen fast immer zur Amenorrhoe.

Zusätzliche Vitamine. Vor allem die Versorgung mit Vitamin C (aus Ascorell®), mit den B-Vitaminen Folsäure (durch Folarell®) sowie B_1 und B_6 (in Vicorell®) muß gesichert sein, was mit der Ernährung allein nicht immer zu erreichen ist (die genannten Präparate gibt es rezeptfrei in jeder Apotheke).

Wasseranwendungen. Entweder heiße Vollbäder (nur für Frauen mit einem gesunden Kreislauf) mit höchstens 40 bis 43 Grad Celsius Wassertemperatur und längstens 1 bis 4 Minuten Dauer sowie mit Nachschwitzen im warmen Bett; ergänzt durch Zusätze von Rosmarin, Thymian, Moor (aus der Apotheke). Oder einen heißen Heublumensack (aus der Apotheke) auf den Unterleib legen, mit 45 Grad Celsius für 20 Minuten.

Häufige Bewegung beim Spazierengehen und Tanzen oder, besser noch *regelmäßiger Sport* wie Laufen, Schwimmen, Radfahren, Gymnastik. Sie stärken nicht nur körperliche Funktionen, sondern helfen auch, innere Spannungen zu lösen. Hochleistungssport jedoch ist häufig mit Zyklusstörungen verbunden. Nachgewiesen ist dieser Zusammenhang: Je weiter eine Frau läuft und sich dabei überlastet, desto wahrscheinlicher wird bei ihr eine Amenorrhoe auftreten. Ob der Abbau von Fett und dafür der Aufbau von Muskulatur oder der starke psychische Streß oder die außergewöhnliche körperliche Belastung oder alle drei Faktoren zusammen die Ursache dessen sind, ist noch nicht endgültig geklärt.

Ausreichend Entspannung und Erholung. Autogenes Training erlernen, mit dessen Hilfe Streß besser zu bewältigen ist. An Wochenenden nicht arbeiten, sondern Hobbys pflegen und die Freizeit genießen. Mindestens drei Wochen Urlaub im Jahr machen, und zwar zweimal. Zur Kur fahren, um das seelische und körperliche Wohlbefinden zu stärken.

Zu den Kurmitteln gegen Frauenkrankheiten gehören die *Moorbäder*. Diese wirken tatsächlich, jedoch nicht durch die Aufnahme von hormonähnlichen Substanzen aus dem Moor, wie früher vermutet worden ist; sie haben nur einen Einfluß auf die Haut. Wirksam ist vielmehr die Wärme des Moores, die gleichmäßiger und schonender ist als die von Heißwasser und dennoch nur bei Kreislaufgesunden angewendet werden sollte. Mit ihr ist eine leichte Hyperthermie (= Überwärmung) des Körperkerns um mindestens 1 Grad zu erreichen. Dadurch werden vor allem die Eierstöcke angeregt, mehr Östrogene zu bilden. Dieser Erfolg ist meßbar: Der Gehalt des Blutes an Östradiol (das ist ein Östrogen-Hormon) steigt um fast das Dreifache an, hat ein wissenschaftlicher Versuch ergeben.

Ein glückliches Leben zu zweit. Sowohl die seelische Harmonie mit dem Partner als auch die körperliche Liebe sind die natürlichsten und schönsten Möglichkeiten, als Frau gesund zu bleiben – auch in dieser Hinsicht. Amerikanische Wissenschaftler wollten das genau wissen und haben es gründlich erforscht: Frauen, die mindestens einmal in der Woche Geschlechtsverkehr hatten, hatten einen ausgeglicheneren Hormonhaushalt und regelmäßigere Menstruationszyklen als Frauen ohne befriedigende sexuelle Erfüllung. Auch hierbei zeigt sich ein Unterschied: Für Frauen bedeutet Zärtlichkeit sehr viel mehr als für Männer.

Natürliche Medizin für Frauen

Ein Grundsatz der Medizin gilt ganz besonders für die Therapie der Krankheiten von Frauen: Um eine dauerhafte Heilung oder zumindest eine deutliche Besserung zu erreichen, genügt es in der Regel nicht, lediglich das erkrankte Organ zu behandeln; immer muß die Gesamtheit von Körper und Psyche miteinbezogen werden.

Diese Forderung wird von uns Ärzten am Schwarzwald Sanatorium Obertal erfüllt: Für jede Patientin (und natürlich auch für jeden Patienten) wird ganz individuell ein ganzheitsmedizinisches Konzept für die Behandlung erstellt. Mit seiner Hilfe sind gute Erfolge auch gegen Krankheiten von Frauen zu erreichen, eine gynäkologische Therapie wird hier nicht praktiziert. In unserer Privatklinik für Innere Medizin und Naturheilverfahren werden die besten Möglichkeiten beider Richtungen miteinander kombiniert – die klassischen Methoden der Inneren Medizin mit der modernen Immun-Therapie und mit den bewährten Verfahren der Naturheilkunde.

Immun-Therapie und Naturheilverfahren haben dasselbe Ziel, nämlich eine *Stärkung der Selbstheilungskräfte*; sie können dem Organismus dazu verhelfen, aus eigener Kraft wieder gesund zu werden. Das ist die beste sanfte Medizin. Welche Möglichkeiten es dafür gibt und mit welchen Methoden sie angewendet werden, wird auf den folgenden Seiten erklärt. Vorab drei Anmerkungen dazu:

1. Nicht jede Patientin muß mit allen diesen Verfahren behandelt werden; aus ihnen werden jeweils ganz individuell diejenigen ausgewählt, die in dem betreffenden Fall den besten Erfolg versprechen.
2. In bestimmten Fällen können weitere Therapien angewendet werden, sowohl Verfahren der Naturheilkunde als auch konventionelle Arzneimittel (beispielsweise für kurze Zeit Antibiotika, um Bakterien als Ursache einer schweren Entzündung auszuschalten). Sollte es erforderlich sein, werden auch Ärztinnen/Ärzte für Gynäkologie als Spezialisten der Frauenheilkunde zu Rate gezogen bzw. Patientinnen an sie überwiesen.
3. Die folgenden Ausführungen zu den einzelnen Methoden und Verfahren der natürlichen Medizin beruhen auf dem heutigen Stand des Wissens. Schon morgen können weitere Erfahrungen aus der Praxis und neue Erkenntnisse aus der Forschung hinzukommen, denen gegenüber wir Ärzte am Schwarzwald Sanatorium Obertal stets aufge-

schlossen sind und die wir kritisch verfolgen. Die Immun-Therapie und auch weitere Naturheilverfahren werden von uns weiterentwickelt – »Thymosand« und die Vital-Plus-Therapie sind schöne Beispiele dafür.

Thymus-Peptide: Regulation zum Gesunden

Ebenso wie die Menopause gibt es im Leben einer Frau eine *Immuno-Pause*. Während nach der Menopause (siehe S. 170) die Sexualhormone aus den Eierstöcken allmählich versiegen, sind mit der Immuno-Pause die spezifischen Wirkstoffe des Thymus erschöpft, die überaus wichtig sind für die Funktion des Immunsystems. Ab dem 40. Lebensjahr etwa läßt deshalb die Abwehrkraft des Körpers drastisch nach, und Erkrankungen werden häufiger. Viele Frauen sind von nun an anfälliger für Infektionen, auch der Harnwege (siehe S. 71) und der Geschlechtsorgane (siehe S. 84). Nach den Wechseljahren kommt es bei Frauen ebenfalls vermehrt zu Herz- und Kreislauferkrankungen und zudem zu Krebs; auch andere Erkrankungen wie rheumatoide Arthritis (Gelenkrheumatismus) sind bei Frauen im fortgeschrittenen Alter häufiger.
Die beste Maßnahme dagegen ist, die spezifischen Wirkstoffe, die nach der Immuno-Pause im Thymus fehlen, dem Körper von außen zuzuführen. Die beste Möglichkeit dafür bietet die Immun-Therapie mit Thymus-Peptiden, die am Schwarzwald Sanatorium Obertal entwickelt worden ist und die hier bereits seit dem Jahre 1977 praktiziert wird.
Der *Thymus* ist ein Zentralorgan für die Entwicklung und die Steuerung des Immunsystems. Er sitzt direkt hinter dem Brustbein; bis zur Pubertät ist er besonders groß und aktiv, danach bildet er sich immer mehr zurück und fällt mit der Immuno-Pause fast ganz aus. Die *Thymus-Peptide* sind seine spezifischen Wirkstoffe; sie sind unentbehrlich für die sogenannte zelluläre Immunabwehr, die – wie ihr Name besagt – durch Zellen vermittelt wird. Von ihren immunbiologischen Wirkungen im Rahmen einer Immun-Therapie sind vier besonders wichtig:

1. auf das Knochenmark, von dem daraufhin mehr weiße Blutkörperchen, insbesondere mehr Lymphozyten produziert werden;
2. auf die Thymusdrüse, in der sie zumindest eine teilweise Regeneration bewirken;
3. auf Steuerungszentralen im Gehirn, auf die noch extra eingegangen wird;
4. und vor allem auf die Lymphozyten aus dem Knochenmark.

Dank der Thymus-Peptide entwickeln sie sich zu vollwertigen Bestandteilen des Immunsystems, zu den sogenannten *T-Lymphozyten* – wobei das T für Thymus steht. Von diesen »thymusabhängigen Lymphozyten« gibt es verschiedene Gruppen mit speziellen Aufgaben:

- *T-Killerzellen*, die Erreger direkt angreifen und unschädlich machen;
- *T-Helferzellen*, die in solchen Notfällen weitere Abwehrkräfte alarmieren;
- *T-Suppressorzellen*, die ebenfalls regulierend eingreifen und überschießende Reaktionen verhindern;
- *T-Gedächtniszellen*, die eine Erinnerung an das Geschehen bewahren und deshalb beim nächsten Angriff desselben Erregers noch schneller mit der Abwehr beginnen können.

Das sind lediglich einige von den wichtigen Aufgaben der T-Zellen; es werden immer noch neue Funktionen von ihnen entdeckt in dem Wunderwerk der körpereigenen Abwehr.

Die Thymus-Peptide mit diesen immunbiologischen Wirkungen sind in dem Präparat Thymosand® enthalten. Es wurde bei uns am Schwarzwald Sanatorium Obertal entwickelt und hier erstmals in Deutschland klinisch angewendet. Jetzt wird Thymosand® von der Firma sanorell pharma in Bühl/Baden produziert, die dafür eine Herstellungserlaubnis nach dem Arzneimittelgesetz besitzt. Ein eigenes, weltweit patentiertes Verfahren mit vielstufigen Filtrations- und Reinigungsschritten gewährleistet die Anwendungssicherheit dieses Immunpharmakons, weshalb auf den Zusatz von Konservierungsmitteln und auf andere arzneilich nicht wirksame Hilfsstoffe verzichtet werden kann. Bei der Produktion werden freiwillige Kontrollen durchgeführt und dabei zum Teil striktere Maßstäbe eingehalten, als es die Empfehlungen und Vorschriften des Bundesgesundheitsministeriums sowie des Bundesinstituts für Arzneimittel und Medizinprodukte verlangen. Darüber hinaus werden sogar die strengen Anforderungen erfüllt, die von der Weltgesundheitsorganisation WHO an gentechnologisch hergestellte Arzneimittel gestellt werden. Alles in allem: Der Sicherheitsstandard für Thymosand® ist doppelt so hoch, wie dies für die Anwendungssicherheit von Arzneimitteln aus biologischem Material vom Gesetzgeber gefordert wird. Äußerst sorgfältige Kontrollen garantieren höchste Reinheit und gleichbleibende Qualität. Deshalb ist Thymosand® ein immunbiologisch standardisiertes Präparat, auf dessen Wirkung und Sicherheit immer Verlaß ist.

Zur Wirkung gelangt es bei der Immun-Therapie mit Injektionen, die in die Gesäßmuskulatur verabreicht werden. Thymosand® bewirkt im Organismus eine Immunmodulation, also eine gezielte Verbesserung der körpereigenen Abwehrkräfte zum Normalen und Gesunden. Ist das *Immunsystem geschwächt*, wird es derart gestärkt, daß Infektionskrankheiten besser abgewehrt bzw. endlich geheilt werden können, auch solche der Harnwege und Geschlechtsorgane. Bestehen *übermäßige Immunreaktionen*, werden diese gehemmt. Sogenannte *Autoimmunprozesse,* bei denen Immunzellen körpereigenes Gewebe als fremd verkennen und angreifen, werden gestoppt, indem die Thymus-Peptide immunmodulierend eingreifen und die falsche Immun-Antwort korrigieren; sie können deshalb bei der chronischen Polyarthritis mit den Entzündungen in mehreren Gelenken eine bessere Therapie sein.

Diese Immunregulation im Sinne einer Normalisierung bzw. einer Harmonisierung der körpereigenen Abwehrkräfte ist die wichtigste Wirkung vom Thymosand®, jedoch nicht die einzige. Darüber hinaus kann es – speziell bei Frauen – noch auf andere Weise von großem Nutzen sein: Seine Thymus-Peptide haben einen positiven Einfluß auf allgemeine Ordnungsprinzipien des Organismus. Sie greifen im Kopf in die Steuerungszentren von Hypothalamus und Hypophyse (siehe S. 179) ein und können auf diesem Weg helfen, die Funktionen sowohl des Nervensystems als auch des Hormonsystems ebenfalls zu normalisieren. Thymosand® wird auch mit gutem Erfolg im Vorfeld von Erkrankungen eingesetzt. Das ist besonders wichtig bei den Frauen, die häufig unter Befindensstörungen (siehe S. 19) leiden, weil das seelische und körperliche Gleichgewicht gestört ist, um zu verhindern, daß nachweisliche Krankheiten entstehen.

Immun-Seren: Reiz zur Regeneration

Je älter ein Mensch wird, desto wahrscheinlicher ist es, daß einzelne Organe erschöpft, geschädigt, erkrankt sind. Frauen spüren sehr frühzeitig schon erste Störungen. Sind die Eierstöcke (= Ovarien) davon betroffen, kann es zu Zyklusstörungen (siehe S. 179), vorzeitigem Ausbleiben der Menstruation oder starken Beschwerden während der Wechseljahre (siehe S. 170) kommen. Gegen diese Ursachen richten sich die sogenannten Immun-Seren mit ihren spezifischen Antikörpern. Sie setzen in einem bestimmten Organ gezielt einen Reiz zur Regeneration und verhelfen ihm damit zum Gesundwerden aus eigener Kraft.

Insgesamt gibt es 14 verschiedene Einzelseren, die für jeweils ein wichtiges Organ bestimmt sind. Das Prinzip, nach dem sie wirken, ist deshalb dasselbe: Die spezifischen Antikörper lösen eine Reaktion aus, die das Organ aktiviert, seine Leistungsfähigkeit verbessert, seine Funktion wieder normalisiert. Speziell das Ovar-Serum regt die Eierstöcke dazu an, wieder mehr Hormone zu produzieren, so daß Menstruationsstörungen und Wechseljahrsbeschwerden auf ganz natürliche Weise gelindert, häufig sogar beseitigt werden. In diesem günstigen Fall kann auf die Zufuhr von Östrogen verzichtet werden, der Körper hilft sich selbst mit seinen eigenen Hormonen. Zusätzlich können weitere 13 Einzel-Organseren (etwa für Hirn, Herz, Haut) oder die beiden Kombinations-Organseren (mit spezifischen Antikörpern für mehrere Organe) angewendet werden; ob das erforderlich ist und welche noch nötig sind, muß individuell von den behandelnden Ärzten bestimmt werden.

Bei der Behandlung werden die Immun-Seren in die Haut injiziert. Das kann zwar an jeder Körperstelle geschehen, weil die spezifischen Antikörper mit dem Blutkreislauf ohnehin zu dem Organ gelangen, für das sie bestimmt sind. Ihre Wirkung aber läßt sich noch verbessern, wenn diese Immun-Therapie mit der Akupunktur (siehe S. 198) zur *Seropunktur* kombiniert wird. Wird ein Organserum in einen Akupunkturpunkt injiziert, entsteht dort eine Quaddel, die doppelt gut wirksam ist. Zum einen als ein länger andauernder Reiz, der die Wirkung der Akupunktur verstärkt; zum anderen als ein Depot, aus dem die spezifischen Antikörper allmählich freigesetzt werden. Aus diesen Gründen wird das Ovar-Serum® ganz unten am Rücken der Patientin injiziert; unter anderem liegt dort auf dem Meridian der Blase der Punkt B 31, der von seinen chinesischen Entdeckern auch »Meisterpunkt des Klimakteriums« genannt wird.

Vital-Plus-Therapie: Die richtigen Nährstoffe in der richtigen Menge

Vitamine, Mineralstoffe, Spurenelemente sind für die Gesundheit der Frau von besonderer Bedeutung. Das ist bereits bei der Darstellung der verschiedenen Krankheiten von Frauen deutlich gemacht worden. An dieser Stelle soll deshalb nur an einige Anwendungsmöglichkeiten dieser Mikro-Nährstoffe erinnert werden – an Magnesium gegen Dysmenorrhoe (siehe S. 63), an Calcium und Vitamin D gegen Osteoporose (siehe S. 123), an die Antioxidantien sowie an Calcium und Zink gegen Umweltschäden (siehe S. 138) und Unfruchtbarkeit (siehe S. 150), an das B-Vitamin Folsäure, das wirksam ist gegen Anämien (siehe S. 28) und Zyklusstörungen (siehe S. 179) sowie bei bestimmten Nebenwirkungen der Anti-Baby-Pille (siehe S. 38).

Diese und weitere Krankheiten von Frauen sind deshalb auch Indikationen für die Vital-Plus-Therapie, die von uns am Schwarzwald Sanatorium Obertal entwickelt worden ist. Sie beruht auf den Grundlagen der sogenannten Orthomolekularen Medizin. Mit diesem Begriff wird eine Therapieform bezeichnet, bei der »die richtigen Moleküle in der richtigen Dosierung« verabreicht werden, und das ist auch die Grundlage der Vital-Plus-Therapie.

Die richtigen Moleküle sind die natürlichen, lebensnotwendigen Mikro-Nährstoffe Vitamine, Mineralstoffe, Spurenelemente sowie essentielle Aminosäuren. Für die Anwendung sind sie in vier Säulen enthalten. In diesen sind jeweils bestimmte Mikro-Nährstoffe nach pharmazeutischen

Grundlagen und therapeutischen Möglichkeiten so zusammengestellt, daß sie eine optimale Wirkung erreichen; außerdem ist ihre Anwendung viel leichter, denn sie erspart es den Patientinnen, viele einzelne Präparate einnehmen zu müssen. Diese vier Säulen sind:

1. Brausetabletten (Vicorell®) mit den Vitaminen B_1, B_2, B_6, B_{12}, Folsäure, Biotin, Pantothensäure, Nicotinamid, Vitamin C und dem Spurenelement Eisen.
2. Weichgelatinekapseln (Antioxirell®) mit den Vitaminen C und E, Beta-Carotin als Vorstufe vom Vitamin A, dem Spurenelement Selen sowie MCT-Fetten (die aus mittelkettigen Fettsäuren bestehen).
3. Hartgelatinekapseln (Aminorell®) mit Aminosäuren der Hefe sowie mit den Spurenelementen Zink, Mangan, Kupfer, Molybdän, Chrom, Vanadium.
4. Pulver (Minerell®) mit den Mineralstoffen Calcium, Kalium, Magnesium sowie mit dem Vitamin C, Vitamin D, Vitamin K.

Falls es für die Behandlung erforderlich ist, können diese vier Säulen der Vital-Plus-Therapie durch weitere Einzelpräparate im Sinne der Orthomolekularen Medizin ergänzt werden. Dazu gehören Ascorell® mit reinem Vitamin C (= Ascorbinsäure), Folarell® mit dem B-Vitamin Folsäure, Tocorell® mit 200 Internationalen Einheiten Vitamin E in Form von natürlichem D-alpha-Tocopherol (neue Bezeichnung: RRR-alpha-Tocopherol) aus Pflanzenöl, Selenorell® für die Zufuhr von Selen sowie Zinkorell® als ein homöopathisches Präparat (siehe S. 206), das körpereigene Depots von dem Spurenelement Zink mobilisiert.

Die richtige Dosis der Nährstoffe für die bestmögliche Therapie muß von Fall zu Fall ganz individuell festgelegt werden. Starre Vorschriften gibt es für die Vital-Plus-Therapie nämlich nicht, wohl aber eine Faustregel: Zu Beginn höhere Dosen für eine relativ kurze Zeit, um eine stärkere Wirkung zu erreichen bzw. um bestehende Mangelzustände möglichst rasch auszugleichen; danach über längere Zeit oder auf Dauer eine niedrigere Erhaltungsdosis, um Rückfälle der Erkrankung ebenso zu vermeiden wie neuerliche Mangelzustände. Daraus ergibt sich der Ablauf: Die Behandlung wird unter ärztlicher Anleitung und Kontrolle begonnen und von der Patientin zu Hause weitergeführt; das ist leicht möglich, weil die vier Säulen mit den Mikro-Nährstoffen rezeptfrei in allen deutschen

Apotheken erhältlich sind, und zwar in der sogenannten Vital-Plus-Kombi-Packung. Über deren Wert beraten gern Arzt und Apotheker.
Diese Mikro-Nährstoffe sind nicht nur für die Behandlung von Patientinnen erforderlich, sondern auch allen Frauen zu empfehlen, die gesund bleiben wollen. Zur Vorbeugung genügt nämlich selbst eine vermeintlich gesunde Ernährung allzu häufig nicht. Zum einen, weil die Nahrungsmittel weitaus weniger von den Mikro-Nährstoffen enthalten, als vom Konsumenten angenommen wird und als heute die Nährstoff-Tabellen ausweisen; zudem geht beim langen Transport, bei unsachgemäßer Lagerung, bei falscher Zubereitung noch ein Großteil von den wenigen Vitaminen verloren. Zum anderen, weil die Menschen heutzutage mehr von den Mikro-Nährstoffen benötigen, als die Deutsche Gesellschaft für Ernährung (DGE) empfiehlt. Die Belastungen durch Schadstoffe aus der Umwelt (siehe auch S. 138) haben zugenommen und damit auch der Bedarf an Nährstoffen. Denn Vitamine werden nicht nur benötigt, um Mangelerscheinungen zu verhüten, sondern auch um als sogenannte Antioxidantien (siehe S. 99) freie Radikale abzufangen und dadurch weitverbreitete Erkrankungen wie Arteriosklerose, Rheuma, Abwehrschwäche, gewisse Krebsleiden zu verhindern.
Um diese Aufgaben für die Gesundheit zu erfüllen, werden beispielsweise pro Tag mindestens 150 Milligramm Vitamin C, das ist das Doppelte der von der DGE empfohlenen Dosis, und 90 bis 150 Internationale Einheiten Vitamin E, von dem immer noch 12 Milligramm als ausreichend gelten, benötigt. Dieser erhöhte Bedarf ist häufig mit der Ernährung allein nicht sicher zu decken. Zu empfehlen ist zusätzlich die regelmäßige Zufuhr aufeinander abgestimmter Komponenten zur Nahrungsoptimierung – mit den vier Säulen des Vital-Plus-Programms, die alle wichtigen Vitamine, Mineralstoffe, Spurenelemente in der richtigen Dosierung und in der richtigen Zusammensetzung enthalten.

Akupunktur: Kleine Stiche mit großer Wirkung

Die kleinen Nadelstiche in genau festgelegte Punkte der Haut können eine große Hilfe sein. Frauen sind dieser Therapie gegenüber besonders aufgeschlossen. Akupunktur ist wirksam gegen Migräne (siehe S. 112), Unfruchtbarkeit (siehe S. 150), Wechseljahrsbeschwerden (siehe S. 170), Zyklusstörungen (siehe S. 179); das haben Studien in Deutschland bestätigt. Sie ist zudem in der Geburtshilfe von Nutzen: Akupunktur vermag Wehen zu lindern und die Entbindung zu verkürzen, den Milchfluß in der Brust anzuregen und Depressionen im Wochenbett (»Heultage«) zu erleichtern.

Diese vielfältigen Wirkungen sind auf dasselbe Prinzip zurückzuführen: Der Einstich einer Nadel in einen definierten Punkt führt zu einer relativ starken Schwankung des elektrischen Potentials an dem Ort der Haut; dieser Reiz gelangt über einen Meridian zum Gehirn, wird dort verarbeitet und zurückgeleitet zu dem Organ, an dem er wirksam werden soll; er bewirkt einen Ausgleich gegensätzlicher Kräfte, eine Harmonisierung als Voraussetzung zur Gesundung. Diese Erfolgsorgane können Hormondrüsen und ihre übergeordneten Steuerungszentren in Hypothalamus und Hypophyse (siehe S. 179) ebenso sein wie die inneren Geschlechtsorgane, auch das vegetative Nervensystem, der Kreislauf, die Muskulatur, die Verdauungsorgane, um nur die wichtigsten zu nennen. Gegen Schmerzen hat die Akupunktur eine verblüffende, gute Wirkung: Auf die Nadelstiche in bestimmte Hautpunkte hin werden vom Gehirn sogenannte Endorphine freigesetzt; das sind körpereigene Substanzen, die dem Morphium ähneln und wie diese die Wahrnehmung von Schmerzen hemmen.

In der Praxis wird vor allem die *Körper-Akupunktur* angewendet. Sie nutzt das Wissen um die insgesamt 361 klassischen Punkte auf der Haut, die in 14 sogenannten Meridianen angeordnet sind. Sie stehen jeweils in besonderer Wechselbeziehung zu inneren Organen. Zum einen können sie Funktionsstörungen an die Körperoberfläche melden; dann entstehen die schmerzenden »Triggerpunkte« in der Haut. Zum anderen kann von diesen Akupunktur-Punkten der Haut aus die Funktion innerer Organe normalisiert bzw. können Schmerzen gestillt werden. Eine sinnvolle Kombination mit Immun-Seren ist die *Seropunktur* (siehe S. 194).

Relativ jung ist die *Aurikulo-Akupunktur* (aurikular = das Ohr betreffend), die erst in den 50er Jahren von einem Arzt in Frankreich begründet worden ist. Sie beruht zwar auf denselben Grundlagen wie die klassische Akupunktur, aber die Nadeln werden ausschließlich in Punkte gesetzt, die auf der Ohrmuschel liegen. Die Punkte sind dort nach einem Schema angeordnet, das den Körper kopfüber und in Hockstellung – ähnlich dem Fetus im Mutterleib – darstellt. Die Reize sollen von der Ohrmuschel über Nervenbahnen direkt zum Gehirn geleitet werden und wegen dieser Nähe besonders intensiv sein.

Balneotherapie: Mehr Hormone durch Moor

Speziell zur Behandlung von Frauenkrankheiten gibt es eine besondere Form der Bäderheilkunde, die *Balneo-Gynäkologie* (die zu dem großen Bereich der Physikalischen Therapie gehört). Ihre Mittel sind vor allem Moor und Sole, die in den mehr als 60 Frauenheilbädern in Deutschland sowie an anderen Orten und in weiteren Therapieeinrichtungen angewendet werden. Als eine sogenannte Reaktions- und Regulationstherapie unterstützt und ergänzt sie die grundlegenden Maßnahmen der gynäkologischen Behandlung. Ihr Ziel ist die natürliche Regelung von körperlichen Grundfunktionen wie Kreislauf, Atmung, Stoffwechsel, Wärmehaushalt und auch Hormonproduktion. Bei der Nachbehandlung gynäkologischer Erkrankungen wird die Balneotherapie auch bei uns im Schwarzwald Sanatorium Obertal angewendet.

Moorbäder bestehen aus einem dicken Badetorfbrei mit 40 Grad Celsius Wärme, sie dauern bis zu 20 Minuten. Das Besondere daran: Moor kann viel Wärme speichern, und es gibt sie relativ langsam wieder ab; deshalb wird der Körper der Patientin gleichmäßiger und schonender erwärmt, als das mit heißem Wasser möglich ist. Erreicht wird eine Überwärmung (Hyperthermie) des Körperkerns auf 39 Grad Celsius, was einem künstlichen Fieber entspricht. Sie löst eine Gegenreaktion im Körper aus, von der unter anderem der Hypothalamus und die Hypophyse als Steuerungszentren des Hormonsystems (siehe S. 179) positiv beeinflußt werden; infolgedessen kann sich die Funktion der Eierstöcke (Ovarien) bessern und der Blutspiegel der Östrogen-Hormone deutlich ansteigen. Weitere Wirkungen erfassen direkt die Organe im Unterleib; so wurde gemessen, daß nach einem Moorbad die Durchblutung der Gebärmutter-Arterie (Arteria uterina) noch vier bis sieben Stunden lang wesentlich größer ist als zuvor. Dieser physikalische Effekt durch die Wärme ist entscheidend für den Nutzen der Moortherapie. Ob hormonähnliche Substanzen aus dem Torf durch die Haut aufgenommen werden, ist umstritten; das konnte bislang lediglich bei Ratten nachgewiesen werden. Dagegen können

andere Substanzen wie Humin- und Gerbsäuren sowie Mineralstoffe durchaus die Haut durchdringen und positiv im Körper wirken, unter anderem gegen Bakterien.
Moorbäder werden vor allem empfohlen für die Behandlung von chronisch-entzündlichen Erkrankungen, von Funktionsstörungen im Hormonsystem und von Unfruchtbarkeit. Dagegen gelten akute Entzündungen der Geschlechtsorgane, Endometriose und Myome als Kontraindikationen; auch Patientinnen mit Erkrankungen von Herz und Kreislauf, mit schweren Atemwegserkrankungen, mit akuten Infektionen dürfen nicht damit behandelt werden.

Solebäder sind Wasserbäder, die gewöhnlich 2 bis 6 Prozent Kochsalz enthalten. Sie setzen einen Reiz in der Haut, der ausgleichend auf das vegetative Nervensystem einwirkt und darüber den Organismus in eine entspannte Ruhelage versetzt.
Im Gegensatz zur Moortherapie richten sich Solebäder nicht spezifisch gegen Erkrankungen von Organen, sondern bessern tiefgreifend den Allgemeinzustand der Patientin, verschaffen Entspannung und Stärkung. Mit ihrer Hilfe können Erschöpfungs- und Schwächezustände ebensogut behandelt werden wie nervlich bedingte Verkrampfungen und andere funktionelle Störungen im Unterleib.

Enzymtherapie: Einsatz bei Entzündungen

In jeder einzelnen Zelle des menschlichen Körpers sind viele *Enzyme* tätig. Sie ermöglichen, beschleunigen, steuern dort alle lebenserhaltenden Prozesse; allein eines von ihnen ist in jeder Minute an insgesamt 36 Millionen biochemischen Reaktionen beteiligt. Die Enzyme selbst verändern sich dabei zwar nicht, aber ihr Dabeisein ist unverzichtbar; sie werden deshalb zu Recht *Biokatalysatoren* genannt.

Enzyme werden vom Organismus selbst hergestellt, vor allem aus Eiweiß und auch mit Vitaminen, Mineralstoffen, Spurenelementen, die sie für eine optimale Funktion benötigen. Ist der Mensch ganz gesund, verfügt er auch über genügend funktionstüchtige Enyzme. Im Krankheitsfall benötigt er mehr davon, um beispielsweise in den Verlauf von Entzündungen eingreifen und das Immunsystem unterstützen zu können. Kann der Organismus dann nicht rechtzeitig ausreichend Enzyme bereitstellen, ist es sinnvoll, die fehlenden Wirkstoffe von außen mit einer systemischen Enzymtherapie zuzuführen.

Ein bewährtes Mittel zu diesem Zweck ist das Präparat Enzyrell®. Es enthält ausschließlich natürliche Enzyme wie Bromelain aus der Ananas, Papain vom Papayabaum und Trypsin, Chymotrypsin, Pankreatin aus der Bauchspeicheldrüse; in dieser Kombination sind sie hochwirksam. Die Dragees werden eine halbe bis eine Stunde vor einer Mahlzeit mit reichlich Flüssigkeit eingenommen. Die Enzyme aus ihnen gelangen durch den Magen über den Darm ins Blut und mit dem Kreislauf dorthin, wo sie gebraucht werden.

Enyzme sind ebenfalls eine natürliche Medizin für Frauen. Ihre therapeutische Wirkung ist, unter anderem, bewiesen bei Entzündungen aller Art, auch bei solchen durch Infektion der Geschlechtsorgane (siehe S. 84) und der Harnwege (siehe S. 71). Sie hemmen nicht etwa eine Entzündung, sondern beschleunigen ihren natürlichen Verlauf, so daß weniger Schaden entsteht und die Patientin rascher gesund wird.

Die Gesundung wird durch weitere Effekte der Enzyme zusätzlich gefördert. Sie zerlegen sogenannte Immunkomplexe, die bei einer Entzün-

dung entstehen, und sie aktivieren die Freßzellen (= Makrophagen), damit diese Gewebereste und andere Rückstände abräumen. Auf diese Weise ergänzt und unterstützt die Behandlung mit Enzymen andere Maßnahmen, insbesondere die Immun-Therapie mit Thymosand® (siehe S. 191).
Eine weitere Indikation für die systemische Enzymtherapie sind gutartige Veränderungen in der Brust (siehe S. 55). So bessern sich die Beschwerden einer fibrozystischen Mastopathie wesentlich, wenn die Patientin sowohl Dragees mit Enzymen als auch Kapseln mit Vitamin E (beispielsweise mit Tocorell®) über Wochen hinweg einnimmt – und das ohne Nebenwirkungen, wie sie bei einer Hormonbehandlung auftreten. Zudem kann das erhöhte Krebsrisiko beim Grad III dieser Erkrankung gesenkt werden – dennoch muß die betroffene Frau weiterhin regelmäßig die gynäkologischen Untersuchungen wahrnehmen.

Heilfasten: Gesund durch Entlastung und Umstimmung

Wer meint, Heilfasten sei nichts anderes als eine besonders rigorose Therapie gegen Übergewicht, der irrt gewaltig. Religionen nutzten das Fasten schon immer als Übung sowohl der Enthaltsamkeit und Loslösung vom Sinnlichen als auch der Besinnung und Selbstfindung, in der die Kraft für große Entschlüsse und Taten gefunden werden konnte. Die bewußte Askese in Demut und Reue erschien als Weg zu Reinigung und Loslösung von allem Irdischen mit zum Teil ekstatischer Entrückung und Annäherung an Überirdisches.
In der Naturheilkunde ist der freiwillige Verzicht auf Nahrung unter ärztlicher Kontrolle eine überaus wirkungsvolle und daher sehr erfolgreiche Methode, besonders für Frauen. Gegen chronische Entzündungen im Unterleib (siehe S. 84), gutartige Geschwülste (siehe S. 120), Wechseljahrsbeschwerden (siehe S. 170), Zyklusstörungen (siehe S. 179) lassen sich gute Erfolge erreichen, ebenso gegen Stoffwechselerkrankungen,

periphere und arterielle Durchblutungsstörungen, Erkrankungen des rheumatischen Formenkreises, Funktionsstörungen des Darms und andere Krankheiten mehr. Das bestätigt auch die große Erfahrung mit dieser Therapie über mehr als 20 Jahre hinweg bei uns im Schwarzwald Sanatorium Obertal.

Was das Fasten zu einem Heilfaktor erster Ordnung macht, sind zwei Effekte: eine schonende Entlastung und eine Umstimmung.

Die Entlastung ergibt sich zwangsläufig, wenn der Körper von der Verdauungsarbeit befreit ist. Um dennoch über das dringend benötigte Eiweiß zu verfügen, werden von ihm anfangs hauptsächlich überalterte Zellen, krankes Gewebe, schädliche Ablagerungen abgebaut und verwertet. Das macht eine Erneuerung der Organe von Grund auf möglich – weshalb Heilfasten auch als »Operation ohne Messer« bezeichnet wird. Daß dabei auch noch Übergewicht abgebaut wird, ist zwar nicht das eigentliche Ziel, wohl aber eine willkommene Nebenwirkung – zumal beträchtliches Übergewicht das Hormonsystem der Frau nachhaltig stören kann (siehe S. 154).

Die Umstimmung erfolgt auf eine einfache, wieder an die Bedürfnisse angepaßte Lebensweise: weg von der verfeinerten, unmäßigen Eßlust, hin zu natürlicher Freude an gesunder, bedarfsgerechter Kost sowie Rückbesinnung darauf, daß es noch andere Lebensgenüsse als nur Essen gibt – beispielsweise die Freude an der körperlichen Bewegung, die das Heilfasten immer begleiten sollte. Der Abbau überflüssiger Pfunde ist ein nützlicher Nebeneffekt. Doch nur bei weiterem Bemühen um eine gesunde, kalorienangepaßte Kost kann das Körpergewicht auch gehalten werden. Andernfalls kommt es zu einem gesundheitsschädigenden Jo-Jo-Effekt: Nach jedem Fasten steigt das Gewicht wieder an, häufig sogar noch höher, als das Übergewicht zuvor gewesen ist. Sollte sich durch begleitende ärztliche Gespräche keine andere Lebenseinstellung und damit doch noch ein positives Ergebnis des Heilfastens erreichen lassen, muß in diesen Fällen darauf verzichtet und künftig auf eine moderate Reduktionskost umgestellt werden.

Voraussetzung für das Heilfasten ist der feste Wille dazu. Während des Fastens kann so manches geschehen, was nicht vorauszusehen ist. Der fastende Mensch fühlt sich manchmal ganz auf sich zurückgeworfen und benötigt die Hilfe des Arztes oder anderer Menschen, damit die positive

Selbstbestimmung nicht in einer negativen Selbstzerfleischung endet. Der fastende Mensch braucht Kraft und Zuversicht für das Fasten. Im geführten Fasten und danach wird er neue Kraft, eine Zunahme der Erlebnisfähigkeit und mehr positiven Sinn für sein weiteres Leben finden.

Heilfasten unter ärztlicher Kontrolle ist ein fester Bestandteil der Ganzheitstherapie bei uns im Schwarzwald Sanatorium Obertal. Es verläuft in der Regel so:

Beim *Vorfasten* am ersten Tag wird nur Obst oder Reis gegessen; das erleichert die Reinigung des Darmes von Rückständen sowie die kommende Umstellung. Am zweiten Tag ist in der Regel eine lauwarme Lösung mit Bittersalz zu trinken; durch das natürliche Abführmittel wird der Darm möglichst schonend völlig entleert. Manche Patienten erhalten Bittersalz für längere Zeit in individuell festgelegten Abständen, um die Darmtätigkeit und auch den Gallefluß anzuregen und die Entgiftung auf diesem Weg zu unterstützen; sollte es erforderlich sein, werden Einläufe gemacht.

Während der folgenden *Fastentage* gibt es nur Quark oder Buttermilch, Suppen und Säfte, die vorwiegend aus Gemüse zubereitet werden, Mineralwasser und Kräutertees, die mit etwas Honig gesüßt sein dürfen. Täglich sollten mehr als drei Liter Flüssigkeit getrunken werden, um die vermehrt anfallenden Schlackenstoffe unschädlich zu machen. Um einen Mangel an Vitaminen, Mineralstoffen, Spurenelementen sowie an essentiellen Aminosäuren zur besseren Resorption von vornherein zu verhindern, werden diese lebensnotwendigen Nährstoffe mit den vier Säulen der Vital-Plus-Therapie (siehe S. 195) regelmäßig eingenommen, individuell je nach Bedarf. Das ist aus einem anderen Grunde noch wichtig: Während des Fastens werden Umweltschadstoffe, die im Fettgewebe gespeichert sind, freigesetzt; Mikro-Nährstoffe helfen, diese zu binden, unschädlich zu machen und auszuleiten.

Wie lange das Heilfasten dauert, ist individuell verschieden. An seinem Ende stehen das *Fastenbrechen* und die *Aufbautage*, in denen der Körper allmählich wieder an feste Kost gewöhnt werden muß, ebenfalls genau nach den Anweisungen der Ärzte.

Homöopathie: Gleiches heilt Gleiches

Natürliche Wirkstoffe in geringer Dosierung mit sanfter Wirkung und ganz ohne Nebenwirkungen – diese Anforderungen von Frauen an Arzneimittel erfüllt die Homöopathie. Der Begriff ist zusammengesetzt aus den griechischen Worten »homoio« (= gleich, ähnlich) und »patho« (= Krankheit, Leiden), und er besagt, daß diese besondere Form der Arzneimitteltherapie Gleiches mit Gleichem heilen kann. Das nämlich ist das grundlegende Prinzip der Homöopathie.

Ihr Begründer, der deutsche Arzt Samuel Hahnemann (1755–1843), hat es in seiner Ähnlichkeitsregel so formuliert: »Wähle, um sanft, dauerhaft und schnell zu heilen, in jedem Falle eine Arznei, welche ein ähnliches Leiden erregen kann, als sie heilen soll.« Anders ausgedrückt: Homöopathie macht Menschen gesund, indem sie gezielt eine gleichartige, wenngleich schwächer verlaufende Reaktion auslöst als die Krankheit selbst und dadurch Veränderungen im Organismus bewirkt, die dessen Selbstheilungskräfte aktivieren und Abwehrkräfte mobilisieren.

Die homöopathischen Arzneimittel, die das möglich machen, werden *Simile* (vom lateinischen Wort »similis« = ähnlich) genannt. Ihre spezifische Wirkung ist jeweils in sogenannten Arzneimittelprüfungen an gesunden Menschen erprobt worden. Ihre Grundstoffe sind zwar überwiegend, aber nicht ausschließlich Pflanzen, etwa Pulsatilla (Kuhschelle) für die Anwendung gegen verschiedenste Frauenkrankheiten; es werden auch Bestandteile von Tieren wie Sepia (Tintenfisch) und Mineralien wie Schwefel (Sulfur) genutzt.

Für die Anwendung werden die Arzneigrundstoffe überwiegend zu sogenannten *Dezimalpotenzen* (abgekürzt: D) aufbereitet, dabei wird der Grundstoff stufenweise mit einer Trägersubstanz wie Wasser oder Alkohol oder Milchzucker vermischt. Die Potenz D1 enthält demzufolge 1 Teil Grundstoff und 9 Teile Trägersubstanz. Die Potenzen von D3 bis D8 sind bei uns im Schwarzwald Sanatorium Obertal am gebräuchlichsten. Es gibt auch Potenzen über D30 hinaus. Denn in der Homöopathie wirkt nicht die Substanz als solche, vielmehr wirkt das durch Potenzierung gewonnene

Arzneimittel als ein therapeutisches Signal, das dem Organismus gewissermaßen die Information zum Gesundwerden vermittelt.
Entscheidend dafür ist die richtige Auswahl des homöopathischen Arzneimittels. Seine Wirkung am gesunden Menschen muß möglichst genau den Symptomen des Patienten entsprechen. Leitfaden dafür ist jeweils das sogenannte *Arzneimittelbild.* Für Pulsatilla wird es, auszugsweise, so beschrieben: »Verzagte, entschlußschwache, zu Depressionen und Weinerlichkeit neigende Frauen, oft mit launischer mimosenhafter Hypochondrie, hypophysärer und ovarieller Unterfunktion ... Blonde, hellhäutige und blauäugige Konstitutionen reagieren besonders gut ... Frauen, die viel frieren ... Menses zu spät, zu schwach, aussetzend ...«
In der Praxis bedeutet das: Frauen, die diesem Arzneimittelbild möglichst genau entsprechen, kann mit Pulsatilla D12 am besten gegen Dysmenorrhoe (siehe S. 63), Unfruchtbarkeit (siehe S. 150), Zyklusstörungen (siehe S. 179) geholfen werden.
Wie häufig homöopathische Arzneimittel anzuwenden sind, ist individuell verschieden; das richtet sich allein danach, wie die Patientin reagiert und wie die Erkrankung verläuft. Unerwünschte Nebenwirkungen sind nicht zu befürchten; allerdings kommt es häufig zu Beginn der Behandlung zu einer sogenannten Erstverschlechterung, bei der die Symptome noch einmal stärker werden – um sich von nun an zu bessern.
Bei allen Vorzügen hat selbst diese klassische Homöopathie eine Schwachstelle. Es erfordert sehr viel Zeit, auch große Geduld und Erfahrung, unter ihren vielen Arzneimitteln das richtige für den jeweiligen Fall auszuwählen. Um die Behandlung nach ihren Prinzipien zu vereinfachen und dadurch zu erleichtern, wurden homöopathische Kombinationspräparate entwickelt. Sie werden zwar ebenfalls in Potenzen angewendet, sie enthalten aber nicht nur einen Grundstoff, sondern mehrere Einzelmittel mit ähnlicher oder gleicher Wirkungsrichtung, die eine therapeutische Einheit bilden. So können gegen Beschwerden während der Wechseljahre (siehe S. 170) Tabletten angewendet werden, die unter anderem Sanguinaria (Kanadische Blutwurzel), Sepia (Tintenfisch), Sulfur (Schwefel), Lachesis (Buschmeister) in Potenzen zwischen D3 und D12 enthalten.
Andererseits können homöopathische Kombinationspräparate nicht nur eine Indikation haben, sondern darüber hinaus gegen andere Krankheiten hilfreich sein. So ist das Dularell® zwar in erster Linie für die Behandlung von Gelenkerkrankungen bestimmt; es enthält aber auch

Komponenten, die gegen Krankheiten von Frauen wie Reizblase, Brustentzündung (Mastitis), Wechseljahrsbeschwerden, Dysmenorrhoe wirken. Tropfen, Tabletten, Globuli (= Kügelchen) sind die üblichen Anwendungsformen der homöopathischen Arzneimittel. Aus denselben Grundlagen sind Injektionslösungen entwickelt worden. Zu ihnen gehört das Präparat Zinkorell®, das Zinkgluconat in der Potenz D4 enthält. Wird von ihm bis zu dreimal täglich jeweils eine Ampulle zu 1,0 Milliliter injiziert, werden körpereigene Depots vom Zink aktiviert und dem Organismus mehr von diesem Spurenelement bereitgestellt. Das homöopathische Arzneimittel Ginkgorell® enthält als Wirkstoff die Urtinktur aus den Blättern vom Ginkgo-Baum in flüssiger Verdünnung. Wird sie in Form von Tropfen eingenommen, vermag sie Durchblutungsstörungen in den Arterien zu bessern.

Neuraltherapie: Zwei Wege zum Erfolg

Dieses Verfahren der Naturheilkunde wurde mit der Heilung einer Krankheit begründet, unter der überwiegend Frauen leiden. *Migräne* quälte im Jahre 1925 die Schwester des Arztes Dr. Ferdinand Huneke in Düsseldorf. Er injizierte ihr ein Rheumamittel mit dem Wirkstoff Procain, und zwar entgegen den Anwendungsbestimmungen in die Vene. Das schadete der Patientin nicht; im Gegenteil: Kaum war die Injektion beendet, war sie von ihrer Migräne befreit – für immer.

Was damals mit Glück und Zufall begann, das ist zwischenzeitlich zu einer begründeten und bewährten Methode in der Medizin geworden, zur Neuraltherapie. Wie diese Bezeichnung besagt, gelangt die Behandlung über die Nerven zur Wirkung. Ihre Mittel sind sogenannte Lokalanästhetika, also Medikamente zur örtlichen Betäubung, die eigentlich dazu bestimmt gewesen sind, vorübergehend Schmerzen auszuschalten. Bei der Neuraltherapie wirken sie noch anders und viel länger: Lokalanästhetika können durch einen kurzzeitigen Heilreiz gestörte Energiepotentiale von Zellen wieder normalisieren – was mit dem Aufladen einer erschöpften Batterie zu vergleichen ist. Sie schaffen damit eine fundamentale Voraussetzung für die Selbstheilung, in deren Verlauf der Körper den ursprünglichen Zustand und damit auch die Funktion von Zellen, Geweben, Organen wiederherstellen kann. Es gibt zwei Möglichkeiten, dieses grundlegende Prinzip der Neuraltherapie in der Praxis anzuwenden, nämlich die Segmenttherapie und die Behandlung über Störfelder.

Die Segmenttherapie behandelt mit Injektionen in die sogenannten Segmente; das sind begrenzte Bereiche der Haut, die über Nervenbahnen mit bestimmten Organen im Körperinneren verbunden sind. Bei dieser Anwendung wird das Lokalanästhetikum dicht unter die Haut gespritzt, so daß eine Quaddel entsteht; daraufhin spannt sich von dieser Stelle aus ein Reflexbogen über Rückenmark und Gehirn zu dem erkrankten Organ im Inneren und setzt dort die Selbstheilung in Gang. Das ist unter anderem sehr hilfreich gegen Verspannungen aller Art, Muskel- und Gelenkbeschwerden und auch bei gynäkologischen Erkrankungen, bei deren Behandlung häufig mehrere Quaddeln in die Haut vom Unterbauch gesetzt werden.
Die Injektionen können auch in die sogenannten Triggerpunkte in der Haut über schmerzhaften Bereichen sowie in bestimmte Nervengeflechte gegeben werden. Ein sehr wichtiger Ort für die Behandlung von Frauenkrankheiten sind die Frankenhäuser-Ganglien; das ist eine Anhäufung von Nervenknoten im sogenannten Parametrium, das den Gebärmutterhals seitlich umgibt. Um sie zu erreichen, wird das Lokalanästhetikum entweder von der Scheide her oder durch die Bauchdecke hindurch gespritzt. Auf diese Weise werden chronische Entzündungen der inneren Geschlechtsorgane (siehe S. 84), Beschwerden während der Wechseljahre (siehe S. 170), Zyklusstörungen aller Art (siehe S. 179) behandelt. Und noch eine Information: Die Behandlung mit Injektionen in Segmente und Triggerpunkte wird heute als therapeutische Lokalanästhesie bezeichnet.
Die Behandlung über Störfelder setzt zwangsläufig voraus, daß diese zunächst aufgespürt werden. Das ist oftmals schwierig, weil theoretisch jede Stelle des Körpers zu einem Störfeld werden kann. Es heißt so, weil es störende Impulse aussendet, die normale Regulationsmechanismen behindern und deshalb auf Dauer zu Erkrankungen an jeder beliebigen

anderen Stelle des Körpers führen. Aus Erfahrung ist bekannt, daß vor allem Narben und verheilte Knochenbrüche, krankhaft veränderte Zähne, chronische Entzündungen der Mandeln (= Tonsillitis), der Nasennebenhöhlen (= Sinusitis), des sogenannten Blinddarms (= Appendizitis) derartige Ursachen von Erkrankungen sind. Speziell bei gynäkologischen Erkrankungen können Narben von Verletzungen unter der Geburt, beispielsweise nach einem Dammschnitt (= Episiotomie) oder von einem Einriß des Gebärmutterhalses (= Emmet-Riß), als Störfelder dahinterstekken.
Sind Störfelder erkannt, werden sie mit mehreren Injektionen eines Lokalanästhetikums unterspritzt. Ihre störenden Impulse werden dadurch ausgeschaltet, und die Beschwerden vergehen. Treten die Symptome erneut auf, muß die Neuraltherapie wiederholt werden. In Ausnahmefällen ist es sogar möglich, ein Störfeld von einer Sekunde zur anderen auszuschalten – mit dem »Sekundenphänomen nach Huneke«, mit dessen Hilfe dem Arzt vor 70 Jahren auf Anhieb die Heilung seiner Schwester von Migräne gelungen ist. Übrigens: Zur klassischen Neuraltherapie gehört es auch heute noch, ein wenig vom Medikament in die Vene zu injizieren – so wie es damals schon Dr. Huneke getan hat.

Physiotherapie: Wärme und Kälte gehen unter die Haut

Eine allgemeine Anregung oder gezielte Behandlung gestörter physiologischer Funktionen mit physikalischen, naturgegebenen Mitteln – das ist das erklärte Ziel der Physiotherapie, auch physikalische Medizin genannt. Im Falle von Frauenkrankheiten gehören zu ihren Mitteln die Balneotherapie (siehe S. 200), Massage und Krankengymnastik, die Hydrotherapie mit ihren verschiedensten Wasseranwendungen und die Thermotherapie mit Kälte oder Wärme, die Frauen selbst (mit gewissen

Einschränkungen) anwenden können – und auf die an dieser Stelle etwas näher eingegangen werden soll.
Hydro- und Thermotherapie wirken sehr häufig gemeinsam zugunsten der Gesundheit. Wasser ist der Träger von Wärme oder Kälte, und zusammen sind sie für den Körper ein *Reiz*, der weit unter die Haut reicht. Die *Reaktion* ist dessen Antwort darauf. Für den Organismus ist nämlich der Reiz – beispielsweise von einem kalten Guß oder einem warmen Bad – eine Störung, und dagegen mobilisiert er seine körpereigenen Kräfte, um einen gesunden Ausgleich zu schaffen. Nach diesem Prinzip werden auf ganz natürliche Weise gestörte Funktionen von Organen und Systemen wieder reguliert – weshalb Wasseranwendungen mit Wärme oder Kälte eine sogenannte Regulationstherapie sind.

Wärme bewirkt nicht nur, daß die Haut an der Stelle, an der sie einwirkt, besser durchblutet wird; dasselbe geschieht auch mit den inneren Organen, die diesem Teil der Haut über Segmente zugeordnet sind. Dieser Effekt kann unter anderem zur Linderung der Beschwerden einer Dysmenorrhoe (siehe S. 63) genutzt werden. Mitunter genügt es schon, wiederholt eine heiße Wärmflasche mit einem feuchten Leinentuch zu umwickeln und sie so lange auf dem Unterbauch liegen zu lassen, bis sie abzukühlen beginnt. Weitaus wirksamer ist der sogenannte *Heublumensack* (der anwendungsfertig in Apotheken erhältlich ist). Sein Inhalt besteht aus Bruchstücken von getrockneten Gräsern, die sich auf dem Heuboden ansammeln. Diese Heublumen halten nicht nur recht lange die Wärme, sondern erreichen zusätzlich durch ätherische Öle eine Reizung der Haut, die sich ebenfalls nach innen auswirkt.

Die richtige Temperatur hat der Heublumensack, wenn seine Berührung mit der Wange oder einem Handrücken gerade noch erträglich ist. Für die richtige Anwendung wird er mit einem Woll- oder Flanelltuch umwickelt und auf den Unterbauch gelegt, genau über die schmerzende Stelle; darüber kommen noch ein Zwischentuch und eine Wolldecke. Der Heublumensack kann 45 bis 75 Minuten lang liegen bleiben, danach folgt eine Bettruhe von mindestens 30 Minuten. Nötigenfalls kann er mehrmals am Tag angewendet werden.

Kälte kann das Gegenteil erreichen, nämlich eine Verringerung der Durchblutung, und das ebenfalls in inneren Organen. Sie kann deshalb gegen die sehr starken Menstruationsblutungen einer Hypermenorrhoe (siehe S. 182) zu Hilfe gezogen werden, beispielsweise als *kalte Auflage.*

Ein Leinentuch wird in leitungskaltes Wasser getaucht, gut ausgewrungen und so zusammengefaltet, daß es den Unterleib bedeckt; es wird abgedeckt mit einem trockenen, etwas größeren Leinentuch und einem Wolltuch, das die ganze Auflage möglichst dicht abschließt. Nach 30 Minuten wird die Auflage entfernt und an jedem zweiten Morgen einmal wiederholt.

Weitere Mittel und Methoden der Physiotherapie, die eine große Hilfe sein können, sind:
Krankengymnastik bei Erkrankungen des Stütz- und Bewegungsapparates, einschließlich Verspannungen.
Atemtherapie, die durch gezielte Atemübungen und Erspüren des eigenen Körpers unter anderem gegen Funktionsstörungen von Atmung, Herz und Kreislauf, Verdauung angewendet und auch zur besseren Bewältigung von Streß genutzt werden kann.
Massagen in den verschiedensten Arten, einschließlich der Fußreflexzonen- und Akupunkt-Massage, die sehr vielfältige Möglichkeiten bieten, um Funktionen von Organen zu stärken, funktionelle Störungen zu beseitigen, Selbstheilung zu ermöglichen.

Phytotherapie: Für Frauen sind viele Kräuter gewachsen

Heilpflanzen waren die ersten Arzneimittel überhaupt, die gegen Frauenkrankheiten angewendet worden sind. Die Kamille *(Matricaria chamomilla)* wurde bereits im 1. Jahrhundert nach Christus von dem aus Griechenland stammenden, in Rom praktizierenden Arzt Dioskurides zur Behandlung von Entzündungen der Gebärmutter empfohlen. Tatsächlich enthält diese Pflanze ein ätherisches Öl (= Oleum chamomillae), das entzündungshemmend wirkt, indem es die Erweiterung der kleinen Blutgefäße rückgängig macht. Außerdem hat das Kamillenöl eine milde, krampflösende Wirkung, derentwegen es in der Volksmedizin gegen Beschwerden vor der Menstruation (siehe S. 132) empfohlen wird. Das Rezept für *Kamillentee:*

1 Teelöffel Kamillenblüten mit 1 Tasse kochendem Wasser überbrühen, 10 Minuten ziehen lassen, durchseihen, mehrmals täglich 1 bis 2 Tassen trinken, möglichst warm.

Heilpflanzen haben heute eine neue Bedeutung bei der Behandlung bestimmter Krankheiten von Frauen erlangt, und Frauen stehen ihnen besonders aufgeschlossen gegenüber. Aus der reinen Erfahrungsheilkunde von einst ist eine anerkannte Wissenschaft geworden: die Phytotherapie. Sie wird definiert als »Behandlung und Vorbeugung von Krankheiten und Befindensstörungen durch Pflanzen, Pflanzenteile und deren Zubereitungen«. Ihre Mittel zu diesem Zweck sind sowohl die Pflanzenauszüge mit der natürlichen Schwankung der Inhaltsstoffe als auch die sogenannten Phytopharmaka, welche die strengen Auflagen des Arzneimittelgesetzes hinsichtlich Wirksamkeit, Qualität, Unbedenklichkeit erfüllen müssen. Sie enthalten standardisierte Extrakte, die den Gehalt an denselben Wirkstoffen in derselben Menge und damit die gleiche Wirksamkeit garantieren. Phytopharmaka benötigen zwar zumeist längere Zeit, ehe sie die gewünschte Wirkung zeigen, aber dafür wirken sie schonend und haben – richtig angewendet – kaum unerwünschte Wirkungen.

Heilpflanzen, die heute auf diese Weise für die Phytotherapie in der Gynäkologie genutzt werden, sind vor allem:

Mönchspfeffer *(Vitex agnus castus).* Der mehrere Meter hohe Strauch wächst zwischen Mittelmeer und Nordindien. Er trägt violette Blüten und dunkle Beeren, die nicht nur wie Pfefferkörner aussehen, sondern auch ähnlich schmecken. Ihre Wirkung auf das Hormonsystem war bereits im Mittelalter bekannt: Mönche mußten die Beeren kauen – »zur Unterdrükkung der fleischlichen Lust«. Heute werden mit ihren Wirkstoffen das Prämenstruelle Syndrom (siehe S. 132), Veränderungen der Brust (siehe S. 55), Zyklusstörungen (siehe S. 179) behandelt. Sie beeinflussen die Hypophyse mitten im Kopf, die gemeinsam mit dem Hypothalamus den Regelkreis der Hormone steuert (mehr darüber auf S. 179). Diese »Chefdrüse« sendet nun mehr von dem luteinisierenden Hormon, jedoch weniger von dem follikelstimulierenden Hormon an die Eierstöcke (= Ovarien); daraufhin werden von ihnen mehr Gestagen-Hormone, jedoch weniger Östrogene gebildet – und allmählich wird das gesunde Gleichgewicht zwischen diesen Sexualhormonen wiederhergestellt.

Traubensilberkerze, auch **Wanzenkraut** genannt *(Cimicifuga racemosa).* Den ersten Namen hat die Heilpflanze nach ihrem langen, traubenartigen Blütenstand mit weißen Blüten und silbrigweißen Kelchblättern; den zweiten wegen ihres widerlichen Geruchs, der sogar Wanzen in die Flucht schlagen soll. Zu ihren Inhaltsstoffen gehören die Glykoside Actaein und Cimigenol, die im Körper der Frau ähnlich, wenngleich schwächer, wie Hormone wirken. Als sogenannte *Phyto-Östrogene* können sie den Ausfall dieser Sexualhormone während der Wechseljahre (siehe S. 170) teilweise ausgleichen und die dadurch verursachten Beschwerden zumindest lindern. Eine gleichartige Wirkung haben sie auch gegen das Prämenstruelle Syndrom.

Frauenmantel *(Alchemilla vulgaris).* Wegen ihrer schönen Blätter mit den Falten, die an einen Mantelwurf erinnern, steht diese Zierstaude in vielen Gärten. Wegen ihrer blutungshemmenden und krampflösenden Wirkung wurde sie bereits im Mittelalter als *Frauenkraut* sehr geschätzt. Die Heilpflanze selbst wird heute zwar nicht mehr genutzt, aber ihre Wirkstoffe sind Bestandteil von Fertigpräparaten, die gegen Beschwerden während der Wechseljahre und bei Dysmenorrhoe verordnet werden können.

Nachtkerze *(Oenothera biennis)*. Ihre goldgelben Blüten öffnen sich erst bei Sonnenuntergang und sind bereits nach 24 Stunden verblüht. Aus ihrem Samen wird die Gamma-Linolensäure gewonnen. Die Zufuhr davon erleichtert es dem Organismus, die Vorstufen der sogenannten Prostaglandine zu bilden, die wiederum als hormonähnliche Substanzen vielfältige Aufgaben zu erfüllen haben. Über diesen Weg kann die Gamma-Linolensäure auch in den Hormonhaushalt der Frau eingreifen und die Beschwerden eines Prämenstruellen Syndroms lindern, insbesondere die Schmerzen und das Spannungsgefühl in der Brust.
Gänsefingerkraut *(Potentilla anserina)*. Seine Blätter enthalten die sogenannten Anserine, die als ein mildes krampflösendes Mittel wirken. Dragees mit einem standardisierten Extrakt daraus können in leichteren Fällen von Dysmenorrhoe eingenommen werden.
Schafgarbe *(Achillea millefolium)*. Die heimische Heilpflanze enthält sehr ähnliche Wirkstoffe wie die Kamille und wird deshalb ebenso wie diese gegen Beschwerden vor bzw. während der Menstruation angewendet. Das kann auch mit klassischen Mitteln und Methoden geschehen, etwa mit diesem *Anti-Dysmenorrhoe-Tee:*

Jeweils 25 Gramm Schafgarbenkraut, Kamillenblüten, Hopfenzapfen, zerstoßene Kümmelkörner mischen; 2 Teelöffel davon mit 1 Tasse heißem Wasser übergießen, 15 Minuten lang ziehen lassen, dann durchseihen; mehrmals täglich 1 Tasse davon trinken.

Bereits in den »Tagen vor den Tagen« damit beginnen und erst nach Ende der Menstruationsblutung damit aufhören. Erforderlich ist eine kurmäßige Anwendung, denn die hilfreiche Wirkung dieser Heilpflanzen wird sich erst nach einigen Monaten zeigen. Sollte sich jedoch der Zustand nicht bessern, sollte ärztliche Hilfe in Anspruch genommen werden.

Symbioselenkung: Bakterien helfen nicht nur dem Darm

Daß ein gesunder Darm die Voraussetzung für einen gesunden Menschen ist, wissen Ärzte seit langem. Wie jedoch der Darm den Organismus gesund erhält, hat erst moderne Forschungsarbeit klären können. Sie erbrachte überraschende Ergebnisse. Etwa 80 Prozent aller Zellen, die Antikörper als spezifische Abwehrkräfte gegen Erreger produzieren, sitzen im Lymphgewebe der Darmwand; sie bilden das größte Immunorgan im Körper. Von ihnen stammt vor allem das sogenannte Immunglobulin A, das Schleimhäute schützt, sowohl die im Darm als auch überall sonst im Organismus. Um bestmöglich funktionieren zu können, benötigen sie ständig Kontakt mit den nützlichen Bakterien der Darmflora, die nahe verwandt sind mit krankmachenden Erregern; ohne dieses immunologische Training könnte das Immunsystem des Darms die Abwehrbereitschaft im gesamten Organismus nicht gewährleisten. Diese Zusammenhänge und Auswirkungen sind ausführlich beschrieben in dem Buch »Gesundheit aus dem Bauch«.

Umgekehrt ergibt sich daraus: Ein kranker Darm kann den ganzen Menschen krank machen. Ist nämlich die Darmflora gestört, wird das Immunsystem des Darms geschwächt; Erkrankungen drohen, und zwar nicht nur dort, sondern überall im Körper – auch in den benachbarten Geschlechtsorganen. Bei Infektionen der Scheide (siehe S. 81) und der Harnwege (siehe S. 71) muß deshalb häufig auch eine »Darmsanierung« durchgeführt werden, um diese Frauenkrankheiten wirklich heilen zu können. Zum besseren Verständnis dessen einige Vorbemerkungen.

Ein gesunder Mensch und eine gesunde Darmflora leben in einer Symbiose zum gegenseitigen Nutzen. Der Mensch versorgt sie mit Nahrung, die Bakterien machen Giftstoffe unschädlich, produzieren die Vitamine K, B_{12}, Biotin und Folsäure, unterstützen das Immunsystem. Ändert sich die Zusammensetzung der Darmflora, kann aus dieser Eubiose (von »eu« = gut) eine Dysbiose (von »dys« = schlecht) werden. Dann nehmen bestimmte schädliche Bakterien überhand, und als eine Folge dessen wird auch das Immunsystem des Darms gestört. Die wichtigsten Gründe dafür

sind einseitige Ernährung, insbesondere mit zuviel Fett und zuviel Eiweiß, Funktionsstörungen von Magen und Darm, etwa bei einem Mangel an Magensäure, schwere Verläufe von Infektionskrankheiten wie Salmonellose, Ruhr und Typhus; vor allem jedoch sind es unerwünschte, wenngleich unvermeidliche Nebenwirkungen von Medikamenten – in vielen Fällen töten Antibiotika die nützlichen Bakterien im Darm ebenso wie die gefährlichen Erreger, was vor ihrer Anwendung bedacht werden sollte.
Gegen eine Dysbiose hilft am besten eine Symbioselenkung. Sie soll eine Eubiose mit einer gesunden Darmflora wiederherstellen, mit den nützlichen Bakterien in der erforderlichen Anzahl und in der richtigen Zusammensetzung. Gelingt diese Darmsanierung, werden auch die körpereigenen Abwehrkräfte des Immunsystems wieder gestärkt, und damit ist eine wichtige Voraussetzung für die Gesundung geschaffen. Für diese Symbioselenkung gibt es zwar kein starres Schema; die Mittel dafür werden individuell so ausgewählt und angewendet, wie es der jeweilige Fall erfordert. Häufig aber verläuft sie in drei Stufen:

1. Stufe: Fastentage (siehe S. 205) zur Entlastung des Darms und zur Umstimmung des Organismus.
2. Stufe: Bakterienlysate zum Injizieren oder zum Einnehmen, die bestimmte Stoffwechselprodukte oder Bestandteile von Bakterien aus dem Darm enthalten.
3. Stufe: Standardisierte Präparate mit lebenden oder abgetöteten Bakterien, die eingenommen werden und aus denen im Darm wieder eine gesunde Flora entstehen soll; zum selben Zweck kann ganz individuell eine Autovakzine aus einer Stuhlprobe hergestellt und der Patientin injiziert werden.

Mit dieser Symbioselenkung ist in den meisten Fällen eine Darmsanierung zu erreichen, wenngleich darüber längere Zeit vergehen wird und sie eventuell wiederholt werden muß. Unerläßlich für einen dauerhaften Erfolg ist es zudem, die Ursachen, die zur Dysbiose geführt haben, zu beseitigen; insbesondere kommt es nun auf eine gesunde, vollwertige Ernährung an (mehr darüber auf S. 96).
Es gibt noch eine andere Möglichkeit, eine Dysbiose zu beseitigen bzw. die Darmflora gesund zu erhalten, und zwar mit Hilfe von Milchzucker (Laktose). Das ist ein sogenannter Zweifachzucker (Disaccharid), der aus

Galaktose und Glukose besteht und der von Darmbakterien vor allem zu Milchsäure abgebaut wird. Diese erhält im Darm das saure Milieu, das für das Wachstum der nützlichen Darmflora so wichtig ist (und außerdem hat sie eine leicht abführende Wirkung, siehe S. 169). Aus Erfahrung ist bekannt, daß der Nutzen besonders groß ist, wenn Laktose und Kamille gemeinsam angewendet werden. Das Rezept dafür:

2 Teelöffel Kamillenblüten mit 1 großen Tasse kochendem Wasser überbrühen, 10 Minuten ziehen lassen, abseihen, 1 Eßlöffel Milchzucker hineinrühren, schluckweise trinken; bis zu dreimal täglich.

Dieses Buch hat deutlich gemacht, wie wertvoll sanfte Medizin ist – speziell für Frauen. Sie kann bei ersten Befindensstörungen rechtzeitig eingreifen, damit eine Frau erst gar nicht körperlich krank wird. Sie kann bei leichteren Erkrankungen frühzeitig gegensteuern, so daß die Frau möglichst schnell wieder ganz gesund wird. Sie kann bei schweren Krankheiten von großem Nutzen sein, unter anderem indem sie andere Medikamente unterstützt und teilweise ersetzt und dadurch der Patientin unerwünschte Nebenwirkungen erspart.
Voraussetzung für eine optimale Wirkung der Mittel und Methoden ist auch hierbei die richtige Anwendung. Dazu gehört es für jede Frau, bei der Selbsthilfe die Grenzen zu kennen und zu erkennen. Sollten sich bestehende Beschwerden verschlimmern oder sogar neue Symptome auftreten, ist es an der Zeit, zur Ärztin/zum Arzt zu gehen und sich behandeln zu lassen – soweit möglich mit natürlicher Medizin, speziell für Frauen.

Literaturhinweise

BILDEN, H.: Psychosoziale Belastungen in der persönlichen, familialen und beruflichen Situation der Frau im mittleren Alter. In: Was macht Frauen krank? Campus Verlag

BONGARTZ, CH.: Frauen fehlen seltener wegen Krankheit in der Arbeit als Männer. In: Ärzte-Zeitung vom 7. Dezember 1993

BOYD, N. F.: Effect of a low-fat high-carbohydrate diet on symptoms of cyclical mastopathy. The Lancet, July 16, 1988

BREDE, H. D.: Herpes simplex. Münch. med. Wschr. 128 (1986) Nr. 8

BUNZEL, B.: Schmerz bei chronischer Mastopathie – Verbesserung der subjektiven Empfindungen nach Akupunktur. Klinikarzt, 15 (1986) Nr. 6

DEUTSCHE GESELLSCHAFT FÜR ERNÄHRUNG (Hrsg.): Ernährungsbericht 1992

DIETRICH, J.: Interdisziplinäre Zusammenarbeit mit der gynäkologischen Balneotherapie. Gynäkologe (1985) 18: 44–46

DOENCH, K.: Problemerkrankungen im Unterbauch – Gynäkologie. Ärztezeitschrift für Naturheilverfahren 6/91 32. Jahrg.

DOSCH, PETER J.: Wissenswertes über die Neuraltherapie nach Dr. Huneke. Karl F. Haug Verlag, Heidelberg, 20. Auflage, 1984

GABLER-SANDBERGER, E.: Genitaler Herpes für viele auch ein psychisches Problem. Ärztliche Praxis, Nr. 19 vom 5. März 1994

GEESING, H.: Heilfasten. F. A. Herbig Verlagsbuchhandlung München, 3. Auflage

GEESING, H.: Immun-Training. F. A. Herbig Verlagsbuchhandlung München, 9. Auflage 1990

GERHARD, I.: Die Ohrakupunktur. Erfahrungsheilkunde 9/1990

GRIMM, P.: Folsäuremangel in der Schwangerschaft. Ärztezeitschrift für Naturheilverfahren, 7/92, 577–579

HAHN, G.: Bewährte Arzneipflanzen in der Frauenheilkunde. Erfahrungsheilkunde 9/1990

HARWARDT, P.: Folsäuremangel durch Antibabypille. Ärztezeitschrift für Naturheilverfahren, 11/89, 910–911

HAUSER, G. A.: Evolution der klimakterischen Beschwerden. Zentralblatt für Gynäkologie 116 (1994) 16–23

HERLYN, I. / U. VOGEL: Perspektiven für die Lebensmitte. In: forschung – Mitteilungen der DFG 1/94

MINK, E.: Naturheilverfahren in der Gynäkologie. Haug Verlag, Heidelberg, 2. Auflage 1985

MUTZ, I.: Mastopathia fibroadenomatosa und Coffein. Deutsche Medizinische Wochenschrift 1982, 107. Jg., Nr. 47

OLBRICHT, I.: Was Frauen krank macht, Kösel-Verlag, München, 1993

PFLUGBEIL, K. J. / I. NIESTROJ: Vital Plus. F. A. Herbig Verlagsbuchhandlung München. 5. Auflage, 1990

PFLUGBEIL, K. J. / I. NIESTROJ: Die Vital-Plus-Diät. F. A. Herbig Verlagsbuchhandlung München, 1994

PFLUGBEIL, K. J. / I. NIESTROJ: Aufrecht durchs Leben. BLV Verlagsgesellschaft München, 2. Auflage, 1994

PFLUGBEIL, K. J. / I. NIESTROJ: Gesundheit aus dem Bauch. BLV Verlagsgesellschaft München, 2. Auflage, 1993

PFLUGBEIL, K. J. / I. NIESTROJ: Schutzorgan Haut. BLV Verlagsgesellschaft München, 1994

PFLUGBEIL, K. J. / I. NIESTROJ: Leber, Galle, Bauchspeicheldrüse, BLV Verlagsgesellschaft München, 1994

RATGEBER UMWELT. Stiftung Warentest Berlin, o. J.

SCHULE, C.: Akupunktur in der Geburtshilfe. Ärztezeitschrift für Naturheilverfahren, 3/89

SCHÜMANN, K. / G. HUNDER: Therapie des Eisenmangels. Fortschritte der Medizin, 111. Jg. (1993), Nr. 22 + 23, 355–358

SEIFERT, B.: Magnesium und Dysmenorrhoe. In: Medizin – Management – Magnesium, Blackwell Ueberreuter Wissenschaft, Berlin, 1990

SOYKA, D.: Menstruelle Migräne: Abfall der Östrogenkonzentration ist Auslöser. Interview in Ärzte-Zeitung vom 9. Februar 1994

STREMPEL-WALTHER, A. / H. WALTHER: Trichomonaden sicher eliminiert. Ärztliche Praxis, Nr. 23 vom 13. März 1994

TAUBERT, H.-D. / H. KUHL: Kontrazeption mit Hormonen. Georg Thieme Verlag, Stuttgart–New York

TRUNZLER, G.: Phytotherapeutika in der Gynäkologie. Ärztezeitschrift für Naturheilverfahren 6/90, 31. Jahrg.

VALET, A. / K. GOERKE / J. STELLER: Klinikleitfaden Gynäkologie und Geburtshilfe. Jungjohann, Neckarsulm, Stuttgart, 2. Auflage 1992

VOGT, H.-H.: Sind Frauen zeitweise geisteskrank? TW Gynäkologie 7, 1, 8–9 (1994)

WENDERLEIN, J. M.: Das Klimakterium der Frau. Münch. med. Wschr. (1992) Nr. 38

WIESENAUER, M.: Homöopathie-Beratung. Deutscher Apotheker Verlag, Stuttgart, 1994

WINKLER, U. H.: Wann ist die Pille kontraindiziert? Ärztliche Praxis, Nr. 42 vom 25. Mai 1993

ZAHRADNIK, H. P. / M. BRECKWOLDT: Die medikamentöse Therapie der Dysmenorrhoe. Gynäkologe (1988) 21: 58–62

Register